应用型本科规划教材

数据通信与计算机网络

（第二版）

主　编　梁　丰

副主编　庞文尧　杜　丰

陈国宏　张少中

浙江大学出版社

ZHEJIANG UNIVERSITY PRESS

内容提要

本书作为一本面向应用型本科生的教材,注重"学以致用"的理念:在内容选择上,淘汰以往教材中大量存在的过时技术,重点围绕目前被广泛应用的以太网和 TCP/IP 技术,同时为了扩大学生知识面,还概述了正在走向应用的下一代网络和移动数据通信等新技术;在内容组织上,考虑到数据通信与计算机网络的密不可分,同时也为了使学生便于理解和加强学习兴趣,将数据通信的基本概念和理论知识分解到相关的应用技术中介绍,不单独设置纯理论的章节。

本书主要分为四个部分。第一部分包括第 2~6 章,介绍常用的计算机数据通信网络接口技术,主要内容有计算机的外部设备数据通信接口 EIA232、USB(第 3 章),局域网技术 IEEE 802.3(第 4 章),无线局域网技术 IEEE 802.11(第 5 章)和广域网与接入技术 PPP、ADSL(第 5 章)等。第二部分包括第 7~11 章,介绍因特网与 TCP/IP 网络协议族,其内容包括从应用层到传输层和网际层的主要网络协议。第三部分包括第 12~15 章,介绍网络的建设与管理技术,包括网络设计、网络服务器配置、网络管理、网络安全等。第四部分包括第 16~20 章,介绍 VPN、IPV6、网络融合与 QoS 技术、下一代网络和 3G 移动数据通信网络新技术。

图书在版编目（CIP）数据

数据通信与计算机网络 / 梁丰主编. —2 版. —杭州:浙江大学出版社,2012.11
ISBN 978-7-308-10195-0

Ⅰ.①数… Ⅱ.①梁… Ⅲ.①数据通信－高等学校－教材②计算机网络－高等学校－教材 Ⅳ.①TN919②TP393

中国版本图书馆 CIP 数据核字（2012）第 144943 号

数据通信与计算机网络(第二版)

梁　丰　主编

丛书策划	樊晓燕
责任编辑	王　波
封面设计	俞亚彤
出版发行	浙江大学出版社
	（杭州市天目山路 148 号　邮政编码 310007）
	（网址:http://www.zjupress.com）
排　　版	杭州中大图文设计有限公司
印　　刷	德清县第二印刷厂
开　　本	787mm×1092mm　1/16
印　　张	17.5
字　　数	426 千
版 印 次	2012 年 11 月第 2 版　2012 年 11 月第 3 次印刷
书　　号	ISBN 978-7-308-10195-0
定　　价	34.00 元

前　　言

　　本书是一本针对应用型本科学生的教材,面向通信工程、电子信息工程专业的"数据通信和计算机网络"和计算机、软件工程专业的"计算机网络"等课程。本书在内容组织和选择上跟传统教材有较大的不同:把数据通信的基本概念和理论知识分解到相关的应用技术中介绍,对已被淘汰或接近被淘汰的技术进行了大胆的抛弃,将内容重心围绕以太网和 TCP/IP 因特网技术展开,并大量增加了对实践应用知识和技术前沿的介绍。

　　本书主编是浙江省电气电子教学指导委员会委员,长期从事网络技术研究和教学,并曾经到计算机网络教育的前辈、TCP/IP 技术的创始人之一的 Douglas E. Comer 教授所在的美国 Purdue 大学计算机科学系访学。其他作者也都是正在从事网络教学和科研的年轻教授、副教授和讲师,具有丰富的专业知识和多年的教学实践经验。之所以产生编写本书的想法是由于编著者在教学实践中发现:数据通信与计算机网络课程由于其应用性较强,本应是一个学生很感兴趣的课,但是因为多数教材前面三分之一是数据通信理论内容,比较枯燥,又没有结合应用技术讲述,使学生因没有感性认识而缺乏兴趣,进而影响了对整个课程的学习;此外多数教材内容偏多、偏杂,在理论介绍中包含了大量过时的技术,对目前广泛应用的以太网和 TCP/IP 技术又介绍不足。感谢浙大出版社的热情组织,使本书得以编写并出版。编著者编写教材的经验有限,因此在本书中还有很多不足之处。无论如何,希望本书在使用中能够得到各位专家、读者的认可,并敬请各位批评指正。

　　参加本书编写的有浙江大学城市学院庞文尧、陈国宏、鲍福良,浙江工业大学之江学院杜丰,浙江万里学院梁丰、张少中、于咏梅、陈军敢、高小能、吴耀辉、官宗琪、熊波等教师,并由梁丰对全书各章进行了统一修改。

　　本书第一版于 2007 年 7 月 1 日出版,2009 年本书获得浙江省高校重点教材项目资助,由浙江万里学院梁丰、邵鹏飞等人完成修订工作。

编著者

2012.6

目　　录

第1章 绪 论

数据通信是将数据从一个设备传输到另一个设备的过程,可分为模拟通信和数字通信两类。数据通信网络由数据通信设备互相连接构成,按用途可分为计算机网、电话网和电视网等,按照地理范围大小,可分为局域网、城域网、广域网和互联网等。

通过本章的学习,要了解数据通信系统模型及其相关概念,了解模拟通信和数字通信及其优缺点,掌握数据通信网络和计算机网络的概念,掌握数据通信网络的分类,了解相关的局域网、广域网、城域网和互联网的概念,并通过实例了解实际网络的结构。建议学时:2。

1.1 数据通信与数据通信系统模型

将数据从一个设备传输到另一个设备的过程叫做数据通信。图 1.1 中给出了数据通信系统的模型,其中信源信源产生数据,信宿是信息的目的地,信源通过数据通信系统将数据传输给信宿。

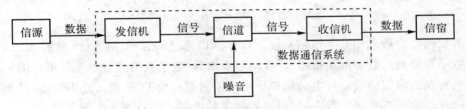

图 1.1 数据通信系统模型

什么是数据呢?所谓数据,就是对信息来源(信源)产生的事实、概念或指令等信息的一种规范化的表示,从而便于人或自动装置对该信息进行传输、解释或处理。我们把信源中用数据表示信息的过程叫做"信源编码"。数据可以是模拟量或者数字量。模拟量在时间和幅度上是连续的,如语音信息可以用模拟量表示成对时间 t 的一个连续的函数 $f(t)$。数字量在时间和幅度上是离散的,例如开关量(如温度开关、压力开关、液位开关等),或者断开,或者闭合,两种状态可以分别用"0"和"1"表示。在计算机和通信设备中大多采用数字量存储信息,因此狭义上数据往往就指数字量数据(通常是二进制数的序列),例如存储一个英语字母"a",可以用 ASCII 码表示为一个二进制数据"1100001"。

信源和信宿可以通过某种媒介构成的信道连接,如双绞线、同轴电缆、光缆、微波以及卫星链路等。但是数据并不能直接在信道中传输,必须先转化为适合在信道中传输的信号,如电压信号、光强信号等。这个过程叫做"信道编码"，是通过信道一端的发信机完成的。在信道的另一端，收信机则负责将信号转换回数据（解码），传递给信宿。由发信机、信道和收信机组成了数据通信系统。此外，信号在信道传递过程中会有外界的噪音引入。噪声源包括了影响该系统的所有噪声，如脉冲噪声（天电噪声、工业噪声等）和随机噪声（信道噪声、发送设备噪声、接收设备噪声等）。

1.2　模拟通信与数字通信

1.2.1　模拟通信与数字通信的概念

与数据可分为模拟量和数字量类似，信道中传输的信号可分为模拟信号和数字信号。传输模拟信号的叫模拟信道，传输数字信号的叫数字信道，与之相对应的，数据通信可分为模拟通信和数字通信两类。按传送模拟信号而设计的数据通信系统被称为模拟通信系统，按传送数字信号而设计的数据通信系统被称为数字通信系统。

电话、广播和电视都是模拟通信系统。以电话系统为例（见图1.2）：电话机将语音数据（模拟量）转化为语音电压信号（模拟量），通过模拟信道上传到本地端局（模拟数据通过模拟信道传输）；本地端局将模拟信号通过模数转换变为数字信号（量化），再通过数字信道传输到通话对方的本地端局（模拟数据通过数字信道传输）；最后由对方的本地端局再将数字信号通过数模转换恢复为模拟信号发给对方的电话机。

图1.2　模拟通信系统——电话

计算机网络一般采用数字通信系统。以计算机通过 DSL 上网为例（见图1.3）：计算机发出的数字数据通过数字信道传给 DSL 调制解调器（数字数据通过数字信道传输），在这里通过调制转换为模拟信号通过电话模拟信道传输到端局的 DSL 接入复用设备（数字数据通过模拟信道传输），再解调为数字信号，通过数字信道到达因特网上的服务器。

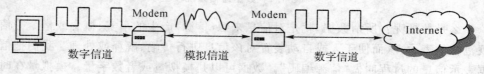

图1.3　数字通信系统——DSL 上网

可见，模拟通信系统中可以包含数字信道，而数字通信系统中也可以包含模拟信道。目前通信系统和网络已进入数字化时代，数字通信系统正在全面取代模拟通信系统。各种通信业务，无论是话音、电报，还是数据、图像等信号，经过数字化后都可以在数字通信网中传输、交换并进行处理。有线电话和电视虽然在接入用户家这一段仍是模拟通信，但其信号传输网已经数字化，而移动电话早已是数字电话了，数字电视也已经不再是个概念，可以说电话网和电视网实现全面数字化的时代已经开始了。

1.2.2 数字通信系统的优点

与模拟通信系统相比,数字通信系统具有下述优越性:

1. 抗干扰能力强

模拟通信系统传输的是模拟信号。模拟信号在传输过程中,噪声将改变信号波形,接收端很难将信号和噪声分开,因而模拟通信系统的抗干扰能力比较差。数字通信系统中通常用两种不同的信号波形分别代表二进制数据"0"和"1"。虽然在传输过程中噪声仍然改变了信号波形,但只要不至于使接收方将一种波形判断为另一种波形,就可以正确接收数据,而不受噪声的影响(见图 1.4)。因此数字通信系统比模拟通信系统的抗干扰能力强。此外,数字通信系统还可以采用许多具有检错或纠错能力的编码技术,从而进一步提高了系统的抗干扰能力。

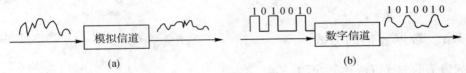

图 1.4 通信系统的抗干扰性

2. 可实现高质量的远距离通信

信号在传输过程中会被衰减,其传输距离有限。远距离传输时必须建立"接力站",使信号增强后继续传输。对于模拟通信系统,这个接力站是放大器。放大器无法将信号与传输过程中加入的噪声分开,而是将信号和噪声同时放大。随着传输距离的增加以及放大器的增多,各传输段引入的噪声会积累在一起,越来越大,使信号波形受到越来越大的破坏,对远距离通信的质量造成很大的影响。而数字通信系统的接力站是再生中继器,它判断出信号是"0"还是"1",然后由再生器恢复出与原始信号相同的数字信号继续传输,可以消除传输过程中信号所受到的噪声干扰,克服了噪声叠加的问题。因此数字通信系统可以实现高质量的远距离通信(见图 1.5)。

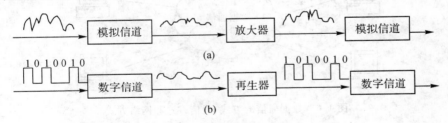

图 1.5 通信系统的远距离传输特性

3. 能适应各种通信业务

在数字通信系统中,各种消息(电报、电话、图像和数据等)都可以被变换为统一的二进制数字信号进行传输,所以数字通信系统能灵活地适应各种通信业务。

4. 能实现高保密通信

由于数字通信系统中传输的是数字信号,因而在传输过程中,可以对信号进行各种数字加密处理,具有高度的保密性,能适用于很多对保密性要求非常高的场合,如军事应用领域。而模拟通信要实现高度加密是比较困难的。

5. 通信设备的集成化和微型化

数字通信设备大都是由数字电路构成，数字电路比模拟电路更容易集成化。数字信号处理技术和大规模集成电路技术的发展为数字通信设备的微型化和集成化提供了良好的条件。而随着数字处理器件和大规模集成电路芯片价格的不断下降，数字传输设备以及相关的交换和处理设备都将比模拟传输设备便宜得多。

当然，与模拟通信相比，数字通信也有其缺点。数字通信的最大缺点是占用的频带宽。可以说数字通信的许多优点是以牺牲信道带宽为代价而换来的。以电话为例，一路模拟电话占用 4kHz 信道带宽，而一路数字电话所需要的数据传输率是 64 Kbps，所需占用的带宽要远远大于 4kHz。数字通信的这一缺点限制了它在某些信道带宽不够大的场合的使用。

1.3　数据通信与计算机网络

1.3.1　数据通信的方式

数据通信的方式有两种（见图 1.6）。

（1）通信方式，或者叫做点对点（point to point）方式，是指两个设备直接通过一条通信线路（如电话线路）连接。通常在发送端需要一个调制设备将数据转换为可在该通信线路上传输的信号（如电信号）。信号通过通信线路传输后，在接收端再通过一个解调设备将信号转换回数据。

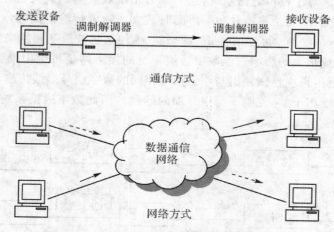

图 1.6　数据通信的方式：通信方式和网络方式

（2）网络方式是指多个设备同时连接到一个数据通信网络或多个互联的数据通信网络上，其中任意两个设备都可以相互通信。采用网络方式实现数据通信的优点在于：一个数据通信网络可以同时连接多个终端设备，而每个终端设备只要与数据通信网络建立一个连接，无需了解数据通信网络的内部拓扑结构，就可以实现与连接到网络上的任何终端设备的通信，因此具有便利性和经济性。

1.3.2　数据通信网络

一个数据通信网络是由一系列互相连接的数据通信设备组成的,其中的数据通信设备又叫做网络设备,有路由器、交换机、集线器等等。连接到数据通信网络上的发送和接收设备又叫做终端设备。图 1.7 中显示了一个数据通信网络的例子,该网络由 4 个路由器组成,连接了 3 个计算机与一个服务器。

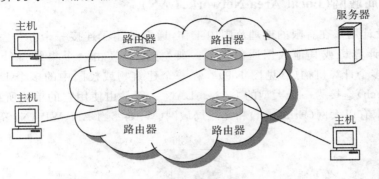

图 1.7　数据通信网络

有时会如图 1.6 中只用一个云状图(又称为"网络云")表示一个网络。"云"的内部结构无需画出,表示此时对网络的内部结构不感兴趣。

1.3.3　计算机网、电话网和电视网

计算机网络最早是指由计算机直接相互连接构成的网络,现在则通常是通过路由器、交换机、集线器等专用网络设备相互连接的。我们可以将计算机网络定义为终端设备是计算机的数据通信网络,在用途上与电话网、电视网等相区别。但是随着电话网和电视网的发展,计算机网络和数据通信网络的概念也很难完全区分开来了。这是因为:其一,终端设备日趋数字化,各种数字化的终端设备如手机、数字电视等其实都是具有专门用途的计算机;其二,下一代的数据通信网络将计算机网络、电话网、电视网三网合一(见图 1.8),数据、语音和视频都采用二进制数据形式传输,上网、打电话和看电视也都可以通过同一个网络了。

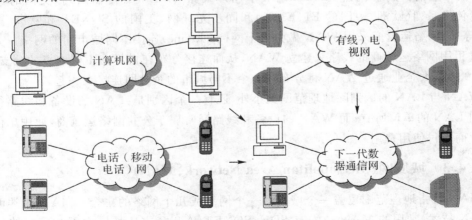

图 1.8　下一代数据通信网络将计算机网、电话网和电视网合三为一

1.4 数据通信网络的分类

在前面,我们将数据通信网络按用途分为电话网、电视网、计算机网等。其实最常用的分类方法是按地理范围大小分类,可分为局域网、城域网、广域网和互联网等。

1.4.1 局域网(Local Area Network,LAN)

LAN 被设计用来在有限的地理范围内工作,通常是用于连接一个办公室、一个套间或一个楼层内的计算机或其他数据通信设备。典型的 LAN 由一个集线器(hub)或交换机(switch)连接多个计算机构成(见图 1.9)。在一个建筑物或校园中的多个 LAN 则往往通过交换机(switch)连接为一个大型的 LAN。LAN 一般是由使用它的单位所拥有。现在通用的 LAN 技术有以太网(Ethernet)和无线局域网(Wireless LAN,WLAN)等。

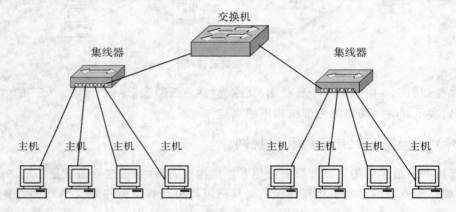

图 1.9 局域网

1.4.2 广域网(Wide Area Network,WAN)

WAN 是用于连接分布在很大的、分隔开来的地理区域中的终端设备或 LAN。常用的 WAN 技术包括调制解调器(modem)、数字用户线路(DSL)、T 传输系列(美国的 T1、T3 等)、E 传输系列(欧洲、中国的 E1、E3 等)和同步光纤网(美国的 SONET 和欧洲、中国的 SDH 等)。网络运营商采用 WAN 做为主干网(backbone)连接不同城市间的网络。企业一般通过租用网络运营商的线路来建立 WAN,从而连接分布在世界上不同地点的分支机构。图 1.10 中某大企业通过 WAN 将分布在 3 个不同城市的企业网连接在一起。

WAN 与 LAN 的区别除地理范围大小外,还有一个区别是:LAN 的设备和线路往往属于使用 LAN 的单位所有;而 WAN 的设备和线路通常属于公共网络运营商,使用单位需要向运营商支付使用费用。

1.4.3 城域网(Metropolitan Area Network,MAN)

MAN 特指地理范围覆盖一个城市的一个网络或几个网络的集合。MAN 通常可也采用 WAN 技术,常用的 MAN 技术有 SDH/SONET、ATM、吉比特以太网和密集波分复用(DWDM)等。

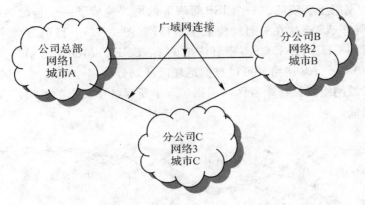

图 1.10　广域网

网络运营商采用 MAN 做为一个城市的主干网连接该城市中的多个网络,并可使这些网络共享接入一个 WAN。企业也可采用 MAN 连接分布在同一个城市的多个分支机构。与 WAN 相同的是,MAN 的线路和设备一般也是由网络运营商所拥有并向使用单位收取使用费的。

图 1.11 中,城市 A、B 中的许多 LAN A1、A2、B1、B2 等分别由两个 MAN A 和 B 连接,并通过 MAN 贡献接入一个 WAN,从而实现所有 LAN 间的互连。

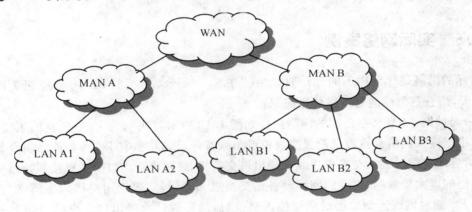

图 1.11　城域网

1.4.4　互联网(Internet)

互联网又称网际互联,是指多种不同类型的网络如 LAN、MAN 和 WAN 等互联在一起形成的混合网络。大家需要注意的是互联网并不是 WAN。我们说一个 WAN 是指采用单一 WAN 技术的一个网络,而互联网是很多 WAN 和 LAN 互联在一起形成的一个大的网络。

互联网使我们可以远距离、便利又经济的共享信息。因特网(Internet)就是最大的互联网(见图 1.7),其实是由全球各种各样的网络互联而成的,它覆盖了世界各地,连接了来自世界各地的政府、企业、教育部门等组织以及个人。

要连接到因特网,通常大家都是通过连接到一个因特网服务提供商(Internet Service

Provider,ISP)的网络上实现的。一个 ISP 管理下的网络构成了一个自治系统(Autonmous System,AS)。所有 AS 连接在一起就构成了因特网(图 1.12)。目前覆盖中国的 AS 网络除中国电信运营的 CHINANET 外,还有广电的 CNCNET、MOBILENET、CERNET 和科技网 CNNIC 等。一个 AS 网络又可以根据地理区域划分为多个区域网,例如 CHINANET 就是由多个省区域网组成。每个省区域网则包含了所属各个城市的城域网及其所连接的企业和家庭网络组成。

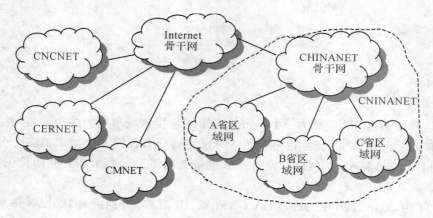

图 1.12   因特网

1.5   实际网络案例

实际的网络是什么样子的呢? 假如"我"在××学校 4 号楼的 213 办公室跟美国朋友 QQ 聊天,信息是怎样通过网络传送的呢?

(1)局域网:4 号楼办公网的网络拓扑如图 1.13 所示,"我"在 213 办公室的工位上,每一楼层根据接入的信息点数量配置交换机或集线器(hub),将所有 PC 和各种终端设备互联起来,然后所有楼层接入交换机连到大楼出口交换机,通过大楼出口交换机接到校园网。这是个典型的以太局域网,主要的网络设备是交换机和集线器,属于用户接入层网络。其中,"我"的 PC 通过网线连到二楼的楼层接入交换机,然后通过大楼出口交换机接到上一级网络,××学校校园网。

(2)校园网:校园网的示意拓扑如图 1.14 所示,1 号楼、2 号楼等其他教学办公楼的局域网和 4 号楼类似,这些局域网通过校园网网管中心的路由器设备互联起来构成了校园网。校园网是较大规模的局域网,需要使用路由器设备连接各个逻辑网络,在布线上也采用光纤代替了办公楼里的以太网双绞线。这时,4 号楼办公网仅是校园网的一个子网。校园网管中心通过出口路由器连到外部网络,××市电信网。为了保护校园内网,一般在校园网出口布设防火墙设备。

(3)电信市网:电信市网的一个示意拓扑如图 1.15 所示,这时××校园网相当于××市电信网的一个接入用户,是其中的一个子网,而其他的大学校园网、企事业单位网络和下级区县电信网络跟××校园网一样,都是市电信网的接入子网,通过市电信网管中心的路由器设备互联在一起,组成整个电信市网。市网与校园网的一个显著区别是:校园网属于局域网

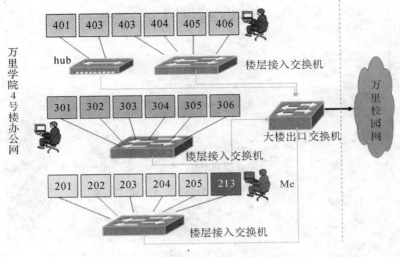

图 1.13 四号楼办公网网络拓扑示意

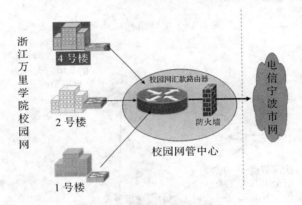

图 1.14 校园网拓扑示意

范畴,而电信市网属于城域网。电信市网的组网结构更加复杂,设备更加高级,网络容量更大。电信市网通过网管中心的核心路由器的出口电路接到电信省网。

(4)电信省网:电信省网的一个示意拓扑如图 1.16 所示。网络到这个层次,只是互联的设备更多、更高级、处理能力更强、速度更快,连接的网络更多、规模更大、更加复杂、带宽更宽,而连接方法并没有多大改变。在这个网络中,电信市网(城域网)只是省网的一个接入网,一个组成部分,而省网就是由一个个城域网络通过省网核心路由器设备互联而组成的。最后,电信省网通过省网出口设备接入电信全国网络,而且出口电路一般有多条,起业务分流和线路备份的作用。

(5)电信全国网(ChinaNet):电信全国网的一个示意拓扑如图 1.17 所示。这是国内最高级别的运营商网络,类似地,每个运营商比如移动、联通等都各有一张独立运行的全国网络。在电信的全国网中,有三大一级核心节点:上海、北京、广州,和八大二级核心节点:天津、武汉、西安、乌鲁木齐等,这些核心节点构成了电信全国网的骨干网络,此时省网只是电信全国网的一个接入子网,一个组成部分,省网通过其核心出口设备接入电信骨干网络,全国的各个省网通过电信骨干网络互联在一起就组成了电信全国网络。在电信全国网,另一

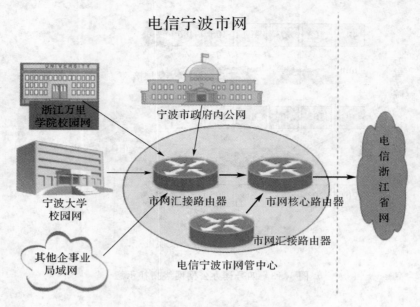

图 1.15　电信市网拓扑示意

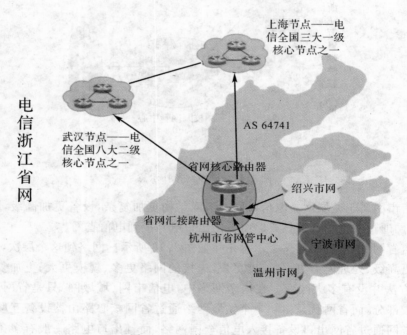

图 1.16　电信省网拓扑示意

个重要的内容就是电信网络的国际出口、国际电路和海缆的情况。电信全国网是最大的网络吗，还有更高级别的网络吗？答案是显然的，Internet。

（6）全球互联网（Internet）：互联网的一个示意拓扑如图 1.18 所示。这时，电信全国网代表中国的互联网与美国、日本等其他国家的互联网络通过国际电路互联在一起，构成全球的 Internet。

有了前面关于各级网络的介绍，就可以很清晰地看到"我"跟美国朋友的 QQ 聊天信息

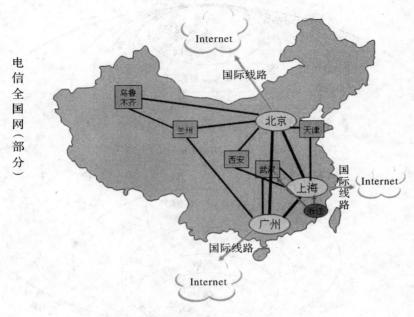

图 1.17   电信全国网拓扑示意

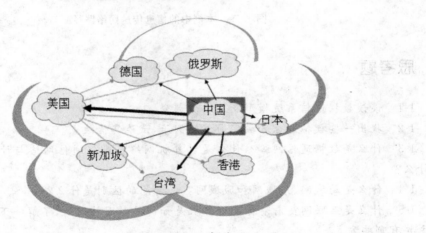

全球 Internet（部分）

图 1.18   全球互联网示意

的传送过程："我"发给美国同学的信息从 4 号楼 213 办公室"我"的电脑上发出，经 4 号楼办公网、校园网、电信市网、省网和全国网，从电信的国际出口经国际电路到达美国国内互联网络，再逐级到达朋友使用的电脑，最后在他的 QQ 程序上显示出来，如图 1.19 所示。而朋友回复"我"的信息经过了一个相反的过程。每一次的信息传送都是基于这张大网上的一条传送路径，而这条传送路径由这张大网上实实在在的设备和线路经过路径选择后形成的。可以设想这条路径上的任一设备或线路出现问题时，信息传递就会发生变化或导致信息传送的失败。QQ 聊天是这样，其他网络应用也是这样的。

图 1.19　本例中的信息传送网络路径

思考题

1-1　谈谈数据通信系统模型及其组成部分。

1-2　找出一些模拟通信和数字通信的例子，试谈其优缺点。

1-3　什么是数据通信网络？什么是计算机网络？数据通信网络与计算机网络的关系是什么？

1-4　什么是局域网、广域网和城域网？三者间的区别是什么？

1-5　什么是互联网？看看你的计算机是如何接入因特网的，了解一下计算机接入因特网主要有哪些方式。

1-6　从因特网上查一下1.5节介绍的各级网络，谈谈你了解的实际网络。

第 2 章　数据通信接口与协议

　　两个计算机或网络设备间可以通过数据通信接口相互通信,而接口则是通过协议定义的。协议的标准化使不同厂商的产品只要遵循同样的标准就可以相互兼容。网络通信通常是通过分层的一组协议(协议族)共同工作实现的,每层协议实现不同的子功能。分层协议的设计可以借鉴 OSI 参考模型。

　　通过本章的学习,要掌握协议及其三要素、标准的概念和 OSI 参考模型的体系结构,了解计算机的各类数据通信接口、与通信相关的主要标准化组织、协议的分层结构和层间关系、PDU 及其封装和开销的概念、OSI 参考模型各层主要功能等。建议学时:4 学时。

2.1　接　　口

　　两个计算机或网络设备间实现通信是通过各种各样的数据通信接口或网络接口实现的,数据通信接口还负责连接计算机及其外部设备。一般来说,我们所说的数据通信接口包括硬件接口和控制硬件的通信软件接口。

2.1.1　硬件接口

　　硬件接口的定义是连接两个设备(计算机)的媒介(如双绞线、光纤、无线电波等)和接头。具体来说,需要定义硬件接口的机械属性(如尺寸大小、针脚排列和电缆类型等)、电气特性(如电压高低、电流大小等)、功能属性(如针脚的功能、交互过程等)。

　　我们以计算机上的数据通信接口为例。观察一下你的计算机的背板,可以看到上面有很多接口,常用的有以下几种:

1. COM 接口

　　COM 接口又叫串口,是计算机主要的外部接口之一。目前常用的是 9 针串口,如图 2.1 所示。标准的串口能够达到最高为 115Kbps 的数据传输速度,而一些增强型串口如 ESP(Enhanced Serial Port,增强型串口)、Super ESP(Super Enhanced Serial Port,超级增强型串口)等则能达到 460Kbps 的数据传输速率。

　　以前通过串口连接的设备有很多,像串口鼠标、MODEM、手写板等。由于串口数据传输速率较慢、接口较大等缺点,现在已经较少使用了,其基本上被 USB 口取代了。很多便携机上已经取消了串口。但是在工业网络中,特别是设备控制方面,串口通信仍有较多的应用。

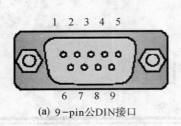

(a) 9-pin公DIN接口

PIN	SIGNAL	DESCRIPTION
1	DCD	Data Carry Detect
2	SIN	Serial In or Receive Data
3	SOUT	Serial Out or Transmit Data
4	DTR	Data Terminal Ready
5	GND	Ground
6	DSR	Data Set Ready
7	RTS	Request To Send
8	CTS	Clear To Send
9	RI	Ring Indicate

（b）针脚定义

图 2.1　9 针 COM 口

2. USB 接口

电脑与移动存储设备（如 U 盘）是通过 USB 接口连接的（见图 2.2）。事实上，USB 接口可以连接鼠标、键盘、打印机、摄像头等几乎所有类型的外部设备。USB 口已经成为目前计算机上使用最广泛的外设接口。

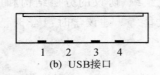

(b) USB接口

PIN	SIGNAL	DESCRIPTION
1	VCC	+5V
2	−Data 0	Negative Data Channel 0
3	+Data 0	Positive Data Channel 0
4	GND	Ground

（b）USB 接口定义

图 2.2　USB 接口

3. LAN 接口

LAN 接口又叫以太网接口，它是 8 针的 RJ-45 接口（见图 2.3），负责计算机和局域网的连接。局域网将在后面章节有详细介绍。

(a) RJ-45 LAN 端口

PIN	SIGNAL	DESCRIPTION
1	TDP	Transmit Differential Pair
2	TDN	Transmit Differential Pair
3	RDP	Receive Differential Pair
4	NC	Not Used
5	NC	Not Used
6	RDN	Receive Differential Pair
7	NC	Not Used
8	NC	Not Used

（b）10/100LAN 针脚定义

图 2.3　LAN 接口

4. PS/2 接口

PS/2 接口最初是 IBM 公司的专利，俗称"小口"。它是一种鼠标和键盘的专用接口，是一种 6 针的圆形接口。但鼠标只使用其中的 4 针传输数据和供电，其余 2 个为空脚（见图 2.4）。PS/2 接口的传输速率比 COM 接口稍快一些，而且是 ATX 主板的标准接口，也是目前应用最为广泛的鼠标接口之一。但是 PS/2 接口不能使高档鼠标完全发挥其性能，并且不支持热插拔。在 BTX 主板规范中,这也是即将被淘汰的接口。

需要注意的是,PS/2 鼠标接口和 PS/2 键盘接口虽然功能、外形完全相同,但不可互换。一般情况下,符合 PC99 规范的主板,其鼠标的接口为绿色、键盘的接口为紫色,另外也可以从 PS/2 接口的相对位置来判断:靠近主板 PCB 的是键盘接口,其上方的是鼠标接口。

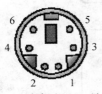

(a) PS/2鼠标(6-pin 母头)

(c) PS/2键盘(6-pin 母头)

PIN	SIGNAL	DESCRIPTION
1	Mouse DATA	Mouse DATA
2	NC	No Connection
3	GND	Ground
4	VCC	+5V
5	Mouse Clock	Mouse Clock
6	NC	No Connection

(b)PS/2 鼠标针脚定义

PIN	SIGNAL	DESCRIPTION
1	Keyboard DATA	Keyboard DATA
2	NC	Noconnection
3	GND	Ground
4	VCC	+5V
5	Keyboard Clock	Keyboard clock
6	NC	Noconnection

(d)PS/2 键盘针脚定义

图 2.4　PS/2 接口

5. VGA 接口

VGA 接口是显示器使用的专用接口,如图 2.5 所示,它是 15 针的连接公头。

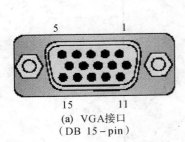

(a) VGA接口
(DB 15-pin)

PIN	SIGNAL DESCRIPTION
1	RED
2	GREEN
3	BLUE
4	N/C
5	GND
6	GND
7	GND
8	GND
9	+5V
10	GND
11	N/C
12	SDA
13	Horizontal Sync
14	Vertical Sync
15	SCL

(b)针脚定义

图 2.5　VGA 接口

6. LPT 接口

LPT 接口又称并口,是计算机一个相当重要的外部设备接口,通常被用来连接打印机,另外,有许多型号的扫描仪也是通过并口与计算机连接的。并口也是 25 针的(见图 2.6),与 25 针串口不同的是:并口是 25 个孔,所以常称为"母头",而串口常称为"公头"。

由于现在打印机和扫描仪往往都支持 USB 口,因此并口的使用也很少。

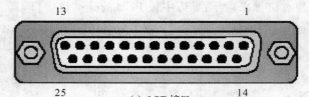

(a) LPT 接口

PIN	SIGNAL	DESCRIPTION
1	STROBE	Strobe
2	DATA0	Data0
3	DATA1	Data1
4	DATA2	Data2
5	DATA3	Data3
6	DATA4	Data4
7	DATA5	Data5
8	DATA6	Data6
9	DATA7	Data7
10	ACK#	Acknowledge
11	BUSY	Busy
12	PE	Paper End
13	SELECT	Select
14	AUTOFEED#	Automatic Feed
15	ERR#	Error
16	INIT#	Initialize Printer
17	SLIN#	Select In
18	GND	Ground
19	GND	Ground
20	GND	Ground
21	GND	Ground
22	GND	Ground
23	GND	Ground
24	GND	Ground
25	GND	Ground

(b)针脚定义

图 2.6　LPT 接口

2.1.2　软件接口

在数据通信过程中,硬件接口处于底层,在数据传输中会发生很多问题,例如坏包(数据包中一些位发出错误或丢失)、丢包(数据包全部丢失)、重复包(数据包重复发送)和包序错误(数据包没有按顺序传送)等。因此两个设备间除了数据的传输外,还需要交换控制信息来解决上述问题。控制信息的交换还可以提供寻址功能,以区分网络中的不同计算机、一个计算机中的不同应用程序和一个计算机中不同程序的不同拷贝。

　　要传递控制信息,一种方法是在硬件接口中增加专门的针脚,这种方法相应地也增加了连接线缆的束数;另一种方法更为可行,它是将控制信息和数据一起传输(见图2.7)。但是这样一来,硬件接口就无法区分控制信息和数据了。为了区分控制信息和数据,设计了专门的通信软件。如图2.8所示,发送方的通信软件从应用程序中接受数据和控制信息,将数据和控制信息按一定格式组合后传给硬件接口,并通过硬件接口传给接收方;接收方的通信软件从硬件接口接收数据和控制信息,根据控制信息来解决纠错、寻址等问题,并将数据交给接收方的应用程序。

图 2.7　控制信息与数据的组合传输

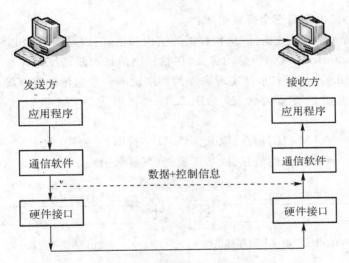

图 2.8　通信软件的作用

　　与硬件接口类似,我们把软件间交换的数据和控制信息的格式和意义、处理过程和时序等定义为软件接口。一般来说,通信软件中包含了三种软件接口:与所在计算机中应用程序的接口;与所在计算机中硬件接口间的接口;与通信对方计算机中通信软件的接口(见图2.8中虚线)。最后一个接口中"数据+控制信息"并不是直接在两个软件中交换的,而是通过硬件接口来传递的。

2.2　协议与标准

2.2.1　协议及其三要素

　　无论是硬件接口还是软件接口都是需要通信双方通过协议来约定的。所谓协议(protocol),就是通信双方必须共同遵从的一组约定。举个例子(见图 2.9),一个中国人和一个日本人进行通信,一个讲中文,一个讲日文,双方就无法相互理解。如果双方商定采用他们都懂的英文进行通信,则通信就可以顺利实现。他们之间的约定就是一种协议。

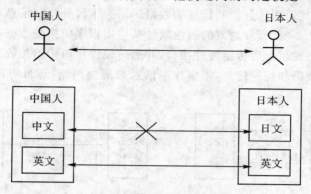

图 2.9　协议的例子:通信语言的约定

通常,网络协议由下面三个要素组成:

(1)语法(syntax),就是控制信息和数据的结构和格式,表示信号的电平等。

(2)语义(semantics),就是信息的含义,包括控制信息和差错控制等。

(3)时序(timing),包括对事件实现顺序的详细说明和数据传输速率等。

再举个例子说明三要素的含义(见图 2.10),我们为 ATM 机取款定义一个简单的协议。

(1)取款人——→ATM 机的信息:取款人姓名(字符串)+密码(数字)+取款额(数字);

(2)ATM 机——→取款人的信息:成功或者失败(逻辑值)。

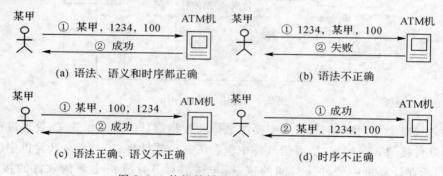

图 2.10　协议的例子:语法、语义和时序

图 2.10(a)中①信息表示某甲的密码是 1234,取款 100 元,②信息说明取款成功。可以看到语法、语义和时序都正确。图 2.10(b)中①信息的格式变成了"数字+字符串+数字",所以语法不正确。图 2.10(c)中①信息的格式是"字符串+数字+数字",所以语法正确,但是第一个数字放入了取款额,第二个数字放入了密码,因此语义不正确。图 2.10(d)中两个信息的顺序错误,即时序不正确。

2.2.2　标准与标准化组织

协议像网络的语言。两个设备遵循一致的协议（讲同样的语言）才能通过网络相互通信。但是如果多个设备进行相互通信（见图 2.11），就有可能需要多个协议（方言）。因此，我们需要一种所有设备共同遵循的语言（普通话）。标准（standard）就像网络上的普通话。不同厂家生产的设备遵循一致的标准（都讲普通话）后，相互之间就可以兼容。因此当我们购买计算机时，可以买不同厂家的设备（如鼠标、键盘、网卡等）构成兼容机。

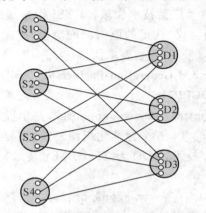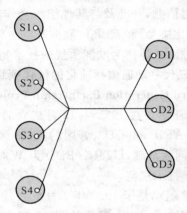

(a) 没有标准：需要12种协议，24种实现　　　(b) 有标准：需要一种协议，7种实现

图 2.11　为什么要有标准

标准主要是由国际标准组织或各国家的标准组织制定的，部分大的厂商自己制订的通信协议标准也可能被广泛认可，从而成为事实上的标准（De facto 标准）。对设备生产厂家来说，制订国际标准可以保证设备和软件有一个大市场，保证不同厂家的产品可以相互通信。因此，他们往往会积极参与标准的制订。制订标准也有缺点，就是一个占领了很大市场的标准往往不容易被新技术取代，从而会起到冻结技术的副作用。此外厂家为了争取市场优势，积极促使自己的标准为国际标准，也可能会造成同一类产品有多个标准并存的结果。

通信领域的主要国际标准组织有：

1. 国际电信联盟(International Telecommunication Union,ITU)

ITU 是电信界最权威的标准制订机构，成立于 1865 年 5 月 17 日，1947 年 10 月 15 日成为联合国的一个专门机构，总部设在瑞士日内瓦，网址 http://www. itu. int/home/index. html。经过 100 多年的变迁，1992 年 12 月，为适应不断变化的国际电信环境，保证ITU 在世界电信标准领域的地位，ITU 决定对其体制、机构和职能进行改革。改革后的ITU 最高权力机构是全权代表大会。全权代表大会下设理事会、电信标准部门（Telecommunication Standardization Sector，即著名的 ITU-T）、无线电通信部门和电信发展部门。理事会下设秘书处，设有正、副秘书长。电信标准部、无线电通信部和电信发展部一起承担着实质性的标准制订工作，3 个部门各设 1 位主任。

ITU 制订的著名标准有 SS7 协议、Q. 931 协议等。

2. 因特网工程任务组(Internet Engineering Task Force,IETF)

IETF 负责标准化 Internet 协议，网址 http://www. ietf. org/。IETF 每年开三次会，

讨论不断出现的项目、建议和标准。IETF 由多个工作组组成,如 IDN WG。其成员在许多领域都有丰富的经验。工作组有公开成员资格和参与权利。IETF 主席控制各组的方向,并帮助他们作出决定和提出生产性成果。

IETF 制订的著名标准有 TCP/IP 协议、SIP 协议等。

3. 欧洲电信标准化协会(European Telecommunications Standards Institute,ETSI)

ETSI 是由欧共体委员会 1988 年批准建立的一个非赢利性的电信标准化组织,总部设在法国南部的尼斯,网址 http://www.sdca.gov.cn/jishu/dx/etsi.htm。ETSI 的标准化领域主要是电信业,并涉及与其他组织合作的信息及广播技术领域。ETSI 作为一个被 CEN(欧洲标准化协会)和 CEPT(欧洲邮电主管部门会议)认可的电信标准协会,其制订的推荐性标准常被欧共体作为欧洲法规的技术基础加以采用,并被要求执行。

4. 第三代移动通信标准化的伙伴项目(The 3rd Generation Partnership Project, 3GPP 和 The Third Generation Partnership Project 2,3GPP2)

3GPP 组织是在 1998 年 12 月成立的,网址 http://www.3gpp.org/,是由欧洲的 ETSI、日本的 ARIB 和 TTC、韩国的 TTA 和美国的 T1 五个标准化组织发起,主要是制订以 GSM 核心网为基础,UTRA(FDD 为 W-CDMA 技术,TDD 为 TD-CDMA 技术)为无线接口的第三代技术规范。

3GPP2 组织是于 1999 年 1 月成立,网址 http://www.3gpp2.org/,由美国 TIA、日本的 ARIB、日本的 TTC、韩国的 TTA 四个标准化组织发起,主要是制订以 ANSI-41 核心网为基础,CDMA 2000 为无线接口的第三代技术规范。

目前,3GPP 和 3GPP2 在业务、无线接口、核心网、终端等方面的研究进展迅速,活动频繁。中国无线通信标准研究组(CWTS)于 1999 年 6 月在韩国正式签字,同时加入 3GPP 和 3GPP2,成为这两个当前主要负责第三代伙伴项目的组织伙伴。在此之前,我国是以观察员的身份参与这两个伙伴的标准化活动的。

5. 国际标准化组织(International Organization for Standardization,ISO)

ISO 是一个全球性的非政府组织,网址 http://www.iso.org/iso/en/ISOOnline.open-erpage,也是国际标准化领域中一个十分重要的组织。ISO 的任务是促进全球范围内的标准化及其有关活动,以利于国际间产品与服务的交流,以及在知识、科学、技术和经济活动中发展国际间的相互合作。它显示了强大的生命力,吸引了越来越多的国家参与其活动。其组织机构包括全体大会、主要官员、成员团体、通信成员、捐助成员、政策发展委员会、理事会、ISO 中央秘书处、特别咨询组、技术管理局、标样委员会、技术咨询组、技术委员会等。

ISO 制订的著名标准有 ISO 9000 和下节介绍的 OSI 网络分层模型。

6. 国际电工委员会(International Engineering Consortium,IEC)

国际电工委员会(IEC)成立于 1906 年,是世界上最早的国际性电工标准化机构,总部设在日内瓦,网址 http://www.iec.org/。1947 年 ISO 成立后,IEC 曾作为电工部门并入 ISO,但在技术上、财务上仍保持其独立性。根据 1976 年 ISO 与 IEC 的新协议,两组织都是法律上独立的组织,IEC 负责有关电工、电子领域的国际标准化工作,其他领域则由 ISO 负责。

IEC 的宗旨是促进电工、电子领域中标准化及有关方面问题的国际合作,增进相互间的了解。为实现这一目的,出版包括国际标准在内的各种出版物,并希望各国家委员会在其本国条件许可的情况下,使用这些国际标准。IEC 的工作领域包括了电力、电子、电信和原子能方面的电工技术。现已制订国际电工标准 3000 多个。

7. 万维网联盟(World Wide Web Consortium,W3C)

W3C 由 Web 的发明者 Tim Berners-Lee 于 1994 年 10 月创建的,这是个会员组织,与其他标准化组织如 IETF、WAP 论坛、Unicode 协会等进行合作,主要致力于通过制订和维护 WWW 标准来标准化 WEB,WWW 标准叫 W3C Recommendations。W3C 由三个大学承办(hosted):美国的 Massachusetts Institute of Technology,欧洲的 The French National Research Institute 和日本的 Keio University。其网址是 http://www.w3c.org/。

W3C 制订的著名协议有 HTML 和 XML 等。

8. 电子电气工程师学会(Institute of Electrical and Electronics Engineers,IEEE)

IEEE 成立于 1963 年,其是由美国电气工程师学会(AIEE,成立于 1884 年)和无线电工程师学会(IRE,成立于 1912 年)合并组成。总部设在美国纽约,网址 http://www.ieee.org/。1999 年会员达 35 万人,分布在 150 个国家和地区,是一个国际性学术组织。该组织设主席 1 人,副主席若干人,任期 1 年。学会的重大事项由理事会和代表会进行决策,日常事务由执行委员会负责完成。学会设有超导、智能运输系统、神经网络和传感器 4 个委员会和 36 个专业分学会,如动力工程、航天和电子系统、计算机、通信、广播、电路与系统、控制系统、电子装置、电磁兼容、工业电子学、信息理论、工程管理、微波理论和技术、核和等离子科学、海洋工程、电力电子学、用户电子学等。学会还按 10 个地区划分,共有 300 多个地方分部。IEEE 北京分部于 1985 年成立。

该组织发布的著名标准有以太网 IEEE 802 系列标准等。

9. 电气工业联盟(Electrical Industries Alliance,简称 EIA)

EIA 是一个包括全美国制造商的国家贸易组织。其覆盖了美国电子工业 80% 以上。该联盟是电子高技术协会与那些许诺通过国内国际政策努力推进美国高技术工业市场发展和竞争力的公司的合作伙伴。EIA 总部设在美国弗吉尼亚州的柯灵顿,由 2300 多个成员公司组成,网址是 http://www.eia.org/。这些公司的产品和服务范围,小至最小的电子元件,大至国防、空间和工业用的最复杂的系统,覆盖了消费者电子产品的所有范围。EIA 标准服务由以下部分组成:JEDEC/TEPAC 出版物的覆盖范围从大功率晶体管到微波管的无线电频率范围;EIA-TIA 标准覆盖了有线、无线、光纤、网络设备及其系统的制造、安装和试验用无线电通讯技术;EIA-有线及内部连线文件,由设计、制造商或者电子系统使用部门用于该组织内部的设计、订购、质量保证和研制开发;EIA-JEDEC 注册服务部分,由系列 1 到系列 6 的半导体产品注册表构成。

该组织发布的著名标准有计算机串行口使用的 EIA 232 标准等。

10. 光互联网论坛(Optical Internetworking Form,OIF)

OIF 于 1998 年 4 月由 Cicso、Ciena、Lucent、NTT、AT&T、3Com、Bellcore、HP、Qwest、Sprint、World-Com 等网络通信设备公司和运营公司成立,网址 http://www.oiforum.com/。目前,OIF 正在和 ITU-T、IETF、ATM 论坛等标准化组织合作制订有关光互联网的技术规范,但是它关注的不是数据网络或光网络内部的技术问题,而是数据网络和光网络之间的互操作性问题,如光互联网的光网络物理层传输接口(如比特率、不同数据格式的成帧和同步以及光纤的特性)、光网络与数据网络层之间中间层的适配以及中间链路层的管理(包括故障和性能管理、中间层的配置、中间层的保护/恢复、会话管理、计费和安全等)等。目前,OIF已确定了用于描述光互联网的多协议参考模型,即光互联网重叠模型。

2.3 OSI 体系结构

2.3.1 协议族与协议分层结构

在实际的通信协议设计中,并不是像图 2.10 中的例子那么简单地通过一个协议就能解决所有通信问题。协议设计者倾向于设计一起工作的一组协议,称为协议族。在协议族中协议按层划分,每层分别解决不同的子问题。

图 2.12 所示为两个主体通过一个三层的分层协议通信的结构。

在发送方,每一层将实现本层功能需要的控制信息和要传输的数据组合在一起,形成所谓的协议数据单元(Protocol Data Unit,PDU)。在网络模型中,将数据和控制信息组合成PDU 的过程叫做封装(envelope)。控制信息通常构成 PDU 的头(header)。控制信息只是为了实现该层功能需要,并不是要传输的数据,因此它属于该层的开销(overhead),意思是为了完成传输而必须花的代价。

上层的 PDU 作为数据交给下一层处理,下一层加入自己实现功能需要的控制信息,形成自己的 PDU 再交给下一层。最下面一层负责通过物理链路将数据传给接收主体的最下一层。在接收方,则按照相反的过程,下一层根据收到的 PDU 中的控制信息实现所负责的功能,并将 PDU 中的数据(也就是上一层的 PDU)拆封出来再传递给上一层。

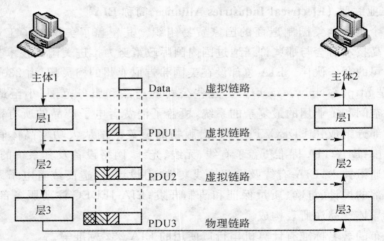

图 2.12 协议分层模型

为了便于理解,我们可以将图 2.12 的模型使用在邮局邮信的过程中。两个通信主体是人,在层 1,发信人将信纸(数据)装在信封中,并在信封上加上收发信人的地址等信息(控制信息),封装成信(PDU1)发给邮局(层 2)。在邮局,很多信(数据)被按收信人所在地区分类,封装在邮包(PDU2)中,并在邮包上注明发送地区等信息(控制信息),然后将邮包(PDU)送到铁路等运输部门(层 3)。运输部门将邮包放在运输工具(PDU3)中运到收信人所在地区后交给当地邮局(层 2),邮局再将邮包拆封后将信送到收信人。最后收信人将信拆封,拿到信纸。

从这个例子我们可以注意到分层结构中层与层之间的两种关系:

(1)上下层间的服务与被服务关系:在分层协议中,同一主体中相邻的上下两层协议间是服务与被服务的关系(下一层为上一层提供服务),不相邻的两层间是不直接发生关系的。例如邮局为收发信人服务、运输部门为邮局服务;运输部门和收发信人之间(隔层)没有直接关系。

(2)两个通信主体同层间的虚拟链路关系:通过下面各层的服务,两个通信主体的同一层次好像直接相连一样,因此它们之间存在一个虚拟链路,在图中用虚线表示。例如收信人通过邮局的服务拿到发信人的信,这就好像发信人直接将信交给收信人一样。因此我们说他们之间有一个虚拟链路。

2.3.2　OSI 参考模型

为了规范协议族的体系结构,ISO/IEC(国际标准化组织和国际电工委员会)提出了ISO/IEC 7498,亦称为 X.200 建议,这就是著名的开放系统互连参考模型(Open System Interconnect Reference Model,简称 OSI 参考模型)。该体系结构标准定义了异质系统互联的七层框架(见图 2.13)。

| 应用层(Application Layer) |
| 表示层(Presentation Layer) |
| 会话层(Session Layer) |
| 传输层(Transport Layer) |
| 网络层(Network Layer) |
| 数据链路层(Data Link Layer) |
| 物理层(Physical Layer) |

图 2.13　OSI 参考模型

1. 物理层(Physical Layer)

物理层的功能是实现实体间的信息的按位传输。物理层建立在传输媒介的基础上,实现设备间的物理接口。物理层只是将信息作为一串二进制数(比特流)接收和发送,而不考虑信息的意义和结构。它描述了硬件接口的机械、电气、功能的规定,还定义电位的高低、变化的间隔、电缆和接头的类型等。

2. 数据链路层(DataLink Layer)

数据链路层实现实体间数据的可靠传送。数据流被组成帧(位组),从而可以用数据在帧中的位置区分出哪些是控制信息,哪些是需要传输的数据。在控制信息中可以包括纠错和检错信息,从而实现数据的无差错传送;链路层还可以提供流量控制服务,保证发送方不致因为发送速度太快而使接收方来不及正确接收数据;此外,在多个设备共享同一物理媒介的情况下,控制信息中还需要含有源站点和目的站点的物理地址,从而保证帧被正确的接收者接收。

3. 网络层(Network Layer)

物理层和数据链路层可以连接相邻的两个实体。在网络通信方式下,两个实体间的通信就要通过网络中多个实体的传递来完成。而网络层的主要任务就是提供路由，也就是为信息包在网络中的传送选择一条最佳路径。网络层还具有拥塞控制功能。在网络层传输的 PDU 叫做数据包或者数据报。数据包的控制信息中含有源站点和目的站点地址的网络地址。

4. 传输层（Transport Layer）

网络层使每个数据包可以通过网络由发送实体传送到接收实体。但是这个传输并不可靠，可能发生错包、丢包、重复包和包顺序改变等错误。传输层通过上述实体间建立端对端的连接，从而实现数据的可靠传输。它还负责连接的维护和取消。

5. 会话层（Session Layer）

会话层用于建立、管理和终止两个应用系统间的对话。典型的会话层功能包括会话异常中断后的回卷（rollback）或断续重传功能。前者的例子如在 ATM 机上提款，当一次交易（如取钱）没有完成就发生连接异常中断后，会话层会负责恢复到交易没有发生前的情况。后者的例子如下载一个长文件时发生连接异常中断，则在重新连接后，可以从中断点附近继续传输，而无需从头传输。

6. 表示层（Presentation Layer）

表示层提供格式化的表示和转换数据服务。如数据的压缩和解压缩、加密和解密等工作都由表示层负责。

7. 应用层（Application Layer）

应用层为用户应用软件提供使用网络协议软件的接口。

思考题

2-1 看看你周围的计算机有哪些接口，设法了解这些接口的协议和性能参数。

2-2 什么是协议及其三要素？什么是标准？为什么我们需要协议和标准？

2-3 看看书中列出的标准化组织的网页，试试是否可以下载到一个标准文本。

2-4 浏览你下载到的标准文本，了解标准文本的结构，写一个内容简介。

2-5 OSI 参考模型由哪几层组成，每层的主要功能是什么？

第 3 章　短距离串行通信:EIA 232 与 USB

数据通信的方式可以从多个不同的方面进行分类,包括串行与并行、单工与双工、同步与异步、基带与频带等。计算机与外部设备间的短距离通信主要采用串行通信技术。EIA 232 历史悠久,它曾是最典型、应用最广的串行通信接口。而 USB 接口依靠其在传输速率、即插即用等方面的优势,目前几乎已经取代了以前所有的计算机与外设间的接口技术。

通过本章的学习,我们要掌握串行与并行、单工与双工的概念;了解 EIA 232 接口的机械属性和电气属性,掌握比特率的概念,了解双绞线技术,掌握 EIA 232 的帧格式和奇偶校验技术,了解位同步和帧同步的概念以及同步传输与异步传输技术;了解 USB 接口的机械属性和电气属性,包括其编码技术和同步字段、比特填充和包尾的概念,了解 USB 的系统拓扑和四种数据传输方式。建议学时:4 学时。

3.1　数据通信的方式

3.1.1　串行与并行

数据通信按传输方式可以分为串行和并行两种。

并行(parallel)通信是指在多条并行的信道上同时进行传输,一次可以传输一组数据。图 3.1(a)所示中 4 条并行的信道一次可以同时传输 4 位数据。

串行(serial)通信是指数据流在一条信道上一位接一位地顺序传输,如图 3.1(b)所示。

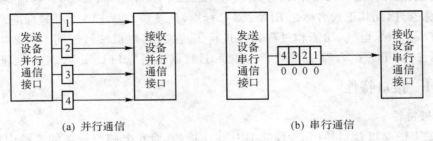

(a) 并行通信　　　　　　　(b) 串行通信

图 3.1　并行通信与串行通信

由此可以看出,并行传输需要更多的信道,传输速度较快,因此多用于短距离的需要高速传输的情况。如第 2 章介绍的计算机的并口就是采用并行传输技术,用于与打印机和扫描仪的连接。串行传输只需要一个信道,传输速度较慢,适合于长距离通信,或短距离但对速度要求不太高的情况。如计算机的鼠标和键盘等慢速设备都是采用串行通信口连接的。实际上,随着 USB 等高速串行通信技术的发展,打印机、扫描仪等高速设备也已采用串行通信口连接,并行通信口的使用越来越少了。

3.1.2 单工、半双工与全双工

根据某一时间内信息传输的方向又可以将通信分为单工通信、半双工通信和全双工通信三种方式(见图 3.2)。

单工(simplex)通信(见图 3.2(a)):数据只能沿一个固定的方向传输,即传输是单向的。典型的单工通信如广播和电视。

半双工(half duplex)通信(见图 3.2(b)):允许数据沿两个方向传输,在任意一个时刻,信息只能在一个方向上传输,而不能同时在两个方向上传输。典型的半双工通信如对讲机,对讲机通过一个按钮控制,不按按钮时只能收话不能发话,按下按钮时只能发话,不能收话。

全双工(full duplex)通信(见图 3.2(c)):允许数据同时在两个方向上传输。典型的全双工通信如计算机的串行通信口,它通过两个串行通信信道分别负责数据的发送和接收,因此可以同时发送和接收数据。

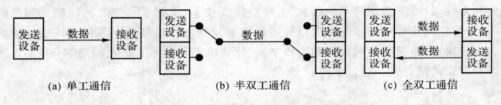

图 3.2 单工、半双工和全双工通信

3.2 串行通信口:EIA 232

计算机的 COM 口(串口)是一个典型的短距离串行全双工通信接口,一般用来连接老式 COM 口鼠标和外置 Modem 以及老式摄像头和写字板等设备。其接口标准是 1969 年美国电子工业协会(EIA)与 BELL 等公司一起开发的 RS-232-C 协议。其中 RS(Recommended Standard)代表推荐标准,232 是标识号,C 代表 RS232 的一个版本(1969)。目前该协议已经成为正式标准,因此其正式名称是 EIA 232-C 标准,最新版本是 EIA 232-F 标准。EIA 232标准对接口的机械、电气、功能和过程属性进行了定义,其中机械属性同 ISO 2110 标准兼容,电气属性与 ITU-T V.28 标准兼容,功能和过程属性则与 ITU-T V.24 标准兼容。

3.2.1 接口特性

1. 机械特性

标准的 EIA 232 接口使用 25 针的 DB-25 连接器,而在电脑与设备的连接中往往只使用很少几根线,因此常使用 9 针的 DB-9 连接器(见图 3.3),其中计算机侧接口采用的是 DB-9M 阳插座(针式结构),而设备侧采用的是 DB-9F 阴插座(孔式结构)。

2. 电气特性

EIA 232 接口标准的电气特性主要规定了发送端驱动器与接收端驱动器的信号电平、

负载容限、传输速率及传输距离。

EIA 232 接口用负电平(范围为−15V～
−5V)表示逻辑"1"或一位二进制数"1",用
正电平(范围为＋5V～＋15V)表示逻辑"0"
或一位二进制数"0",在相邻两位数据间无
需间隔(见图 3.4)。−3V～＋3V 为过渡区,
表示逻辑状态或数据不确定,也就是非"1"非
"0"(实际上,出现这一情况说明在传输过程
中出错)。

通常通信接口的数据传输速率是用比特
率(bit rate)表示的。比特率是指单位时间内

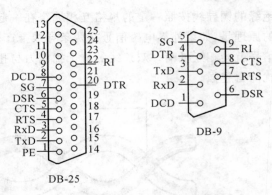

图 3.3　EIA 232 接口的机械定义

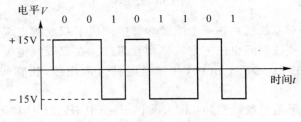

图 3.4　EIA 232 信号电平

所传送的二进制数的有效位数,比特(bit)就是英语的"位",因此比特率以每秒多少比特数
计算,一般写成 bps。EIA 232 的数据传输速率一般小于 20Kbps,传输距离小于 15m。

3. 功能特性和过程特性

EIA 232 接口连线的功能特性,主要是对接口各引脚的功能和连接关系作出定义。过
程特性则定义了接口实现数据交换的工作过程,包括各个信号线的动作等。

EIA 232 标准最初是为远程通信连接数据终端设备 DTE(Data Terminal Equipment)
与数据通信设备 DCE(Data Communication Equipment)制订的。DTE 和 DCE 的典型例子
就是电脑和调制解调器(modem),老式的调制解调器就是通过 EIA 232 口与电脑连接的。
因此,EIA 232 的功能和过程特性都是针对这个应用定义的,这里不作详细介绍。EIA 232
广泛地被借来用于计算机与终端或外设之间的近端连接标准后,其功能和过程属性也发生
了相应的简化,而且只使用 3～9 根信号线连接就可以了。其中 RXD 用于发送串行数据,
TXD 用于接收串行数据,GND 是公共的信号地,这三根信号线是必不可少的(见图 3.5)。

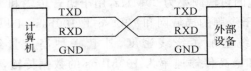

图 3.5　计算机和外设通过串口的连接

3.2.2　传输媒介:双绞线

EIA 232 接口一般采用双绞线为传输媒介。双绞线(Twisted Pair,TP)是由两根相互

绝缘的铜导线按照一定的规格互相缠绕在一起而制成的网络传输介质,如图 3.6 所示。它的原理是:如果外界电磁信号在两条导线上产生的干扰大小相等而相位相反,那么这个干扰信号就会相互抵消。双绞线的抗干扰能力与扭绞长度有关,一般而言,扭绞长度越短,抗干扰能力越强。

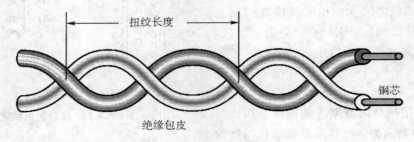

图 3.6　双绞线

如果把一对或多对双绞线放在一个绝缘套管中便成了双绞线电缆(我们平时用的网线就是双绞线电缆),这些线对间也按一定规格相互扭绞。在双绞线电缆内,不同线对具有不同的扭绞长度,通常在 14～38.1cm 内,并按逆时针方向扭绞,相临线对的扭绞长度则在 12.7cm 以上。

双绞线可分为非屏蔽双绞线(Unshielded Twisted Pair,UTP)和屏蔽双绞线(Shielded Twisted Pair,STP)。STP 的外皮和线对间有铝箔构成的屏蔽层,可以屏蔽外界辐射,提高抗干扰能力,因此有较高的传输速率,100m 内可达到 155Mbps。STP 还可减小线缆对外的辐射,避免窃听,从而提高安全性。STP 的缺点是价格相对较高,而且类似于同轴电缆,它必须配有支持屏蔽功能的特殊连接器和相应的安装技术,安装时要比 UTP 困难。相比之下,UTP 使用更为广泛,它无屏蔽外套,直径小,可节省所占用的空间;重量轻、易弯曲、易安装,适用于结构化综合布线。

EIA/TIA 为双绞线电缆定义了五种不同质量的型号:

(1)第一类:主要用于传输语音(这类标准主要用于 20 世纪 80 年代初之前的电话线缆),不用于数据传输。

(2)第二类:传输频率为 1MHz,用于语音传输和最高传输速率 4Mbps 的数据传输,例如使用 4Mbps 规范令牌传递协议的令牌局域网。

(3)第三类:目前在 ANSI 和 EIA/TIA 568 标准中指定的电缆,其传输频率为 16MHz,用于语音传输及最高传输速率为 10Mbps 的数据传输,例如用于 10base-T 以太局域网。

(4)第四类:该类电缆的传输频率为 20MHz,用于语音传输和最高传输速率为 16Mbps 的数据传输,例如用于基于令牌的局域网和 10base-T/100base-T 以太局域网。

(5)第五类:该类电缆增加了绕线密度,外套一种高质量绝缘材料,传输频率为 100MHz,用于语音传输和最高传输速率为 100Mbps 的数据传输,这是目前最常用的以太局域网电缆。

3.2.3　帧格式

EIA 232 中数据的传输是以帧为单位的。帧的结构如图 3.7 所示,在空闲时,数据线上为高电平,一帧开始时有一个低电平起始位供接收器判断是否开始接收;数据位紧跟在起始位之后,可以有 5～8 位;数据位后是一位校验位(是可选的,可以没有);最后是 1～2 位的停止位(高电平)。如果下一帧紧跟其后,则停止位后就是下一帧的起始位,否则又进入空闲状态,直到再下一帧开始。

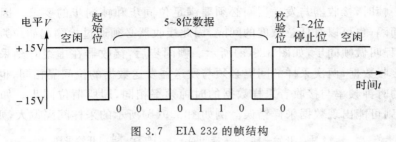

图 3.7　EIA 232 的帧结构

校验位是用于检测错误的。这里采用的是奇偶校验码(parity)。

所谓奇校验就是在数据位后加一位校验位,使数据位和校验位中 1 的个数为奇数。偶校验则是在数据位后加一位校验位,使数据位和校验位中 1 的个数为偶数。

例如要发送 3 个字符 A,B,C,其 ASCII 码是二进制数 1000001,1000010 和 1000011。加上偶校验码,则是 10000010,10000100 和 10000111。发送时增加一个起始位(低电平,1)和一个停止位(高电平,0),连续发送,则在线缆上按时间顺序发送的是

1010000010011000010001100001110

在连续发送中可以看出一个问题:接收器必须知道有几个数据位和停止位、是否有校验位以及是奇校验还是偶校验,只有这样才能确定帧中的数据位的位置,从而正确接收数据。而这些是需要发送双方事先约定好的。

例如在 Windows XP 环境下对串行口的设置:打开"控制面板"中"系统"程序,在其中的"硬件"页面上单击"设备管理器"按钮;在"设备管理器"窗口的设备列表中找到要设置的串行口,如 COM1,右击 COM1 就可以打开一个浮动菜单,单击其中的属性,就可以打开 COM1 口的属性设置界面;在其中的端口设置页面中我们就可以对端口的属性(包括帧格式参数)进行设置了(见图 3.8)。

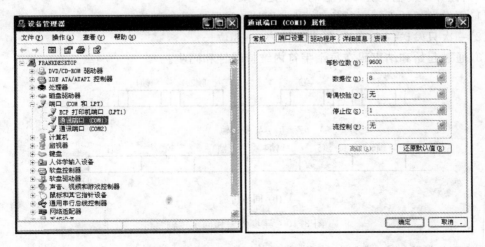

图 3.8　串行口属性的设置

3.2.4　异步传输与同步传输

EIA 232 采用异步传输方式。那么什么是异步与同步呢？

在接收一帧时，接收器与发送器间必须要满足位同步和帧同步的要求。因为帧与帧之间可以没有间隔，也可以有任意长度的间隔，因此接收器必须通过检测起始位判断一个帧的开始，这个过程叫做帧同步，如图 3.9(a)所示。帧同步后，接收器在虚线时刻采样并判断信道的电平来接收数据，两次采样的间隔必须与发送器发送数据的位间隔相同，也就是说发送器发送数据的时钟频率与接收者采样数据的时钟频率相同，即所谓位同步。如果不满足位同步的要求，则可能出现数据采样错误。例如图 3.9(b)所示的采样间隔偏大，则出现错误。

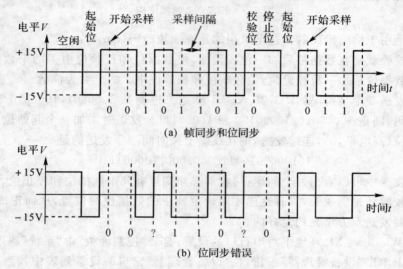

图 3.9　位同步和帧同步

像这样每个数据帧独立传输，接收器根据起始位进行帧同步，开始接收一个数据帧的传输方式叫做异步传输。异步传输的特点是：

(1)不发送长的无间断的位流，以避免时钟问题；

(2)一次只发送一个字符，每个字符为 5～8 位长；

(3)通过起始和结束码在每个字符内维持时钟和同步。

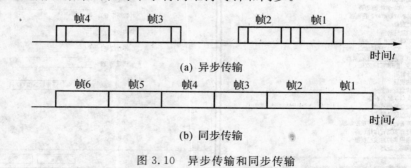

图 3.10　异步传输和同步传输

与异步传输方式相对应的是同步传输方式。在同步传输方式下，无论有无数据，数据帧都一个紧挨一个发送(在没有数据的情况下，则发送空数据帧，例如数据位都是 0)。发送器和接收器必须同步，这样它们的时钟才能使接收器知道新字节的开始，因此不需要起始位和停止位。

异步和同步传输的区别如图 3.10 所示。其也可用电梯和自动扶梯的例子来理解，电梯有人上去才开动（异步传输），而自动扶梯无论是否有人，都以固定数率传输（同步传输）。

3.3　USB 接口标准

USB(Universal Serial Bus,通用串行总线)最初由英特尔与微软公司倡导发起，目前 USB Implementers Forum(USBIF,网址是 http://www.usb.org/home)负责 USB 标准的制订，其成员包括苹果电脑、惠普、NEC、Microsoft 和 Intel 等。与老式串行口相比，USB 最大的特点是支持热插拔(hot plug)和即插即用(plug & play)，也就是说不用关闭计算机的电源，也不需手动安装驱动程序，就可以插入 USB 设备，并立刻可以使用。USB 1.0 版本于 1995 年 11 月 13 日发布。2.0 版本于 2000 年 4 月 27 日发布，是由 USB 1.1 规范演变而来的，它的传输速率达到了 480Mbps，足以满足大多数外设的速率要求。所有支持 USB 1.1 的设备都可以直接在 USB 2.0 的接口上使用而不必担心兼容性问题，而且像 USB 线、插头等附件也都可以直接使用。目前 USB 接口已经基本取代传统的串口、并口等短距离通信口，大有一统天下之势。

3.3.1　接口特性

1. 机械特性

如图 3.11 所示，USB 提供两种接口：A 型接口将 USB 设备连接到计算机或 USB 集线器上的下行端口上，其中插头位于与主机连接的线缆上，插座位于计算机上；B 型接口用于 USB 设备生产厂家提供的与主机连接的附加线缆，其中插头位于与设备连接的线缆上，插座位于设备上（如数字摄像机）。两种接头都是有 4 个针脚，分别是 V_{BUS}，D+，D− 和 GND。相应的 USB 线缆也由 4 根铜线组成，分别采用红、绿、白、黑色包皮区别。其中 D+，D− 构成双绞线。

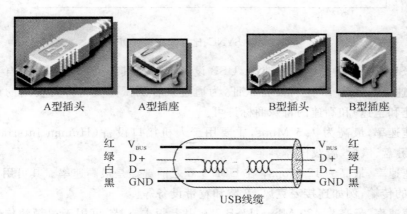

A型插头　　A型插座　　　　B型插头　　B型插座

图 3.11　USB 接口机械属性

2. 电气特性

USB 接头中 V_{BUS} 和 GND(地)间提供一组 5V 的电压，可作为连接 USB 设备的电源。

实际上,设备接收到的电源电压可能会低于 5V,略高于 4V。USB 规范要求在任何情形下,电压均不能超过 5.25V;在最坏情形下(经由 USB 供电 hub 所连接的 low power 设备),电压均不能低于 4.375V,在一般情形下电压会接近 5V。

USB 在数据传输前先编码为一种称为 NRZI 的格式,如图 3.12 所示,其特点是遇到 0 则发生高低电平转换,遇到 1 则电平不发生变化。在同一时刻 D+ 和 D− 电平是相反的,当前者是低电平(V_L)时后者是高电平(V_H),当前者是高电平时后者是低电平。接收器测量低电平与高电平间的电平差,以获得数据。

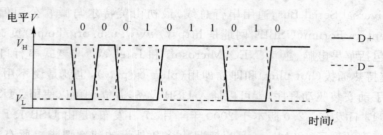

图 3.12   USB 的数据编码和解码

如图 3.13 所示,USB 用 7 个"0"作为一个数据包的开始标记,并供接收器同步用,因此这 7 个"0"叫做同步字段(SYNC field)。用 D+ 和 D− 都是低电平来表示数据包的包尾(EOP)。当数据部分有 7 个以上"0"连续出现时,为了避免被误认为开始标记,则每 6 个"0"后面加上一个"1",称为比特填充(bit stuffing)。接收方在接收到 6 个"0"后,如果后面是一个"1",就将这个"1"删除掉。

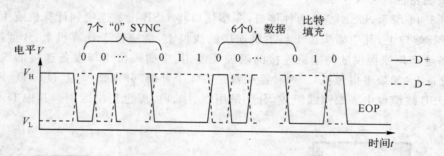

图 3.13   SYNC、比特填充和 EOP

目前 USB 支持 3 种数据信号速率,USB 设备应该在其外壳或者有时是自身上正确标明其使用的速率。USB-IF 进行设备认证,为通过兼容测试并支付许可费用的设备提供基本速率(低速和全速)和高速的特殊商标许可。

(1)低速速率,最高为 1.5 Mbps,主要用于人机接口设备(Human Interface Devices,HID),例如键盘、鼠标、游戏杆等。

(2)全速速率,最高为 12 Mbps,在 USB 2.0 之前曾经是最高速率。其可用于音频传输和压缩视频的传输,例如连接麦克风、音响和宽带设备等。

(3)高速速率,最高为 480 Mbps,USB 2.0 以上版本支持,可用于视频的传输和存储设备连接等。

3.3.2　系统拓扑

USB 的设计为非对称式,它由一个主机控制器和若干通过集线器(hub)设备以树形连接的设备组成。一个控制器下最多可以有 5 级 hub。其包括 hub 在内,最多可以连接 127 个设备,而一台计算机可以同时有多个控制器。USB 可以连接的外设有鼠标、键盘、游戏杆、扫描仪、数码相机、打印机、硬盘和网络部件。对数码相机这样的多媒体外设 USB 已经是缺省接口。

一个 USB 系统包含三类硬件设备: USB 主机(USB host)、USB 设备(USB device)、USB 集线器(USB hub),如图 3.14 所示。

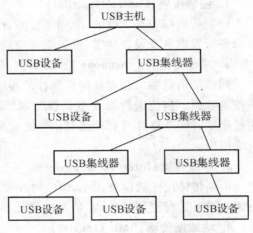

图 3.14　典型的 USB 系统拓扑结构

1. USB 主机

在一个 USB 系统中,当且仅当有一个 USB 主机时,USB 主机有以下功能:

(1)管理 USB 系统;

(2)每毫秒产生一帧数据;

(3)发送配置请求对 USB 设备进行配置操作;

(4)对总线上的错误进行管理和恢复。

2. USB 设备

在一个 USB 系统中,USB 设备和 USB 集线器总数不能超过 127 个。USB 设备接收 USB 总线上的所有数据包,通过数据包的地址域来判断是否是发给自己的数据包:若地址不符,则简单地丢弃该数据包;若地址相符,则通过响应 USB 主机的数据包与 USB 主机进行数据传输。

3. USB 集线器

USB 集线器用于设备扩展连接,所有 USB 设备都连接在 USB 集线器的端口上。一个 USB 主机总与一个 USB 根集线器相连。USB 集线器为其每个端口提供 100mA 电流供设备使用。同时,USB 集线器可以通过端口的电气变化诊断出设备的插拔操作,并通过响应 USB 主机的数据包,把端口状态汇报给 USB 主机。一般来说,USB 设备与 USB 集线器间的连线长度不超过 5m,USB 系统的级联不能超过 5 级(包括根集线器)。

3.3.3　数据传输方式

在物理结构上,USB 系统是一个星形结构;但在逻辑结构上,每个 USB 设备都是直接与 USB 主机相连进行数据传输的。在 USB 总线上,每毫秒传输 1 帧数据。每帧数据可由多个数据包的传输过程组成。由于 USB 的数据包种类很多,交互过程比较复杂,我们在本书中不作详细介绍。USB 设备可根据数据包中的地址信息来判断是否响应该数据传输。在 USB 标准 1.1 版本中,规定了 4 种传输方式以适应不同的传输需求。

1. 控制传输(Control Transfer)

控制传输用于突发性的、非周期性的、由主机软件触发的请求与响应通信,主要具有读取设备配置信息及设备状态、设置设备地址、设置设备属性、发送控制命令等功能。

2. 同步传输(Isochronous Transfer)

同步传输是主机和设备间周期性的连续通信,具有确定的带宽和间隔时间,以恒定的速率传输数据。当传送数据发生错误时,USB 并不处理这些错误,而是继续传送新的数据。它被用于时间严格并具有较强容错性的流数据传输,或者用于要求恒定的数据传输率的即时应用中。

3. 中断传输(Interrupt Transfer)

中断传输用于数据量很小,但实时性要求很高的通信。中断传输中的主机以周期性的方式对设备进行轮询,以确定是否有数据需要发送。

4. 块数据传输(Bulk Transfer)

块数据传输用于非周期性的大块突发数据传输,仅全速/高速设备支持块数据传输,同时,当且仅当总线带宽有效时才进行块数据传输。

思考题

3-1 谈谈串行传输与并行传输的优缺点。看看你的计算机接口中哪些采用串行传输技术,其比特率是多少?

3-2 我们常见的网线就是双绞线电缆,找一段废弃的网线拆开,看看其结构。

3-3 在 Windows 操作系统下试试定义你的计算机的 COM 口的帧属性和比特率。

3-4 查看 U 盘和计算机上的 USB 接口,在因特网上查查有哪些设备支持 USB 接口。

第 4 章　局域网：IEEE 802.3

　　局域网(LAN)是应用最广泛的网络技术，其主流技术是百兆以太网，而吉比特以太网则在企业网和城域网的主干网中得到应用。IEEE 802 系列标准提供了局域网和城域网的规范，其中 IEEE 802.3 规定了以太网的 MAC 层和物理层规范：MAC 层采用 CSMA/CD；物理层则采用星形拓扑，使用双绞线或光纤连接，其中心网元设备是集线器或交换机。交换机可以分解冲突域，从而使计算机获得更大的独享带宽。高档次的交换机还可以把一个局域网分为多个虚拟局域网，从而分割广播域，增强网络安全性。

　　通过本章的学习，了解局域网的标准模型，包括 MAC 层的主要功能和局域网的主要拓扑结构等内容，了解面向连接、无连接传输和比特填充等基本概念；掌握 IEEE 802.3 以太网技术，包括其物理层接口和媒介、CSMA/CD 的原理和以太网的帧结构等，掌握带宽、吞吐量和时延的概念，了解 MAC 地址的构成；了解网卡、集线器和交换机等网络设备，掌握交换机的原理；了解虚拟局域网、广播域和冲突域的概念。建议学时：4 学时。

4.1　概　述

4.1.1　局域网的标准与参考模型

　　IEEE 制定和发布了局域网和城域网的标准，也就是 IEEE 802 系列标准(见图 4.1)。IEEE 802 标准工作在 OSI 模型的物理层到数据链路层。在数据链路层上又分为两个子层，分别叫做逻辑链路层(Logical Link Control，LLC)和媒体接入控制层(Medium Access Control，MAC)。

　　数据链路层的一个主要作用是通过纠错和流量控制等功能提供可靠的传输。在局域网中 LLC 子层负责出错重发和流量控制等功能，其标准是 IEEE 802.2。但是由于近年来物理层传输技术的进步，信道的可靠性大大提高，再加上计算机处理速度的提高使可靠性控制可以有效地由传输层或应用层完成，这使 LLC 层的作用有些多余了。因此为了减小开销，目前局域网中 LLC 层已基本上没有实际应用，IEEE 802.2 这个标准也很少被使用了。

　　MAC 层负责实现局域网连接的两个设备间基于包的无连接传输，其功能包括成帧、寻址和检错等。MAC 层的标准有多种，其中目前常用的标准有 802.3 CSMA/CD(Ethernet，以太网)，802.11 Wireless LAN(无线局域网，简称 WLAN)，802.15 Wireless Personal Area Network(无线个人区域网，简称 WPAN)和 802.16 Broadband Wireless Access(宽带

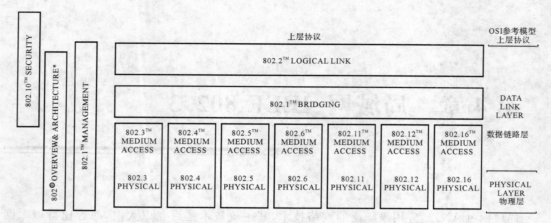

图 4.1　IEEE 802 标准及其与 OSI 参考模型的对应关系

无线接入,简称 BBWA) 等,还有一些是目前已经基本被淘汰的标准,如 802.4 Token Bus (令牌总线网)和 802.5 Token Ring(令牌环网)等。

IEEE 802 的各个协议可以在 http://standards. ieee. org/getieee802 这个网址上免费获得。

4.1.2　MAC 层的功能

与物理层中数据是按比特(位)为单位传输不同,MAC 层的数据传输是基于包(packet-based)传输的,也就是说数据是被分成一个一个数据包传输的。在 MAC 层传输的数据包有个特殊的称谓,叫做"帧"(frame)。组成帧的原因是为了插入并区分控制信息。在物理层的比特流中控制信息与数据是无法区分开来的(见图 4.2(a)),而在 MAC 层中,同样的比特流成帧后,则可以根据在帧中的位置区分两者(见图 4.2(b))。图 4.2(b)所示中控制字段的定义及其长度只是一个例子,不同的 MAC 标准中有不同的定义。分帧的关键是帧头(flag),因为帧头位置确定后,则其他控制字段的位置也就确定了。帧头与上一章中 USB 的数据包 SYN 字段类似,一般是一个特殊的比特串(图中"01111110")。如果在帧中其他位置出现与帧头相同的比特串"01111110",为了不被误认为帧头,则需要比特填充,其方法是发送设备在发送非帧头的信息时,若遇见连续的 5 个"1"则在后面填充一个"0",接收设备则在连续接收到 5 个"1"后,将后面的一个"0"删除。

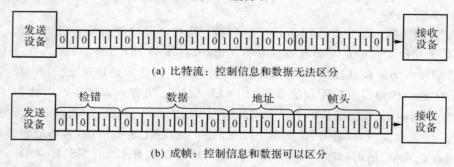

(a) 比特流:控制信息和数据无法区分

(b) 成帧:控制信息和数据可以区分

图 4.2　成帧的作用

MAC 层传输的另一特点是无连接的。所谓无连接(connectionless)是指数据传输前无需在源设备和目的设备之间建立任何连接。因为一个局域网中往往有多个设备连接到同一个共享媒体上，如果不事先建立连接，要使每个帧能被目的设备接收，就得在帧中加入目的设备的地址信息。例如图 4.3 所示中，A 发出的帧通过共享信道同时被计算机 B，C，D 接收，各个计算机根据接收到的帧中的目的地址确定是否是发给自己的帧，如果是就接收该帧；否则放弃。每个数据帧是独立传输的，帧与帧之间没有顺序关系。

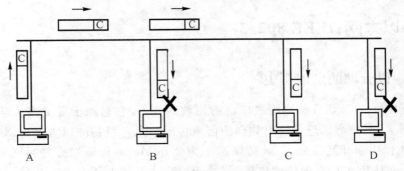

图 4.3　MAC 层：无连接的分组传输方式

在 MAC 层的帧中还包括一个检错字段，用于检查帧是否出现错误。当接收设备发现数据帧出现错误时，则将该帧放弃。如果有 LLC 层时，通过 LLC 层实现出错帧的重传；没有 LLC 层时，则出错重传机制由传输层或应用层软件来实现。

4.1.3　局域网的拓扑结构

网络拓扑(topology)图是描述网络结构的一个重要工具。拓扑主要关注网络的"形状"，也就是网络设备间的互联关系。因此，在拓扑图中，网络中的设备及其相互连接的细节都被隐藏了：无论什么计算机或者集线器、交换机等网络设备，都被看成是统一的网元(node)；无论采用什么物理媒介和物理接口的连接信道，都被看成统一的链路(link)。

局域网的拓扑结构有星形、总线形、环形(见图 4.4)。在星形拓扑中(见图 4.4(a))，有一个中间网元(集线器，hub)，而其他网元单独连接到中间网元。星形拓扑的优点是网络中

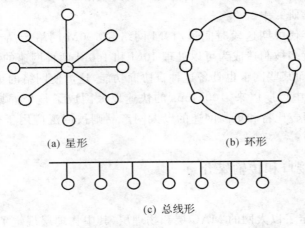

(a) 星形　　　　　　　　(b) 环形

(c) 总线形

图 4.4　局域网的拓扑

增加、减少网元很容易,只要在该网元和中间网元间增减一个连接即可。此外当一个连接出现问题时,只影响一个网元,不影响其他网元间的通信。可以看出,中间网元是网络中最重要的,如果它发生故障则整个网络就无法通信。

总线形拓扑和环形拓扑分别用于使用同轴电缆的老式以太网和令牌环网,其缺点是:一个连接出现错误,则整个网络将无法通信,增删网元也较星形拓扑复杂。这也是目前使用双绞线和星形拓扑的以太局域网成为最广泛的局域网技术的原因之一。

4.2　以太网:IEEE 802.3

4.2.1　以太网的发展历史

以太网(Ethernet)是目前使用最广泛的局域网技术,它起源于夏威夷大学的 Norman Abramson 等人,其核心思想是使用共享的信道传输信息。最初的以太网由 Xerox 公司在20 世纪 70 年代中期开发并命名,其传输速率为 2.94Mbps,传输媒介是粗同轴电缆。"以太"是以前人们认为在真空中传输电磁波的一种媒介,其实并不存在。后来,DEC 和 Intel 公司加盟并成立了 DIX 联盟,于 1980 年和 1982 年分别公布了 DIX V1 和 DIX V2 以太网规范。与此同时,IEEE 802.3 工作组也在积极推出以太网标准,其规范与 DIX V2 差别甚微。IEEE 802.3 正式协议标准于 1985 年发布,称为"IEEE 802.3 带有冲突检测的载波侦听多路访问方式和物理层技术规范",此后被 ISO 吸纳为国际标准,编号为 ISO/IEC 8802-3。目前 IEEE 802.3 几乎成为以太网的同义词。

IEEE 802.3—1985 规定的以太网传输速率为 10Mbps,此后以太网在传输媒介、速率和协议功能等方面进行了多次补充,其中一些主要的补充在市场上以其项目号作为标记。例如 1995 年 6 月推出的 IEEE 802.3u 增加了 100 Mbps 速率(也被叫做快速以太网,fast Ethernet)。IEEE Std 802.3x 规范了全双工操作和流速控制协议。1998 年 6 月发布的 IEEE 802.3z 增加了 1000 Mbps 速率(又被叫做吉比特以太网,Gigabit Ethernet)。IEEE 802.3ah 规定了接入网以太网(也叫做最后一公里以太网)。所有这些规范都被归纳在 IEEE 802.3—2005 中,其中还包括 10 吉比特以太网规范 IEEE 802.3ae。目前更高速、高效的以太网还在继续研究中。

在 20 世纪 90 年代中期这段时间里,10M 网络和 100M 网络产品交叠在一起,交换机(包括某些集线器)大多被制造成为可以处理 10M 和 100M 两种网速的结构,即所谓的自适应(或自协商)功能,而某些网卡也具备这种自协商功能,这可使网络的更新换代实现无缝切换。20 世纪 90 年代中后期以来,100Mbps 的快速以太网成了整个局域网的主流,10M 产品已经很少见了。而吉比特和更高网速的以太网产品则被广泛应用于企业网、校园网乃至城域网的主干网络中。

4.2.2　网络接口和传输媒介

1. 物理层规范

IEEE 802.3 规定了以太网的 MAC 层和物理层,其中物理层规定了其接口特性和传输媒介,其规范名称的简写格式包括以下三部分:

传输速率（Mbps）＋信号方式（基带还是频带）＋传输距离（或介质类型）

例如 10Base5，表示 10Mbps 速率、基带传输（直接传输数字信号）、500m 距离（隐含介质为粗同轴电缆）；100BASE-TX，表示 100Mbps 速率、基带传输、双绞线（T）、快速以太网（X），其余可类推之（见表 4-1）。

表 4-1　以太网物理层规范介质和接口比较

名称	速度（Mbps）	拓扑	介质	接头
10Base5	10	总线形	粗同轴电缆	AUI
10Base2	10	总线形	细同轴电缆	BNC
10Base-T	10	星形	3,4,5 类非屏蔽双绞线，2 对	RJ-45
100Base-TX	100	星形	5 类非屏蔽双绞线，2 对	RJ-45
1000Base-T	1000	星形	5 类屏蔽双绞线，4 对	RJ-45
1000Base-SX	1000	星形	多模光纤	SC
1000Base-LX	1000	星形	单模光纤	SC

2. 双绞线和 RJ-45 插头

目前常用的网线是 5 类非屏蔽双绞线缆（UTP），其内部是由 4 对很细的双绞线扭绞而成，重量比同轴电缆要轻许多，柔韧性更好，施工更方便，价格也更低廉。双绞线的两端通过 RJ-45 型接头（俗称水晶头）与计算机网卡和集线器上的 RJ-45 插孔分别连接（见图 4.5）。

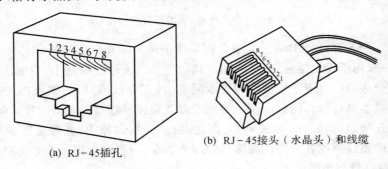

(a) RJ-45 插孔　　　(b) RJ-45 接头（水晶头）和线缆

图 4.5　RJ-45 的插孔和接头

在 10Base-T 和 100Base-T 中，发收信号的信道被分开，分别使用 1,2 和 3,6 两对线，这样可以有效地抗电磁干扰。网卡端通过 1,2 线对发送数据，3,6 线对接收数据；而集线器端通过 1,2 线对接收数据，3,6 线对发送数据。因此，将 RJ-45 接口连接到网线要采用直通线缆（见图 4.6）。注意网线中 8 根线的包皮是有规定的不同颜色的，因此在制作网线时，要按图中所示将不同颜色的线连接到水晶头上相应的脚上。

在同类设备连接时要采用交叉线缆（见图 4.7），例如计算机和计算机的网卡直接连接，或者集线器和集线器间的连接。有的集线器上有两类网口：一种是标记有"x"的，如 1x，2x 等；另一种未标记。可根据标记判断，都标记"x"或都不标记的则为同类网口，要用交叉线缆，否则用直通线缆。

在 1000Base-T 吉比特以太网中则要采用屏蔽双绞线缆（STP），这类网线同样有 4 对网线，与前面不同的是全部 4 对线都要使用。

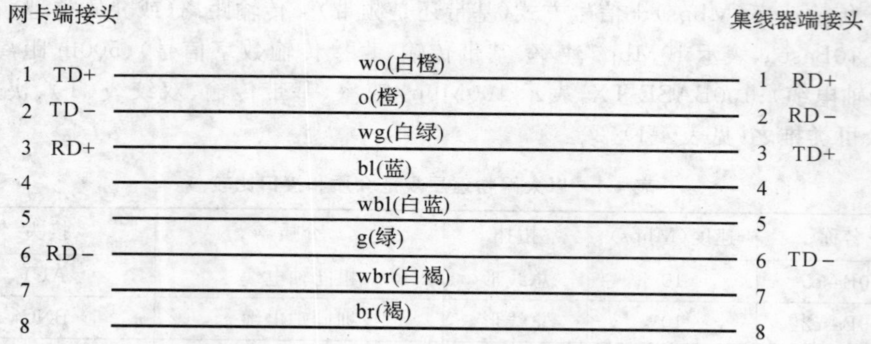

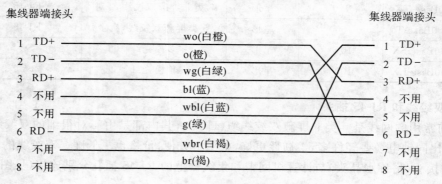

图 4.6　直通线缆：网卡和集线器的连接

图 4.7　交叉线缆：同类设备的连接

在 1000Base-SX 和 1000Base-FX 中分别采用多模光纤和单模光纤作传输媒介，一般使用两根光纤，一根用于发送信号，另一根用于接收信号。光纤的损耗小、传输距离远，而且使用光信号具有强大的抗电磁干扰能力和抗泄漏能力，安全性能好，与铜线相比很难被窃听。但光纤的制造成本高，同时，网元所使用的网卡以及集线器端口内必须配置光纤收发器芯片和相应的光缆连接器（例如 SC 连接器）。因此，由于价格的原因，光纤常用于主干网传输、连接两个较远的集线器或者需要很高速率的服务器等，一般较少用于普通用户的桌面主机。

3. 带宽、吞吐量与传输时延

以太网的传输速度又被称为"带宽"。带宽（bandwidth）的定义是某给定时间内（通常是 1 秒）可以通过某个网络连接的最大信息量。带宽的单位有比特每秒（bps）、千比特秒（Kbps）、兆比特秒（Mbps）和吉比特秒（Gbps）等。

由于网络拥塞等原因，在给定时间内实际上通过网络传输的信息量并不能达到其带宽大小，我们把这个实际测量值称为吞吐量（throughput）。

无论电信号还是光信号都是电磁波，电磁波在媒介中的传输速度接近光速（$c = 3 \times 10^8$ m），但是由于网络设备本身的处理速度极快，因此其传输时间再快也不能忽略不计。我们用传输时延（propagation delay）表示一个信号穿过媒介所需的时间。

在图 4.8 中我们以独木桥的例子来理解数据在一条链路上传输时的带宽和传输时延的概念及其相互关系。一队人（一个数据帧）走上长度为 L 的独木桥，每个人（一比特数据或一个信号）的行进速度是 r，则一个人从一端走到另一端的时间的传输时延是 $\tau = L/r$，带宽 B 是每秒钟走上独木桥的人数，可以看出 $B = r/S$，其中 S 是相邻两人的间隔。可以看出，如

果队中人数是 m，则全队人通过独木桥的时间是 $t=\tau+m/B$。类似地，如果一个数据帧通过一个长度为 L 的通信链路，设信号在链路上的传输速度是 r，则传输时延 $\tau=L/r$，带宽 $B=r/S$，其中 S 是在链路上传输时相邻比特间的间隔。如果帧长度是 m 比特，那么整个帧通过链路的时间是 $t=\tau+m/B$。

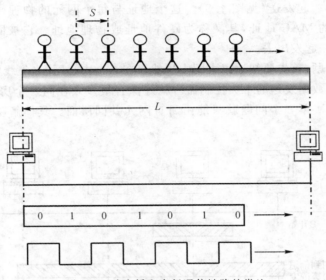

图 4.8 独木桥和串行通信链路的类比

4.2.3 MAC 层协议:CSMA/CD

最初的以太网是采用总线形拓扑的（见图 4.9（a）），现在采用星形拓扑后（见图 4.9（b）），由集线器将任何接口接收到的数据都逐位转发给所有的接口，因此在逻辑上跟总线形没什么不同，都属于共享信道。

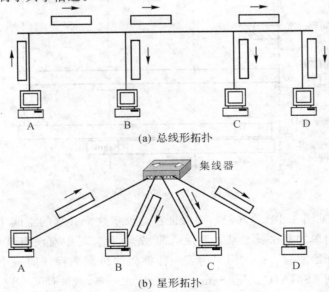

图 4.9 采用共享信道的以太网

在这种共享信道的局域网中,多个网元共用一个信道,这必然涉及两个问题:第一,任何一个网元如何识别接收到的数据帧是否是发给自己的,又如何知道这个帧来自哪个网元?第二,如何在所有网元中分配信道的使用权?

解决第一个问题的方法如前所述,就是给每个网元编地址,然后将发送者和接收者的地址都放在数据帧中一起发送(见图 4.3)。这个地址与每个网元的物理硬件(网卡)一一对应,就是大家熟知的 MAC 地址,其又称为硬件地址或物理地址。它被固化在网卡的芯片中,跟随着数据帧一起发出去。

至于第二个问题,首先要知道以太网中虽然存在一个中心网元(集线器),但是并不存在一个控制所有网元数据发送的中央控制器。就好像有很多人在同一个房间内开会,却没有主持人。因此要解决第二个问题就只能由所有网元共同协商。具体解决措施要考虑几个方面:

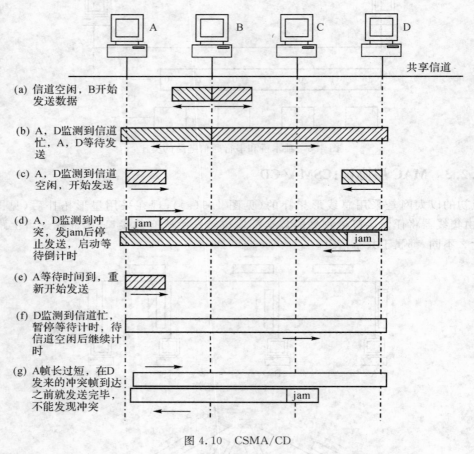

图 4.10 CSMA/CD

(1)先听后发(见图 4.10(a),(b)):要保证在会议室这个共享的空间中同一个时刻只能有一个人发言,最简单的办法就是某人要说话前,先听听会场中有没有其他人在说话,如果没有,才可以立即开始发言。以太网采用了一种类似的机制来保证同一个时刻只有一个网元发送数据,即所谓 CSMA(Carrier Sense Multiple Access,载波侦听多路访问)。具体来说就是网元在发送数据前首先侦听共享信道上是否已经有数据(总线忙),如果有,则等待;如果没有,立即发送自己的数据帧。

(2)最大帧长度:为防止某人长篇大论使其他人长期等待,还得规定每个人一次最多讲多少个字,超出这个限额就得将谈话分段多次完成,一次只能讲一段。同样,以太网也规定了数据帧中传送数据的最大长度为 1500 字节。

(3)冲突检测(见图 4.10(c),(d)):假设 A,D 都发现会场里没人发言,而同时开始发言,这样就产生了冲突(collision)。两个人发现冲突后都必须停下来。以太网中类似的机制叫做 CD(Collision Detection,冲突检测),具体来说就是边发边听,在发送的同时监听数据。如果监听到的数据与发送的数据不一致,则确定为发生冲突,要立即停止发送数据,并向总线上发送阻塞信号(jam),告诉总线上的其他网元发生了冲突,各网元就会丢弃 jam 前面已接收的那部分不完整的数据帧。

(4)回退(见图 4.10(e),(f)):A 和 D 发现冲突并停止发言后,等待一段时间后可以重新发言。为了避免再次产生冲突,则要求 A 和 D 分别随机选择一个等待时间,其大小在 0 到某个最大等待时间之间。由于两个人选择一样的等待时间的几率很小,就很可能有一个人先重新发言,而另一个则在等待时间到时发现已经有人说话而继续等待。同样,在以太网中,发现冲突并停止发送后,由芯片产生一个随机延迟时间,并进行倒计时,同时继续侦听共享信道,如果信道忙,则倒计时暂停,待信道空闲后继续倒计时,直至倒计时结束,重新进入(1)步骤。这种随机延迟的过程叫做回退(backoff)。

(5)最短帧长度(见图 4.10(g)):考虑到网络信号传输的延迟性,假如电信号从 A 传到 D 或从 D 传到 A 都需要时延 τ,如果网元 A 发出数据后,这个数据的信号在快要到达(但尚未到达)D 端时,D 也开始发出数据,D 立刻检测到冲突,而 D 发出的信号沿着信道发送到 A 也需要经过一个 τ 的时间,此时,在 A 端也可以监测到冲突。此时,距 A 开始发送信号已经有 2τ 的时间了。如果在 2τ 时间内 A 的数据帧已发送完毕,A 就检测不到冲突,也就无法发现错误了。因此以太网有个最短帧长度的要求,其大小应该是和以太网的最大传输距离和网速成正比,但是为了便于互联,所有以太网对最小帧长的规定都为 64 字节。实际上对吉比特以太网来说,这个最小帧长是不够的,在实现中如果网络设备发现帧长度过短,会采用载波扩展和帧突发技术来延长短帧在信道上的停留时间,将短帧扩大到 512 字节。

(6)多次重传时调整最大等待时间:当局域网中的网元较多而且通信频繁的情况下,可能发生冲突后重传数据,重传后又发生冲突,多次重传多次冲突的情况。这时候要增大最大等待时间,从而减少再次冲突的几率。以太网中采用一种动态改变最大等待时间的回退方案:如果第一次回退等待时间有 0 和 t 两个选择,则第二次回退等待时间有 $0,t,2t$ 和 $3t$ 四种选择,如此类推,每次回退其等待时间的选择空间扩大一倍。用公式表述,回退时间是 $r \times t$,其中 $0 \leqslant r < 2^k$,k 是回退的次数。以太网规定最大可以回退 16 次,但是 k 最大为 10。t 叫做时隙,对 10M 和 100M 以太网而言,其时隙定义为传输 512 比特的时间分别为 $51.2\mu s$ 和 $5.12\mu s$。

(7)帧间间隔(interframe spacing):为了防止两个连续发送的帧间发生冲突,以太网规定一个帧发送后,必须等待 96 个比特时间后,才能再发送下一个帧。因此,因特网上的所有下一个帧在探测到上一帧结束后必须等待 96 个比特时间再开始发送。这个时间被称为帧间间隔,其大小与网速有关,10M 和 100M 以太网的帧间间隔分别是 $9.6\mu s$ 和 $0.96\mu s$。

综上所述便是以太网解决信道共享问题的协议,这个协议叫做 CSMA/CD,即带有冲突检测的载波侦听多路访问协议。

4.2.4 以太网的帧格式

以太网的一个优势在于无论是 10M,100M 还是 1000M,所有网速的以太网上传输的数据帧的格式是完全相同的,因此不同网速的以太网在互联时无需进行帧格式的转换,从而简化了交换设备。

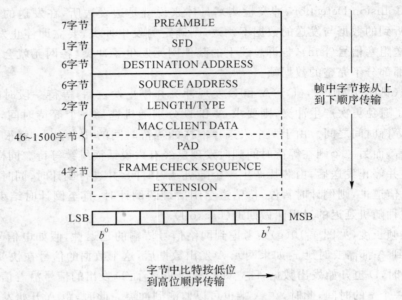

图 4.11 以太网的帧格式

IEEE 802.3 的帧格式定义如图 4.11 所示,其中包括以下字段:

(1)前导码(preamble):包含了 7 个相同字节的"10101010"二进制代码,这些"1"和"0"交替的字符供接收方调整时钟,使其与发送方的时钟同步,从而可以准确采样后面的位。

(2)帧首定界符(SFD):1 字节,代码为 10101011,用于判断一帧的开始。

(3)目的地址(destination address):接收网元的 MAC 地址。

(4)源地址(source address):发送网元的 MAC 地址。

(5)长度/类型(length/type):这个字段有两种使用方法,用数值大小来区分。当数值小于 1500 时,字段值表示本字段以后数据的长度(不包括填充字节和帧校验序列),以字节为单位。当数值大于 1538 时,字段值则表示上层协议的类型,例如 16 进制数 0800 表示 IP 协议。

(6)数据(data)和填充字节(PAD):由于最小帧长和最大帧长的规定,从上层协议取得的需要发送的数据,应该介于 46～1500 字节之间。如果数据不足 46 字节,则需要使用 PAD 填充到 46 字节以保证整个以太网帧长不少于 64 字节。

(7)帧校验序列(Frame Check Sequence,FCS):根据目的地址、源地址、长度和数据的所有内容得到的 32 位 CRC 校验值。

4.2.5 MAC 地址

MAC 地址被固化在网元网卡的芯片中，是网卡硬件的身份证，因此又称为物理地址或硬件地址。一个网卡只有一个 MAC 地址，而一台计算机却可以同时安装多个网卡分别与不同的网络进行通信，也就是说一个计算机可以同时具有多个硬件地址。目前也有一些网卡支持另外用软件设置其 MAC 地址的。

十六进制表示：AC-DE-48-00-00-80

位反转表示：35：7B：12：00：00：01

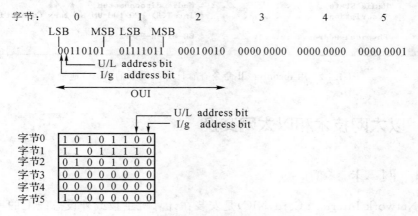

图 4.12　MAC 地址及其表示方法

IEEE 802.3 规定 MAC 地址长度为 6 个字节共 48 位（见图 4.12），一般用 12 位十六进制数表示，用"-"做字节间分界符，如"AC-DE-48-00-00-80"，传输时每个字节先传低位再传高位。另一种十六进制表示方式是用"："做分界符，传输时先传高位后传低位，因此上面同一个 MAC 地址表示为"35：7B：12：00：00：01"。从图 4.12 中可以看到两种方式的区别：MAC 地址前 24 位为机构标识符（Organizationally Unique Identifiers，OUI），用于标识生产该网卡的设备厂商，例如 3COM 公司的 OUI 标识为 02608c（十六进制）；后 24 位由拥有该 OUI 的厂商自行分配。OUI 的地址，其中第一个字节的前 2 位 I/G 和 U/L（低 2 位）作特殊用途：

I/G＝0 表示是个体地址，用于标识一个网元；

I/G＝1 表示是组地址，用于标识一组网元；

U/L＝0 表示是全球管理地址，具有全球唯一性，确保不会有相同地址的网卡；

U/L＝1 表示是本地管理地址，在网卡所在的局域网中具有唯一性。

如果 MAC 地址中 48 位都是"1"，则是广播地址，代表局域网中所有网元。MAC 地址的个数达到 70 万亿个，这个巨大的数量完全可以满足全世界所有局域网网元都配备一个不同地址的网卡。

在 Windows XP 系统下的"开始"菜单中点击"运行"，键入"cmd"命令后进入命令窗口。键入"ipconfig-all"命令，则可以查看计算机的网络设置（见图 4.13），可以看到计算机网卡的硬件地址。

图 4.13　用 ipconfig-all 命令查看计算机网卡的 MAC 地址

4.3　以太网技术和以太网交换

4.3.1　网　卡

网卡(Network Interface Card,NIC)是安装在计算机主板或外设总线上的一个扩展槽内的一块印刷电路板,也叫做网络适配卡(network daptor)。每个网卡都有一个由厂家设定的 MAC 地址,此外还可以用软件设置若干组播 MAC 地址。MAC 层的功能是由固化在网卡中的软件实现的,与上层协议的接口主要由网卡驱动程序提供。

通常在购买计算机时已安装好网卡,或者网卡已集成在主板上,网卡驱动程序也已安装好了。如果自己购买网卡,则需要按照安装说明书自行安装网卡和驱动程序。目前,计算机通常安装有 100Base-T 网卡,上面有一个 RJ-45 网络接口(见图 4.14)。网卡安装好后,在RJ-45 接口中插入网线,与局域网连接。

图 4.14　网卡

每块网卡都具有 1 个以上的 LED(Light Emitting Diode,发光二极管)指示灯,表示网卡的不同工作状态,同时可以用来查看网卡是否工作正常。LED 灯的定义各厂家有所不同;典型的 LED 指示灯有 Link/Act,100M,Full 等。Link/Act 表示连接活动状态,绿灯亮时表示网络连接状况良好,绿灯闪烁时表示有数据在传输。100M 用于 100M/10M 自适应网卡,绿灯亮时表示以 100Mbps 连接网络,不亮表示以 10Mbps 连接网络。Full 表示是否全双工,绿灯亮时为全双工,不亮则为半双工。Power 是电源指示。

4.3.2 集线器

自 10Base-T 以后的以太网主要采用星形拓扑,以集线器作为中心网元来连接各个计算机。集线器的功能是将某个端口收到的信号经过整形放大后再通过所有其他的端口发送出去。现在市场上的集线器通常有 4~24 个 RJ-45 端口,另外还有一个 RJ-45 上联口(与第一个端口共用,只能同时使用一个),用于同其他集线器或者交换机连接。

集线器根据端口速率分为 10M,100M 和 10M/100M 自适应集线器。10M 和 100M 集线器分别用于连接 10M 和 100M 网卡。自适应集线器具有自适应端口,可以自动探测端口连接的网卡速率,如果对方是 10M 网卡,则以 10M 速率连接;如果对方是 100M 网卡,则以 100M 速率连接。

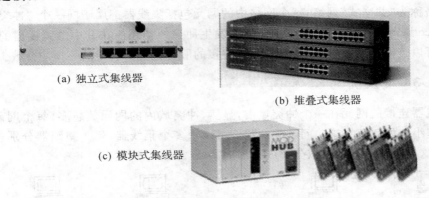

(a) 独立式集线器

(b) 堆叠式集线器

(c) 模块式集线器

图 4.15　三种不同的集线器

集线器根据其结构复杂程度又可分为以下 3 种(见图 4.15):

1. 独立式集线器

独立式集线器是普通的带有多端口的产品,端口数在 8~24 口间,价格非常便宜,适用于一个办公室或宿舍。如果网元数量增多,可以用级联的方式来扩充,但级联的集线器不能超过 4 个(受以太网冲突检测时间 2τ 的限制)。

2. 可堆叠式集线器

独立式集线器在进行级联时,级联之间的集线器信号发送存在一定的时延(即使级联线很短),因此级联的数目有限。可堆叠式集线器能解决这一问题。它实际上是由一组集线器构成,每个集线器都可以通过一条外部的堆叠连接电缆互联(这种方式称之为堆叠),这条堆叠电缆所起到的作用相当于将集线器内部的总线连通,集线器之间几乎没有时延,使这一组集线器从逻辑上成为一个完整的集线器。我们可以根据端口数目的需要选用集线器数量。例如,总共 40 个网元,我们可以选购 2 个 24 端口的堆叠式集线器,它们堆叠在一起就相当于一个 48 端口的集线器;如果我们有 100 个网元,就选择 5 个堆叠式集线器……在一个堆叠中最多可以有 10 个集线器,如果我们希望投资较少而又具有一定的扩充预见性的话,就可以选择堆叠式集线器。

3. 模块化集线器

模块化集线器是一种较为高档的集线器,常用在大型网络中,它有一个标准化的机箱,具备多个插槽,每个插槽可以插入一块通信卡(其作用相当于一台独立集线器),通信卡插入插槽中就与机箱的背板总线相连,这样两个不同通信卡之间就可以互相通信了。模块化集线器可以配置 4~14 个通信卡插槽,当插入 5 块 24 端口的通信卡时,就意味着可以连接 120 台主机,可方便地进行扩充。此外,其内部还可以插入交换机模块、路由器模块、备用电源模块和管理模块等。

如前面图 4.9 所示,计算机通过集线器星形拓扑连接,其本质和通过一条总线连接完全相同,即同一时刻,只能有一个网元发送数据。那么,如果在 10Base-t 的以太网中,一个 10M 集线器连接有 10 台计算机,当全部计算机都要发送数据时,每台平均分到的带宽只有 1Mbps。如果再考虑到冲突等待所浪费的时间,实际效率只有 30%,也就是说实际得到的带宽只有 0.3Mbps,这和它的期望值 10Mbps 显然相差甚远。我们将集线器连接的这种格局的网络称为"共享式"网络,这个网络中的网元包括集线器都属于同一个"冲突域"。所谓冲突域(collision domain)是指以太网中已发生冲突的帧还能在其中继续传播的网络区域。集线器可以传播冲突帧,因此通过集线器连接的所有设备都属于同一个冲突域。

4.3.3 交换机

集线器连接的网元在一个冲突域内,显然,冲突域内的网元数越多,每个网元能使用的带宽就越小。如何解决这一问题呢?我们可以用多个集线器,每个集线器分别连接少数几个网元,这样就把大的冲突域分解成小的冲突域(见图 4.16)。

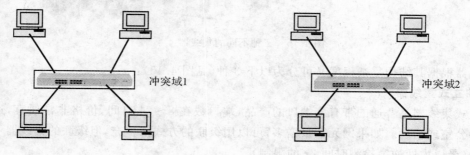

图 4.16　分解冲突域

这样冲突域的规模变小了,每个网元享有的带宽就变大了。可是如果两个冲突域中的网元要相互通信如何办呢?如果用集线器的话,则两个冲突域又变成了一个冲突域。要连接两个冲突域,又不合并成一个冲突域,就得采用网桥。网桥有两个端口,可以连接两个冲突域。要连接多个冲突域,则得使用交换机。交换机可以看做是多个端口的网桥。现在网桥的概念已经很少用了,这里我们就直接介绍交换机。

交换机一般有多个端口,每个端口可以连接一个冲突域(连接到该冲突域的核心集线器上)。交换机的基本功能就是过滤和转发数据帧(见图 4.17):当一个数据帧到达交换机的一个端口,如果经过判断这个数据帧的目的网元在该端口所连接的冲突域内,则交换机放弃对该帧的进一步处理(同一冲突域内的目的网元可直接收到该帧),这称为过滤;如果检测到数据帧的目的地址不在该端口连接的冲突域内,则交换机通过内部线路将数据帧转发到通往目的网元所在冲突域的端口，直到目的网元收取到该帧，这称为转发。

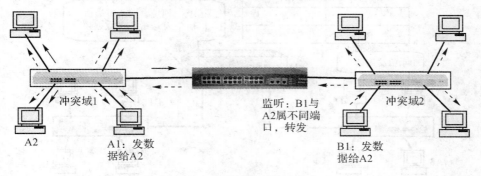

图 4.17　数据帧的过滤和转发

交换机如何决定数据帧是过滤还是转发给哪个端口呢？交换机内有一个表，表明哪些网元在哪些端口连接的冲突域中，这张表称为端口—地址表（又简称为地址表或 MAC 表，见表 4-2），其格式如下：

表 4-2　端口地址表

端口	MAC 地址（实际上 48 位地址）
A	A1（如：00-14-2a-b1-19-40）
	A2
B	B1
	B2

当端口接到一个数据帧时，就检查其目的 MAC 地址，然后查表看该数据帧应该送往哪个端口。如果在表中找不到该目的网元，就向全部端口广播该数据帧。

如何获知表中网元的 MAC 地址和对应的端口号呢？有以下两种基本的方法：

第一种方法是手工创建，即由管理员根据实际网络连接图将各端口下对应网元的 MAC 地址添加到地址表中。这种方法显得比较死板，当网元关机、切换端口、更换网卡时都需要重新配置此地址表，灵活性较差。

第二种方法是动态生成。这种方式称之为学习，其过程用下面的例子说明：

（1）交换机开机的时候，在默认情况下 MAC 地址表是空的。

（2）当交换机接收到一个数据帧时，如果地址表中找不到其目的地址对应项，则向所有端口广播该帧，并将源地址记录在地址表中。如图 4.18 所示，交换机 A 端口上的 A1 网元向 A2 发送数据，数据帧在 A 域中广播。交换机的 A 端口接收到该帧，它检查帧中的源地址和目的地址。由于目的地址 A2 在表中不存在，因此它将该帧发往所有其他端口。同时，它发现源地址 A1 在自己的地址表中尚未记录过，于是将 A1 记录到 A 端口下。

（3）A2 收到 A1 发来的数据帧，如果 A2 发帧回应给 A1，该数据帧同时被交换机接收到，则将源地址 A2 记录到 MAC 表中（见图 4.19）。然后，交换机检查该数据帧的目的地址，对照地址表得知 A1 与 A2 同在一个端口下，则过滤数据帧而不用转发给其他端口。

如此下去，经过这样一段时间的运行后，各个网元的地址就都会被添加到地址表中，地址表也就逐渐完善起来了。这时交换机只要根据接收到的帧的目的地址将帧传给相应的端

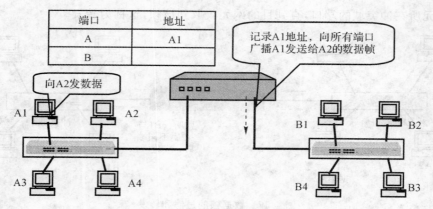

图 4.18　A1 向 A2 发帧，交换机学习 A1 地址

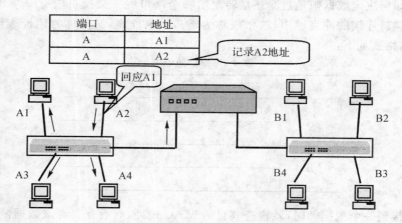

图 4.19　A2 回复 A1，交换机学习地址 A2

口就行了。

那么，如果网元增加、减少或从一个冲突域转移到另一个冲突域怎么办呢？交换机在接收到一个帧时，如果其源地址已经记录在端口—地址表中，就将该表项更新一次，并记录更新的时间。交换机会不断检查所有表项，如果某个表项在某个固定时间段内没有被更新，则就会被删除。这样就可以动态地记录下网元变化的情况。

当使用集线器的以太网采用半双工的传输方式时，同一时刻只能有一个网元收或发数据，不可以同时收发数据。交换机与集线器在内部结构上存在很大的不同，交换机可以同时在多个端口之间建立逻辑通道，允许多个端口间互不干扰地进行数据交换，就好像一座立交桥，允许不同入口的车辆畅通地到达自己的出口。当使用交换机替代集线器后，当交换机的每个端口直接连接一台计算机时，由于交换机各个端口间可以通过其内部的矩阵自由地交换数据，因此可以同时收发数据，实现全双工。这要求计算机的网卡也可以同时收发数据，也就是所谓全双工网卡。此时一个 8 端口的交换机最多可以允许 4 对用户同时进行通信，而且每对用户都可以同时以 100Mbps 收发数据，那么整个交换机的实际带宽就达到了800Mbps（见图 4.20）。

在全双工模式下，网元发送数据再也不需要监听，再也不会发生数据冲突了，它们以独

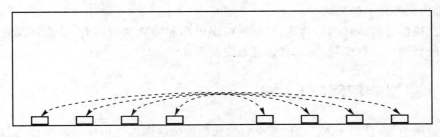

图 4.20 交换机的交换结构

占的方式进行数据交换,因此这种交换方式又被称为"独占式交换",其与"共享式"相对应。这时检测冲突的随机侦听模式失去了意义,最短帧长也失去了它的意义。然而,由于共享式的集线器尚未被完全淘汰,因此以太网的帧结构、争用信道协议、最小帧长的规定仍然保持了原状。

交换机收到输入端口来的数据帧后,是根据目的 MAC 地址直接传递到目标端口呢?还是要对数据作一下分析后再发送呢? 根据采取的处理方式,交换机的交换模式有如下三种:

(1)直通交换方式

直通交换方式最为简单,交换机端口收到输入的数据帧后,只要读取其前 6 个字节(目的 MAC 地址),从端口地址表中查找到相应地址的端口号,然后进行转发。

优点:速度快(因为不需要分析和处理数据帧),减少延迟和提高总体的吞吐率。

缺点:当链路状况不好,错误帧较多或冲突帧较多时,这些帧仍然被发送到目标主机,由目标主机负责分析检错,这加重了目标主机的负担,所以这种转发方式可以说是一种"傻瓜式"的转发。

(2)存储转发方式

考虑到直通方式的缺点,当链路状况很不好(例如附近电磁干扰较严重),冲突发生频繁时,为了减轻目标主机的负担,交换机将输入的数据帧完全接收下来,存储在缓冲区内,调用算法对数据帧进行分析检测,检测无误后再发送到目标主机。检测内容包括:是否是冲突后的帧(小于 64 字节)、CRC 循环冗余校验(检测数据帧是否有误码)。如果是冲突帧,则将其丢弃;如果校验为误码帧,则发送反馈信息通知发送方重发。这就是存储转发方式。

优点:交换机不仅充当了接线员,而且充当了检验员,它将不合格的帧截留下来,减轻了目标主机的负担。

缺点:延时变大,转发速率降低。显然,要把所有帧先存在缓冲区内检测后再发送,这个过程是要花不少时间的。

(3)折中交换方式(无碎片直通方式)

有这样一种情况:链路误码低(附近没有特别的干扰),但交换机的端口连接了不少集线器,各端口产生冲突较为频繁,冲突后产生的碎帧也较多。因此可以考虑只检测帧是否是冲突帧,而不需对整个帧进行 CRC 校验。根据以太网帧的规定,小于 64 字节的帧就被认为是冲突帧。因此,交换机端口接收一个数据帧时,只要接受到 64 字节帧还没有结束就可以肯定这个帧不是冲突帧,此时再根据帧头上的目的 MAC 地址将整个数据帧转发到目标端口,缓冲区最多存储到 64 字节。这种方式称为折中交换方式,又由于它在确认非碎帧后立即转发,又被称为无碎片直通方式。

有的交换机具有智能切换功能,即当网络误码率和冲突率较高时,采取存储转发方式;当误码率降低到一定程度时,则切换到直通交换方式。

4.4　虚拟局域网(VLAN)

在局域网中,当目的 MAC 地址为全"1"时,则该帧将向网络中所有网元发送,称为广播(broadcast)帧。所有能接收到集合内任一网元发出的广播帧的网元的集合称为广播域(broadcast domain)。

无论集线器还是交换机都会将广播帧向各个端口广播,所以它们连接的网络都属于同一个广播域。如果广播域太大,则会造成网络内广播包的增多、网元数据安全性变差等诸多弊端。例如一个公司有财务、人事、销售等部门通过同一个局域网连接,处于同一个广播域中,因此网上的计算机就有可能接触到在网上传输的非本部门的信息。为了保证数据安全,各部门的计算机不希望处于一个广播域中,也就是希望能够划分广播域,即把财务部门的主机划入一个广播域,人事部门主机也划入一个广播域……各广播域之间杜绝任何广播现象,这样就减少广播范围,提高网络效率和安全性。

要按部门划分广播域,一种方法是使用路由器替代交换机。路由器是一种网络层的设备,将在第 9 章介绍,其价格较交换机昂贵得多。因此目前很多高档交换机增加了虚拟局域网(VLAN)功能来解决广播域分割的问题。

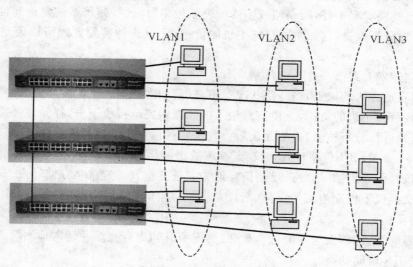

图 4.21　虚拟局域网示意图

使用 VLAN,可以将不同交换机端口划分到同一个 VLAN 中。如图 4.21 所示,VLAN允许 A 交换机上的 1,2 端口和 B 交换机上的 3,4 端口处于广播域 1 内,A 交换机的 3,4,5,11 端口和 B 交换机的 7,12 端口处于广播域 2 内,广播域 1,2 间不能相互广播,数据不能互通(除非通过路由器或更高级的功能)。这样就突破了地理位置的限制,每个部门的计算机,无论连接在哪个交换机上,都可以划分在同一个 VLAN 中,对使用者来说就好像处于同一个局域网中一样。而不同 VLAN 中的计算机即使连接在同一个交换机上，也像属于在不同局域网一样，不能直接通信。

使用 VLAN，除了具有减少广播风暴和增强安全性的优点外，还具有方便管理维护的优点。例如，当计算机改换了地理位置以后，只需在交换机设置中稍加改动就可以维持其所属 VLAN 不变。

有些交换机除了按交换机端口划分 VLAN 外，还可以按计算机的 MAC 地址和 IP 地址划分 VLAN，因此具有更高的灵活性。这里我们不作详细介绍。

思考题

4-1　谈谈局域网的主要拓扑结构及其优缺点。

4-2　比特填充的作用是什么？

4-3　观察计算机的网卡、网线、集线器和交换机，有条件的话试试自己制作网线。

4-4　CSMA/CD 的原理是什么？

4-5　交换机的原理是什么？ 交换机有哪些类型？

4-6　什么是广播域和冲突域？

4-7　查查看如何在交换机中设置虚拟局域网。

第 5 章 无线局域网：IEEE 802.11

基于 IEEE 802.11 标准的无线局域网（Wireless LAN，WLAN）提供了一种移动上网的方式。配置 WLAN 网卡的计算机可以通过 WLAN 接入点接入因特网，也可以直接组网相互通信。WLAN 的物理层采用 2.4GHz 的电磁波在自由空间无线传播，其 MAC 层则采用一种与以太网 CSMA/CD 协议类似的 CDMA/CA 协议。

通过本章的学习，了解 WLAN 的主要标准及其性能指标，了解其组网方式和物理层传输方式，以及与以太网在 MAC 层协议上的区别。建议学时：2 学时。

5.1 WLAN 概述

移动通信的飞速发展、手提电脑的日益普及以及商务人群的迅速扩大，都促进了对移动办公、移动娱乐等的需求。在很多场所，人们开始寻求能够随时随地将电脑无线接入因特网的方式，例如：

（1）某些需要临时组网的场合，例如运动会、展销会、军事演习，没有现成的网络设施可用，进行布线又会大大增加投资，而且过多的桌面连线也会使人感到厌烦；

（2）人员流动频繁的公共场所，例如机场、咖啡厅等，有线网络在接口数量和使用便捷性等方面都无法满足要求；

（3）网络互联需要跨越一些公共设施的场合，例如一个公司的两个部门在马路两侧，要铺设一根跨街电缆将会涉及城市建设的各个部门；

（4）不适合网络布线的场合，例如当越来越多的笔记本电脑在校园里使用时，学生希望能在校园中的一张石桌上学习，如果从附近楼中引出一根长长的双绞线来联网，这显然是不可能的；如果通过手机上网，又有话费昂贵、带宽较小的缺点。

5.1.1 无线局域网的优点

相对于有线局域网，WLAN 的主要优点如下：

（1）安装便捷。一般在网络建设中，施工周期最长、对周边环境影响最大的就是网络布线施工工程。在施工过程中，往往需要破墙掘地、穿线架管。而 WLAN 最大的优势就是免去或减少了网络布线的工作量，一般只要安装一个或多个接入点 AP（Access Point）设备，就可以建立覆盖整个建筑或地区的局域网络了。

（2）使用灵活。在有线网络中，网络设备的安放位置受网络接口位置的限制。而一旦

WLAN 建成后,在 WLAN 的无线信号覆盖区域内的任何一个位置都可以接入网络,对于目前移动办公的笔记本电脑用户来说尤为便利。

(3)经济节约。由于有线网络缺少灵活性,所以要求网络规划者尽可能地考虑未来发展的需要,而这往往会导致预设大大超出实际需要量的接口,利用率较低。并且一旦网络的发展超出了设计规划,又要花费较多费用进行网络改造,增加接口。而 WLAN 可以避免或减少以上情况的发生,它可以非常灵活地动态发展。

(4)易于扩展。WLAN 有多种配置方式,能够根据需要灵活选择,可以胜任从只有几个用户的小型局域网扩展到上千用户的大型网络,并且能够提供像"漫游(roaming)"等有线网络无法提供的特性。

5.1.2 WLAN 的标准

1997 年,IEEE 推出了 WLAN 的协议标准 802.11 以及几个修订版本:802.11a,802.11b 和 802.11g。有关 WLAN 的标准都可以从因特网上下载。802.11 和它的三个补充标准的工作频带和速率分别如下:

IEEE 802.11 工作频带为 2.4GHz,通信速率为 1Mbps 和 2Mbps;

IEEE 802.11a 工作频带为 5.8GHz,通信速率为 5Mbps,11Mbps 和 54Mbps;

IEEE 802.11b 也叫 Wi-Fi,工作频带为 2.4GHz,通信速率为 1Mbps,2Mbps,5.5Mbps 和 11Mbps;

IEEE 802.11g 工作频带为 2.4GHz,通信速率为 1Mbps,2Mbps,5.5Mbps,11Mbps 和 54Mbps。

标准的 802.11 产品传输速率较低,没有得到广泛的应用。802.11b 产品因其价格低、速率也较高的优势最先被广泛应用。802.11a 虽然速度很快,但其价格高,所以推广较难。802.11g 标准除了具有 54Mbps 的高速率外,还可以实现与目前已经普及的 802.11b 标准产品兼容,在同一个 WLAN 中,这两种标准的产品可以混用,这对于保护已建成的 802.11b 设施有很大支持。因此,目前市场上最普遍的产品是支持 802.11g 和 802.11b 的产品。

5.2 WLAN 的组网

5.2.1 有固定基础设施的 WLAN

无线网络可以分为两大类,即有固定基础设施和无固定基础设施。

有固定基础设施是指网络内包含有预先建立起的固定接入基站。例如蜂窝移动电话就是有固定基础设施的网络,移动电话与所处区域中电信公司预先建立的固定基站相互通信。类似地,802.11 规定有固定基础设施的 WLAN 的最小单元是基本服务集(Basic Service Set,BSS),一个 BSS 包括一个基站和多个移动终端用户,BSS 内的主机(包括基站)都可以相互通信,而与该 BSS 以外的其他无线站通信则必须通过该 BSS 的基站才能进行。一个 BSS 覆盖的范围称为基本服务区(Basic Service Area,BSA),一般可以达到几十米的范围。

BSS 内的基站被称为接入点(Access Point,AP)。一个 BSS 可以独立存在,也可以通过一个主干分配系统(Distribution System,DS)与另一个 BSS 相连接,构成一个扩展服务集

（Extended Service Set，ESS）。DS可以是以太网、点对点链路等有线网络，也可以是其他无线网络。一个 ESS 中的数个 BSS 间可能存在信号交叉覆盖的部分，当一台移动的笔记本电脑从一个 BSS 移动到另一个 BSS 时，并不影响它与 ESS 中其他主机的联系，只是在两个不同 BSS 中所连接的 AP 不同而已，这种情况称为漫游（roaming）。BSS 的覆盖范围是由物理层电磁波的辐射强度来确定的。ESS 还可以通过一种称为门桥（portal）的设备来连入有线网络，或者直接连入因特网。图 5.1 所示为有固定基础设施的 WLAN 的结构图。

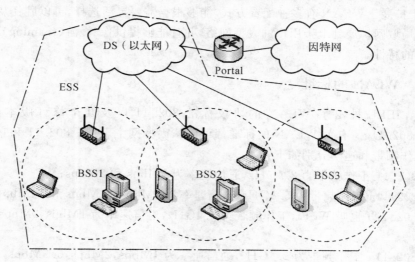

图 5.1　有固定基础设施的 WLAN

　　对于一个 ESS 中的主机在移动的时候如何实现与不同 AP 的联系和切换，802.11 标准声明了符合标准的 WLAN 必须提供的 9 种服务，其中 5 种分发服务是由 AP 提供的，负责处理主机的移动性。当一个移动主机进入 AP 负责的 BSS 中时，通过服务与 AP 建立关联；当移动主机离开 BSS 时，通过服务与 AP 断开联系。这 5 种分发服务如下：

　　（1）关联。移动主机利用该服务连接到 AP 上。当一台带有无线网卡的主机进入到 AP 的无线电距离范围内时，它会发布自己的身份和特性，包括支持的数据率、对信道的需求和电源管理需求等信息。AP 可能会接受也可能拒绝该主机的接入。如果该主机被 AP 接受时，它必须证明自己的身份。移动主机与 AP 建立关联的方法有两种：一种是被动检测，AP 周期性地发出信标帧，移动主机接收到信标帧作出反应；另一种是主动扫描，移动主机主动发出探测请求帧，等待接收 AP 发回的探测回应帧，然后协商接入 AP。

　　（2）分离。一台移动主机在离开 BSS 的无线电范围或主机关闭前，利用该服务与 AP 断开连接，AP 在进行维护前也会用到该服务。

　　（3）重新关联。当一台移动主机从一个 BSS 切换到另一个 BSS 时，利用该服务改变它的首选 AP，这可以确保一台主机在移动过程中不会有数据丢失。

　　（4）分发。当一个 LAN 中包含无线和有线网络两部分，如果数据帧的目标 MAC 地址不在当前 BSS 范围内时，分发服务负责将这些帧路由到目标主机所在的区域。

　　（5）融合。在采用有线 LAN 和 WLAN 混合组网方案中，当一帧需要通过一个非802.11 的网络发送时，由于该帧的编码方式和帧格式都不同于 802.11，所以需要融合服务实现帧格式的转换。

5.2.2　无固定基础设施的 WLAN

无固定基础设施的 WLAN 是没有接入点 AP 的，也被称之为自组网络（Ad hoc network）。自组网络是由一些处于平等状态的移动主机相互通信组成的临时网络。当自组网络内的主机通信时，如果源主机和目的主机间距离较远，信号则不能直接到达，但可以通过它们之间的一些移动主机转发数据（见图 5.2），因此所有移动主机都应该具备简单的路由功能。自组网络中的每一个移动站都要参与整个网络的维护，移动站的网络拓扑变化又很快，因此路由选择协议比固定网络的路由协议更为复杂，对于这个问题人们还在继续深入研究。由于自组网络没有预先建好的网络固定设施，因此其服务范围是有限的。

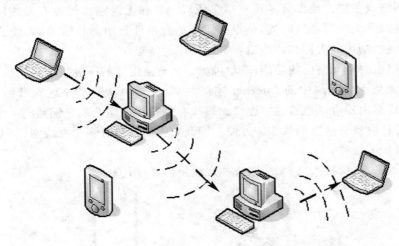

图 5.2　无固定基础设施的 WLAN：自组网络

自组网络在笔记本电脑普及的今天引起了人们的广泛关注，具有广阔的应用前景。例如，在会议厅、展厅中，当一台携带无线网卡的移动主机发现它附近有其他移动主机时，就可以建立起一个临时性的自组网络。参加会议的人们使用笔记本电脑就可以随时利用该自组网络进行交换，而不受网络插口和接入点 AP 的限制。

5.2.3　WLAN 设备

1. 无线网卡

最小的 WLAN 可以只包含两个带有无线网卡的节点。图 5.3 中分别展示了用于笔记本电脑的具有 PCMCIA 接口的无线网卡、用于桌面计算机的内置 WLAN 网卡和采用 USB 口的外置 WLAN 网卡。

2. 无线接入点、无线网桥和无线路由器/网关

根据其天线的尺寸和增益，无线接入点 AP 服务的区域可以从 100 米到几千米。AP 大致可以分为如下三类：

（1）单纯的 AP 可以认为是一个连接 WLAN 和有线 LAN 的集线器。

（2）无线网桥顾名思义就是无线网络的桥接，它可在两个或多个网络之间搭起通信的桥梁（无线网桥亦是无线 AP 的一种分支）。无线网桥除了具备有线网桥的基本特点之外，还

图 5.3 几种无线网卡

比其他有线网络设备更方便部署。现在很多无线 AP 和无线路由器也有无线网桥的功能。不过一般单独说到无线网桥的时候，是专指那些适合室外远距离传输的"无线 AP"，其一般拥有专门的天线、功率放大器和一些适合室外工作的特点。

（3）无线路由器具有路由的功能，是单纯型 AP 与路由器的一种结合。它借助于路由器功能，可实现家庭无线网络中的 Internet 连接共享，实现 ADSL 和小区宽带的无线共享接入。另外，无线路由器可以把通过它进行无线和有线连接的终端都分配到同一个子网内，这样子网内的各种设备交换数据就非常方便。因此它上面往往有多个有线网口和连接 ADSL 的电话线接口。

图 5.4 所示为无线接入点、无线网桥和无线路由器/网关。

AP

无线路由器/网关　　　　　无线网桥/室外AP

图 5.4 无线接入点、无线网桥和无线路由器/网关

5.3 802.11 中的物理层标准

由于采用无线信道传输，WLAN 很容易受到电磁辐射的干扰。为了减少电磁干扰对数据吞吐量的损害，WLAN 采用了扩频技术，将信号分布在较广的频带上。如果是少数子频带受到干扰，仍可以通过其他子频带传输的信号获得准确的数据。

802.11 中的物理层标准中规定了三种传输方式：

1. 跳频扩频 FHSS

跳频扩频将可用的频段分割成很多子信道。发送器在发送数据时按一定顺序改变频率,从一个子信道跳到另一个子信道,在每个子信道只停留短暂的时间。接收器也按相同顺序同步跳频,从而保证可以完全接收发送器通过不同子信道发出的信号。如果接收器与发送器不同步,则接收到的只有噪音。

在 802.11 中使用了 79 个信道,每个信道的宽度为 1MHz,从 2.4GHz 开始往上,使用一个伪随机数发生器来产生跳频序列。只要在所有网元的随机数发生器都使用同样的序列,并在时间上保持同步,它们就会跳到同样的频率上。当使用二元高斯移频键控时,基本接入速率为 1Mbps;使用四元移频键控时,接入速率为 2Mbps。

2. 直接序列扩频 DSSS

直接序列扩频的方法是将一个数据比特用伪随机产生的一个二进制串表示,这个二进制串被称为扩展码(spreading code),这样产生的效应就将产生的信号扩展到比原来更宽的频段上。接收方将解调的信号与扩展码比较,可以得到原来的数据比特。如图 5.5 所示,发送器先后发出数据比特 1,0,与伪随机信号发生器先后产生的两个码片分别进行异或(XOR),得到码元信号。接收器接收到码元信号后,用相同的码片进行异或,得到数据位。可以看出如果少数码元信号比特在传输中受到干扰,仍可以从其他比特中获得正确的数据信息。

数据比特	1	0
码片	1011011	0001011
码元信号	0100100	0001011

(1)DSSS 编码

码元信号	0100100	0001011
码片	1011011	0001011
数据比特	1111111	0000000

(2)DSSS 解码

图 5.5　DSSS 示例

在 802.11 中使用 2.4GHz 频段,当使用二元移相键控时,接入速率为 1Mbps;使用四元移相键控时,接入速率为 2Mbps。

3. 红外线技术

红外线技术使用 0.85 或 0.95 微米波长的漫射传输,允许两种速率分别为 1Mbps 和 2Mbps,两种速率的编码方式不同。由于红外线信号不能穿透墙壁、带宽较低、受太阳光干扰等因素,因此不是一种非常通用的选择方案。

802.11b 规定的物理层传输方式采用直接序列扩频技术 HR-DSSS。它在 2.4GHz 的频段上达到了 11Mbps 的速率。

802.11g 规定的物理层传输方式中采用了正交频分复用技术(Orthogonal Frequency Division Multiplexing,OFDM)。它在 2.4GHz 的频段上达到了 54Mbps 的速率。

5.4　802.11 的 MAC 层协议

5.4.1　WLAN 的特殊问题

MAC 层的作用是使多个网元能够公平、有效地分配使用共享介质,避免冲突和错误。以太网 MAC 层是通过 CSMA/CD 协议实现的。而在 WLAN 中,由于介质的特殊性,不能直接采用 CSMA/CD。这是因为实现 CSMA/CD 的前提是网络中任何网元发出的信号都能被网络中任何网元检测到,而在 WLAN 中情况却有所不同,主要存在如下两类问题:

1. 隐蔽站问题

图 5.6 所示为由 A,B,C 三台主机组成一个 WLAN。B 的信号可以覆盖 A 和 C,A 和 C 的信号分别也可以到达 B,然而 A 和 C 之间信号却不能直接到达。假定 C 正在向 B 传送数据,此时 A 也打算向 B 传送数据,因为它检测不到 C 发出的信号,从而得出错误的判断:共享介质空闲,可以向 B 传送数据。这种未能检测出信道上已存在信号的问题称为隐蔽站问题,也就是说 C 对 A 而言是一个隐蔽站。

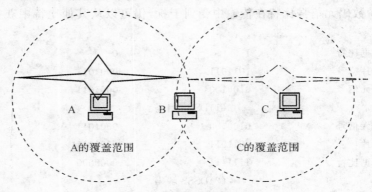

图 5.6　隐蔽站问题

2. 暴露站问题

图 5.7 所示为四台主机 A,B,C,D 组成一个 WLAN,B 的信号覆盖着 A 和 C 而未覆盖 D;C 的信号覆盖 B 和 D 而未覆盖 A。如果当 B 正向 A 传送信号时,C 也向 D 传送信号,两

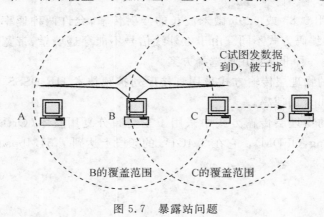

图 5.7　暴露站问题

个信号都可以正确地被接收而不会发生相互干扰。因此在 WLAN 中,在不发生干扰的情况下,可以允许同时多个移动站进行通信。但是,因为 C 处于 B 信号的覆盖范围内,它检测到 B 的信号就会认为空间已被占用,不能发送数据。这就是暴露站问题,就是说正在发送信号的 B 暴露给 C 站,而实际上 B 并不干扰 C 向 D 发送信号。

5.4.2　WLAN 的 MAC 层协议

为了解决上述问题,802.11 的 MAC 层设计了两种协议方式,即分布式协调功能(Distributed Coordination Function,DCF)和点协调功能(Point Coordination Function,PCF)。在无 AP 模式下,采用 DCF 的协议方式;在有 AP 模式下,采取两种协议相结合的方式。

1. DCF 方式

DCF 方式与以太网类似,不设置中心控制网元,所有网元(包括 AP)地位相同并遵守一个共同的信道接入规范。DCF 方式使用了一个听起来类似于以太网的协议,叫做避免冲突的 CSMA 协议,即 CSMA/CA(CSMA with Collision Avoidance)。

WLAN 的 CSMA 与以太网类似,就是当一个站要传送数据时,它首先监听物理信道是否空闲,如果空闲,就开始发送;如果信道正忙,则发送推迟直到信道空闲,然后开始传送。它与以太网 CSMA/CD 的一个区别是没有 CD,也就是在发送过程中并不监听信道是否存在冲突,而是直接送出整个帧。WLAN 这样做的原因是因为存在上面提到的因隐蔽站的存在而无法发现冲突的情况。此外,无线信道的衰减和距离关系很大,很难根据载波信号强度判断是否存在冲突,所以只能在接收到整个帧后,检查帧是否出错,出错再要求重发。但是这样就大大降低了传输效率。因此,为了避免冲突(CA),WLAN 要求网元在监听到物理信道空闲后,并不是立刻发送,而是在一个回退窗口中随机选择一个时间等待,然后再发送。由于不同网元选取的等待时间往往不同,这样就有某个网元先占据信道发送,而其他网元则侦听到信道被占有,就继续等待。与 CSMA/CD 类似的是,回退窗口的大小也是随传送是否成功而调整的。总的说来,CD 是发现冲突后进行回退,而 CA 是无论是否冲突直接进行回退。CA 的具体回退算法这里不作详细介绍。

即使使用 CA,仍有两个以上网元选择了同样的回退时间的可能,从而发生冲突现象。而 WLAN 不检测冲突,因此即使发生了冲突,整个帧也会继续传输完毕,造成了较大的信道浪费。为了避免这个现象,WLAN 允许采用一种 RTS/CTS 技术,如图 5.8 所示。

假设 B 要向 A 发数据,B 在发送数据帧前,先发送一个特殊的短控制帧 RTS(请求发送),帧里包括源地址、目的地址以及本次通信所需要的时间。若 A 站处于空闲状态,则回送给 B 一个 CTS(允许发送)帧,B 收到 CTS 帧后就可以开始两者之间正式的通信。

同时,802.11 标准中还采用了一种称为“虚拟载波侦听”的技术,当网元要发送数据帧时,在数据帧的头上不仅填入源地址、目的地址,而且将这个数据帧要占用信道(球形空间)的时间(包括目的站发回确认帧所需要的时间)填入帧头,从而可以告知区域内其他网元在这一段时间内都停止发送数据,这样就大大较少了冲突的机会。所谓“虚拟侦听”,是指站点收到“持续时间”字段后,将主动保持这一段时间的沉默,而且在这段时间内并不侦听物理信道,但从效果上来说就好像在侦听一样。在 802.11 的数据链路层设置了一个参数,称之为网络分配向量(Network Allocation Vector,NAV),NAV 指出了本网元必须经过多少时间才能开始进行传输(信道变空闲)。因此,所谓“信道忙”有两种情况:一种是物理层监听到信

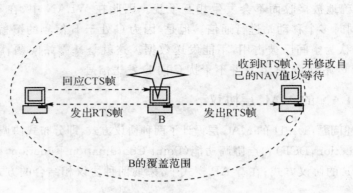

图 5.8　CSMA/CA 的工作机理

道忙；另一种是 NAV 虚拟监听到信道忙。

再看看 RTS/CTS 技术是如何解决"隐蔽站"问题的。以图 5.7 为例来看，C 和 A 都不在对方的覆盖范围内，而 B 在 A 和 C 的覆盖范围内。如果 A 向 B 发送了 RTS(很短)，B 回应了 A 一个 CTS 帧。这时 C 虽然未收到 A 的 RTS 帧，却收到了 B 发来的 CTS 帧。C 由此知道 B 和 A 即将发生通信，因此修改自己的 NAV，等待 A 和 B 的一个帧通信结束。在 A 向 B 发送数据帧的过程中，NAV 的值告诉 C 信道还在占用中，C 不会向 B 发送数据，因此不会干扰 B 接收数据，这样隐蔽站问题就解决了。但细心的读者可能注意到，如果 A 和 C 几乎同时向 B 发送 RTS 帧怎么办呢？这种情况是可能出现的，显然，B 收到的 RTS 帧将是一个冲突后的帧，它就不会给 A,C 发送后续的 CTS 确认帧。在 A,C 的定时器到时仍未收到 CTS 帧后，A,C 意识到它们发出的帧可能发生冲突了，因此它们会随机回退一段时间后，再重新发送其 RTS 帧。注意：虽然采用 RTS/CTS 技术要多发一些 RTS 和 CTS 帧，可是由于 RTS 和 CTS 帧很短，发生冲突后浪费的资源有限，但避免了较长的数据帧的冲突，因此在网元较多、冲突频繁发生的场合使用是很有必要的。上述带 RTS/CTS 的 DCF 的工作过程如图 5.9 所示。

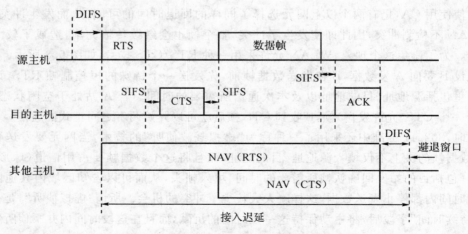

图 5.9　带 RTS/CTS 机制的 DCF 工作过程

暴露站问题的解决稍复杂，此不赘述。

2. PCF 方式

在有 AP 管理的情况下，除 DCF 方式外，还可以由 AP 对其他普通站进行仲裁，询问它们是否需要发送帧，这称为点协调模式（Point Coordination Function, PCF）。在这种模式下，各站的传输顺序是由 AP 来确定的，所以不会发生冲突。802.11 标准中规定了仲裁机制，但未规定仲裁频率、顺序。实现的方式是：让 AP 周期性地广播一个信标帧（beacon frame），一般是每秒 10～100 次。信标帧包含了系统参数，比如调频和停延时间、时钟同步等。对于移动无线设备（比如笔记本电脑的无线网卡），电池的支撑时间是一个重要的因素，所以 802.11 注意到了电源管理问题。AP 可以指示一个移动设备进入睡眠状态，直到由 AP 或由用户显式唤醒。然而，在此期间，AP 须负责将发送给该移动站的帧全部存起来，然后发送给它。

PCF 和 DCF 的模式可以在一个无线网络中共存，中心控制机制和分布式控制机制是两种完全不同的运行模式，似乎不可能统一起来，但通过精确地定义发送帧间隔时序可以把这两种模式组合起来，其中 PCF 控制的优先级高于 DCF 自由竞争。此问题较复杂，略去不述。

5.4.3　802.11b 的帧格式

1. 物理层收敛协议（Physical Layer Convergence Protocol, PLCP）帧格式

图 5.9 所示是 802.11b 在物理层发出的帧格式，其由物理层收敛协议规定。其中前导码由 128 位同步码（SYNC）和 16 位起始帧界定符（SFD）构成。同步码（SYNC）是 128 位经过扰码后的"1"（扰码器的种码为"1101100"），它被用于唤醒接收设备，使其与接收信号同步。扰码的原理这里不作介绍。起始帧界定符（SFD）用于通知接收机，在 SFD 结束后紧接着就开始传送与物理介质相关的一些参数。

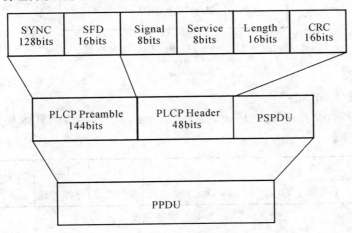

图 5.9　802.11b 的 PLCP 帧格式

前导码结束后，就是 PLCP 头信息（PLCP Header），这些信息中包含了与数据传输相关的物理参数。这些参数包括：信令（Signal）、业务（Service）、将要传输的数据长度（Length）和 16 位的 CRC 校验码。接收机将按照这些参数调整接收速率、选择解码方式、决定何时结束数据接收。信令（Signal）字段长 8 位，定义数据传输速率，它有四个值：0Ah, 14h, 37h 和

6Eh,分别指定传输速率为 1Mbps,2Mbps,5.5Mbps 和 11Mbps,接收机将按此调整自己的接收速率。业务(Service)字段长度也是 8 位,它指定使用何种调制码(CCK 还是 PBCC)。长度(Length)字段长是 16 位,用于指示发送后面的 PSDU(PLCP Service Data Unit,PLCP 服务数据单元)需用多长时间(单位为微秒)。16 位 CRC 校验码用于检验收到的信令、业务和长度字段是否正确。

前导码和 PLCP 头部信息以固定的 1Mbps 速率发送,而 PSDU 数据部分(MAC 帧)则可以以 1Mbps(DBPSK 调制),2Mbps(DQPSK 调制),5.5Mbps(CCK 或 PBCC)和 11Mbps(CCK 或 PBCC)速率进行传送。

2. MAC 帧格式

在 MAC 层的帧是按特定顺序排列的一列字段,叫做 MPDU(MAC Protocol Data Unit,MAC 协议数据单元)。它们按从左到右的顺序传到 PLCP,成为 PLCP 中的 PSDU。如图 5.11 所示,MPDU 包括一个 MAC 头部、一个可变长度的主体和一个 32 比特的 CRC 帧校验串(FCS)。

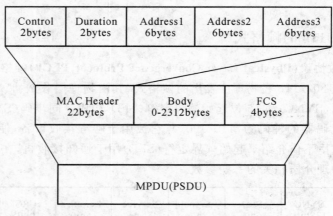

图 5.11　802.11b 的 MAC 层帧格式

头部包括:

(1)帧控字段(Control)

如图 5.12 所示,帧控字段共 16bit,分为 11 个字段。各字段的具体意义可以查看相应标准,这里不作介绍。

B0B1	B2B3	B4-B7	B8	B9	B10	B11	B12	B13	B14	B15
协议版本	类型	子类型	To DS	From DS	更多片段	重新尝试	电源管理	更多数据	WEP	次序

图 5.12　帧控字段

(2)持续时间/ID 字段(Duration)

在子类型为省电轮询的控制类型帧中,持续时间/ID 字段用最小的 14 位最不重要的比特(LSB)携带传输帧的站点的关联身份(AID)。另外两个最重要的比特(MSB)都设为 1。AID 的取值范围为 1~2007。

在其他所有类型的帧中,持续时间/ID 字段包含一个持续时间,对于那些在争论释放期间(CFP)传输的帧,持续时间/ID 字段设为 32768。无论何时,持续时间/ID 字段的值都小于 32768，持续时间/ID 字段的值用来更新网络分配向量(NAV)。

(3)地址字段

在 MAC 帧格式中共有 4 种地址字段，这些字段用来表明 BSSID、源地址、目标地址、传输站地址和接收站地址，分别用 BBSID，SA，DA，RA 和 TA 来表示。一些帧中可能不包含一些地址字段。在 MAC 标头中，特定的地址字段由地址字段的相关位置来指定，不依赖存在于该字段的地址类型。例如地址 1 用于目标地址。

思考题

5-1　谈谈无线局域网采用的传输技术有哪些。

5-2　简述 WLAN 的隐蔽站和暴露站问题。

5-3　在网上查查市场上有哪些 WLAN 设备，其性能和价钱如何。

第6章 广域网

广域网技术中,交换与复用是两个重要的概念。交换可分为电路交换和分组交换两类。SDH 传送网可以为不同的广域网技术提供统一的物理层连接。本地环路又被称为"最后一公里",是用户终端与广域网连接的接口。

通过本章的学习,了解广域网交换技术的分类,掌握分组交换和电路交换的概念,掌握复用的概念,了解复用的几种主要方式,了解目前常用的几类电路交换和分组交换广域网技术,了解 PDH 和 SDH 等传送网技术和 DSL,HFC 和 FTTH 等本地环路技术。建议学时:4 学时。

6.1 概 述

广域网通常由分布在不同地区的许多交换设备相互连接而成,它由电信运营商建设,并可为客户提供连接分布在不同地区的客户端设备进行有偿网络服务。广域网的结构如图6.1 所示,客户端设备(例如客户的计算机、电话机等)通过被叫做本地环路(local loop)的物理链路(如双绞线、光纤等)连接到最近的交换设备上。本地环路由运营商提供,又被称为"最后一公里"。数据要在本地环路上传输,还需由调制解调器等数据电路终端设备(Data Circuit-terminating Equipment,DCE)转换为可以在物理链路上传送的信号。将数据发送给 DCE 的客户端设备叫做数据终端设备(Data Terminal Equipment,DTE)。

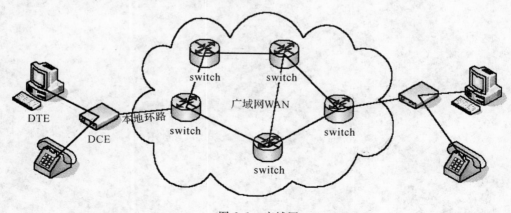

图 6.1 广域网

6.1.1　电路交换与分组交换

与局域网类似,广域网的标准也与 OSI 参考模型的物理层和数据链路层对应,其技术又可以分为电路交换(circuit switch)和分组交换(packet switch)两类。

电路交换是在两端的 DCE 间建立一个固定的连接电路,然后所有的数据都通过这个电路传输。电路交换的典型例子是公共电话交换网(Public Switched Telephone Network,PSTN)。通常电路连接是在使用前通过拨号建立,并在使用完毕后撤销,其整个过程由一个所谓信令(signaling)系统来管理(例如电话网中最著名的 7 号信令系统)。此外也可以使用运营商提供的专用线路(dedicated line)或租用线路(leased line)来建立永久电路(permanent circuit),一次建立后直到租用期满前不会撤销。

分组交换也叫包交换,它将用户传送的数据划分成多块,每块叫做一个分组或包(packet)。分组交换分为无连接方式和虚电路方式两种。前者在每个数据包上加入目的地址,交换机根据接收到的每个数据包中的目的地址独立确定其传输路径。后者则与电路交换类似,先建立连接电路,然后沿着该电路传输数据包。这个电路被称为虚电路(virtual circuit),因为它并不是本连接专用的信道,而是与其他连接共享的信道,数据包中加入连接的标识号供交换机选择路径使用。虚电路分为永久虚电路(Permanent Virtual Circuit,PVC)和交换虚电路(Switched Virtual Circuit,SVC)。前者一次性建好连接,后者在每次传输前根据需要建立连接。

虚电路和电路交换是非常相似的。电路交换的带宽是固定分配给建立好的某个连接的,不能为其他连接所使用。无论是否采用永久电路,用户的数据流都往往具有突发性,也就是说有时候数据流量很大,连接带宽不足;有时候数据流量又很小,连接带宽被空置、浪费。分组交换方式则是由很多用户一起共享信道,因此其带宽利用率比电路交换高,代价又低,但是其延迟和延迟的不定性(抖动)却都大于电路交换。

无连接(connectionless)的概念在前一章中已介绍过,相对应地,就像电路交换、PVC 和 SVC 这样需要建立连接的传输方式被称为面向连接的(connection oriented)。图 6.2 所示为两种形式的区别。注意:在无连接方式下,随网络状况变化,收发节点完全相同的数据包可能沿不同路径前进,而面向连接方式则一定按已建立好的路径前进。

6.1.2　多路复用技术

在广域网中,由于节点间传输距离长,为了节省成本,传输电缆或光缆中物理链路如铜线或光纤的数量不会太多,而通过一种被称为复用(multiplexing)的技术,可以在一个物理链路上建立多个信道,每个信道具有固定的带宽,相互之间互不干涉。目前常用的复用技术如下:

1. 频分复用(Frequency Division Multiplexing,FDM)

频分复用是在同一物理媒介上使用不同频率的载波同时传输多路数据(见图 6.3(a))。每个信道占有一定的频带,不同信道的频带不重叠,而且相互隔开。FDM 的典型例子如收音机,不同电台的节目通过不同的频带传输。

2. 时分复用(Time Division Multiplexing,TDM)

时分复用是将一个信道连续的传输时间划分为互不重叠的时间片,通过把时间片分配

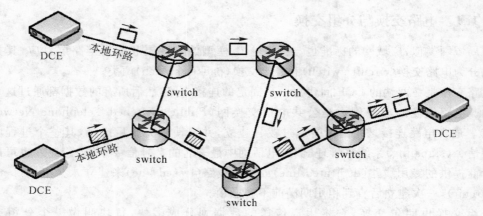

(a) 面向连接：电路交换和虚电路交换

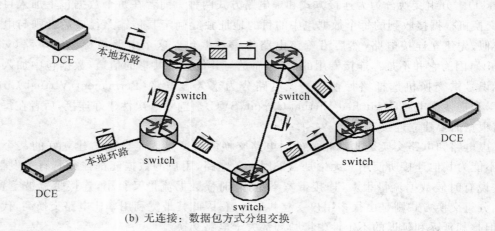

(b) 无连接：数据包方式分组交换

图 6.2　数据交换技术

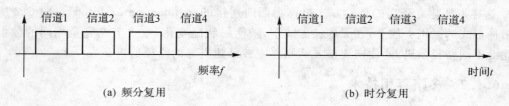

(a) 频分复用　　　　　　　　　　　(b) 时分复用

图 6.3　频分复用与时分复用

给不同的连接将该信道分割成多个信道(见图 6.3(b))。

3. 波分复用(Wave Division Multiplexing,WDM)

波分复用实际上是光纤中的频分复用,也就是用不同波长(频率)的光同时传输多路数据。

4. 码分多址(Code Division Multiple Access,CDMA)

码分多址主要使用在移动通信中,每个信道按一定的地址码将不同频率、不同时间成分的信号组织在一起,代表数据。不同信道间在频率、时间和空间方面都有重叠,但按各自的地址码可以从各个信道的混合信号中提取出该信道的数据。具体方法在移动通信课程中介绍。

6.2 电路交换广域网

公共电话交换网络 PSTN 就是一个典型的电路交换广域网,其结构如图 6.4 所示。本地环路也就是由电话机到本地局或远端模块的一段模拟电路,其将声音用电压信号表示。在本地局或远端模块经模拟到数字的转换,从而成为数字信号。数字信号经过多个交换机的传输,到达接收方的本地局或远端模块,再转换为模拟信号经本地环路传输到接收方的电话机。

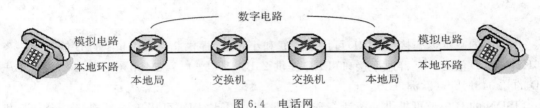

图 6.4 电话网

利用电话网也可以连接计算机等数字终端设备。下面介绍几种基于电话网的电路交换广域网技术。

6.2.1 模拟拨号与调制解调器

模拟拨号的架构如图 6.5 所示,其中的 DCE 采用调制解调器,本地环路是模拟拨号电话线路,广域网则是利用公共电话交换网络 PSTN。调制解调器的作用是调制(modulation)和解调(demodulation),因此取两字的头叫做 Modem(俗称"猫")。Modem 将 DTE 传来的二进制数"0"和"1"调制为不同幅度、频率或相位的音频范围的信号,再通过电话网传输,接收方则使用 Modem 将二进制数据从模拟信号中解调出来。

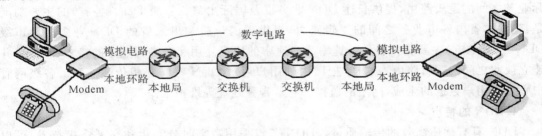

图 6.5 模拟拨号与 Modem

目前 Modem 有计算机内置和外置两种,其速率一般是 56Kbps,其优点是简单和低价,但电话线路用于数据传输时不能同时做话音传输使用。由于速率慢,目前 Modem 往往用于临时、低速率的数据传输,例如在宾馆中通过电话线上网。

6.2.2 ISDN

目前电话网络除本地环路外已经全面实现数字化,综合业务数字网(Integrated Services Digital Network,ISDN)则将本地环路也转换为 TDM 方式数字连接,直接提供数字接口,因此计算机通过 ISDN 上网无需 Modem,速率也大大提高。ISDN 的架构如图 6.6 所示。

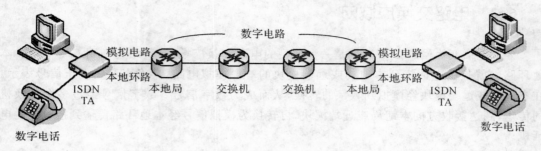

图 6.6　ISDN

ISDN 的基本速率接口(BRI)可用于家庭和小企业,提供 2 条 64Kbps 的 B 信道和一条 16Kbps 的 D 信道。基群速率接口(PRI)提供 23B+1D 的 1.544Mbps(美国,T1)或 30B+ 1D 的 2.048Mbps(欧洲,E1)。

ISDN 的 B 信道可提供一条话音连接的带宽。因此,BRI 可用于同时连接一台计算机 加一个电话(需数字化电话)。由于优势不明显,目前 ISDN 的使用已经很少了。

6.2.3　DDN

与上述基于 PSTN 的广域网不同,数字数据网络(Digital Data Network,DDN)是由光 纤数据电路、数字复用和交叉连接设备组成的以传输数据为主的专用数字传输网络。它能 为用户提供点对单点、点对多点的永久性数字传输电路。中国公用数字数据骨干网(Chi- naDDN)于 1994 年正式开通,并已通达全国地市以上城市及部分经济发达县城。它是由中 国电信经营的、向社会各界提供服务的公共信息平台。China DDN 网络结构可分为国家级 DDN、省级 DDN 和地市级 DDN。国家级 DDN 网(各大区骨干核心)的主要功能是:建立省 际业务之间的逻辑路由,提供长途 DDN 业务以及国际出口。省级 DDN(各省)的主要功能 是:建立本省内各市业务之间的逻辑路由,提供省内长途和出入省的 DDN 业务。地市级 DDN(各级地方)主要是把各种低速率或高速率的用户复用起来进行业务的接入和接出,并 建立彼此之间的逻辑路由。这样,把国内外用户通过 DDN 专线互相传递信息。各级网管 中心负责用户数据的生成,网络的监控、调整,告警处理等维护工作。

1. DDN 的特点

DDN 具有优质高效的传输质量。DDN 节点采用数字时分复用和交叉连接技术,可以 直接传送高速数据信号。各级 DDN 节点、modem 设备具有统一的时钟同步信号,从而确保 各节点在实现互连电路的转接、分支时协调工作,避免出现失步状态而造成数据的定期丢失 或重复现象。

DDN 可以保证带宽和网络实时性。DDN 信道固定分配,用户信息是根据事先约定的 协议,在固定的通道带宽和预先约定的速率的情况下顺序连接传输的,因此只需要按时隙识 别通道就可以准确地将数据信息送到目的地,从而免去了目的终端对信息的重组,减少了 时延。

DDN 采用可靠、灵活、简单的连接方式。DDN 网络设备不涉及链路层协议,不涉及任何规程的约束,提供全数字透明的传输链路。与数据通信有相关的协议和规程都由客户端来完成,DDN 对用户通信协议没有任何要求,客户可以自由地选择客户端网络设备。DDN支持数据、语音、图像传输等业务,不仅可以和客户终端进行连接,而且可以和用户网络进行连接,为客户网络提供灵活的组网环境。

2. DDN 的业务与速率

DDN 适用于信息量大、实时性强、保密性能要求高的数据业务,如商业、金融业和办公自动化系统。DDN 业务主要是出租永久性连接的数字数据传输信道,也就是提供固定连接、传输速率不变的独占带宽电路。一般按月缴纳租金,并在建设时一次性缴纳建设、测试费用若干。

目前 DDN 的业务速率如下。

(1) 高速 DDN 业务:$N \times 64\text{Kbps}$($2 < N < 32$)业务,如 256Kbps,512Kbps,1984Kbps 等;

(2) 中低速业务:64Kbps,128Kbps;

(3) 子速率业务:64Kbps 以下的 DDN 业务,如 2400bps,9600bps,19.2Kbps。

3. DDN 业务用户接入方式(见图 6.7)

(1) NTU/DTU 接入:NTU 是网络终端单元,DTU 是数据终端单元,两者配对使用,DTU 放置在用户侧,NTU 集成 DDN 网络边缘节点上。这是最常用的接入方式,支持128Kbps 及以下的所有速率,可提供 V.24 或 V.25 接口。

(2) Modem 接入:低速 Modem 可支持 64Kbps 以下的速率,提供 V.24 接口;高速 Modem 可支持 $N \times 64\text{Kbps}$($1 < N < 32$),提供 V.35 接口。

(3) 用户接点接入:将小容量 DDN 节点直接放到用户机房内,提供多个 V.24/V.25 连接,用户节点和网络节点之间通常采用光端机和光纤,提供 1 个或多个 E1 连接。

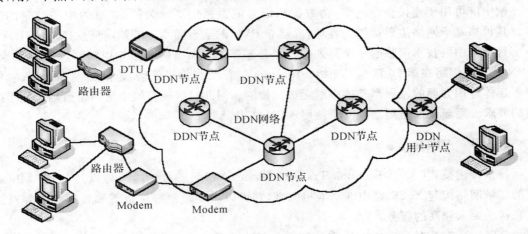

图 6.7 DDN 网络结构

6.3 分组交换广域网

分组交换网络基本上都是采用图 6.2(b)所示的结构,只是因为其技术不同而采用不同的交换机,如帧中继网采用帧中继交换机,ATM 网采用 ATM 交换机等。

6.3.1　X.25

X.25 协议是最古老的 WAN 协议之一，它主要定义了 DTE 与 DCE 间的接口，并规定广域网部分采用包交换网络。当 X.25 应用服务刚刚引入时，其传输速度被限制在 64Kbps 内。1992 年，ITU-T 更新了 X.25 标准，传输速度可高达 2.048Mbps。

X.25 网络可以在 LAN 之间提供全世界范围的连接，而且可以在结点不通信时释放不使用的带宽。从 20 世纪 70 年代以来，X.25 曾经在提供 WAN 连接领域中发挥着重要的作用，后来就逐渐被更快速的技术如帧中继和 SDH/SONET 取代了。

6.3.2　帧中继

帧中继的 ITU-T 标准于 1984 年提议，并于 1990 年、1992 年及 1993 年通过其他附加的标准。该技术的特点是通过精简乃至取消差错检验等保证传输可靠性的功能和帧中相应的控制信息来减少开销，从而实现高容量、高带宽的 WAN 传输。帧中继最常见的实施速度为 56Kbps 和 2Mbps，但目前在 DS-3 链路上帧中继的速度可高达 45Mbps。

帧中继在包交换网络上建立交换型（SVC）和永久型（PVC）两种虚拟电路（在帧中继上，称为虚拟连接），从而实现点对点的面向连接的通信，其中 PVC 使用最为常见。PVC 连接到帧中继 WAN 上的 DCE 设备中，使用帧中继拆装器（FRAD）来实现 DTE 传来的包与帧中继的帧间的转换。实际设备中，FRAD 通常就是路由器、交换机或底盘集线器中的一个模块。

帧中继与 X.25 的不同在于它的协议更为简单，没有实现差错或流量控制，因此减少了延迟和抖动。帧中继常用于连接基于 TCP/IP 的网络，通过 TCP/IP 协议检验端到端的差错检验。当发生阻塞时帧中继设备会丢弃一些包。

帧中继可用于连接企业网络，为数据和语音流量提供了永久的、共享的中等带宽的连接。其价格基于网络边界接口的容量，或建立 PVC 时运营商承诺的约定信息速率（CIR）。

目前帧中继技术面临的一个强劲的挑战是基于 Internet 的虚拟专用网络（VPN）技术。VPN 技术我们将在第 16 章专门介绍。Internet 的普及和价格低廉，以及目前在话音、视频等多媒体应用方面的发展都是帧中继无法比拟的。因此目前现存帧中继网络面临大规模改造的要求。而新建网络则已倾向于使用 VPN 技术。

6.3.3　ATM

异步传输模式（Asynchronous Transfer Mode，ATM）的传输速率可以达到 155Mbps。它的广域网结构与 X.25、帧中继基本相似，但它可以高质量地提供语音和视频传输等对延迟和抖动要求较高的服务。

ATM 高速、有效的秘密在于它的数据包是大小固定为 53 个字节的小包，其被称为信元（cell）。ATM 信元由 5 字节的 ATM 头和 48 字节的 ATM 有效负荷组成。可以看出，与多数分组交换网络采用的大数据包相比，信元的开销比较大。那么大开销换来什么呢？我们举个交通路口的例子来说明采用信元的优点。一个交换机就像一个交通路口，车辆（数据包）从各条道路上进入路口，然后再沿各条道路走出路口。当一辆车通过时，其他车辆就得等待（数据包在缓存区排队等待交换）。那么如果有一辆超长的车（比如火车）经过路口时，路口就被长时间占用,此时其他车如果赶时间就有迟到的危险。如果每辆车都比较小,通过路口的时间很短,那么来自不同路口的车一辆接一辆通过,每条道路的延迟就都可以被有效地控制了。

图 6.8 所示是一个简单的分组交换机内部模型。来自不同数据流的包(图中为简单起见,只包含两个数据流)进来后在一个缓存中排队,然后一个接一个地发往不同链路。从图中可以看到,大包的存在会占用较长的交换时间,如果处理像视频/话音这样按等时间间隔发包(抖动小),并且传输时延不能太大的任务时就很难满足要求。用过 IP 网络电话的人,应该对其延时和时断时续有印象,原因之一就是因为 IP 网络是采用大数据包格式的分组交换网络。从图中可以看出,采用小包可以有效地控制数据流延迟。

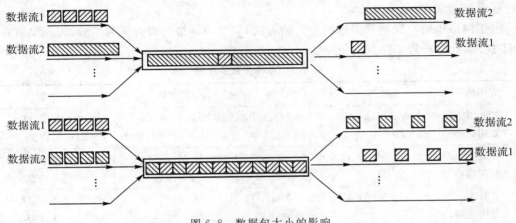

图 6.8　数据包大小的影响

此外采用固定大小的信元可以对每个信元的传输时间作出比较精确的估计,而且不同信元的传输时间也大致差不多,这样有利于进行质量控制。事实上,ATM 正是以其服务质量而受人青睐。不过由于 ATM 在桌面计算机上因价格等因素未能与以太网竞争,使主机发出的以太网帧在进出 ATM 网络时必须经过两次格式转换,因此其优势被大大抵消了。目前随着吉比特以太网等高速长距离以太网技术的发展和 IP 网络服务质量技术的提高,ATM 有完全被替代的可能。

6.4　传送网

6.4.1　传送网概述

从图 6.2 中可以看到,无论是电路交换广域网还是分组交换广域网,其物理层网络结构是相似的,都是在分布于不同地域的交换机间建立物理链路。由于建立远距离物理链路的代价太高,因此为不同类型的广域网分别建设物理网络并不可行。最佳方案是建立统一的传送网络,通过复用技术为不同广域网分别提供物理连接。由于电话网已经实现数字化传输和全球性连接,目前广域网大多是通过电信运营商建设的传送网络实现的。

6.4.2 PDH:准同步传送网

早在 20 世纪 60 年代,贝尔实验室的工程师们创造出了一种语音复用系统,通过它可以把语音采样数字化为 64Kbps 的数据流(每秒 8000 次电压采样),然后根据传到接收方的 8 位时隙的准确位置规范地把这些数字流再组织为一个 24 元素的帧数据流。这种数据帧长 193 位,数据传输速率为 1.544Mbps。工程师把这种数据流称为 DS-1 或 T1。从技术上说,T1 应该是指未处理数据的速率,而 DS-1 指的是帧速率。一个 T1 线路可以支持 24 路电话信道。欧洲的公共电话网修改了贝尔实验室的方案而创造出 E1 复用系统。该系统有 32 个电话信道(其中 2 路作为信令信道),速度为 2.048Mbps。在此基础上,更高的线路速率通过逐层复用实现(见表 6.1)。

由于网络中所有线路都采用同步传输方式,但整个网络的时钟无需一致,因此又被称为 PDH 技术(准同步数字序列)。

表 6.1 准同步数字序列

应用地区	基群	二次群	三次群	四次群
欧洲、中国 (复用话路)	2.048 Mbps/E1 32 路	8.848 Mbps/E2 4×E1=128 路	34.304 Mbps/E3 4×E2=512 路	138.264 Mbps/E4 4×E3=2048 路
北美 (复用话路)	1.544 Mbps/T1 24 路	6.312 Mbps/T2 4×T1=96 路	44.736 Mbps/T3 6×T2=576 路	274.716 Mbps/T4 7×T3=4032 路
日本 (复用话路)	1.544 Mbps/T1 24 路	6.312 Mbps/T2 4×T1=96 路	44.736 Mbps/T3 4×T2=384 路	97.728 Mbps/T4 3×T3=1152 路

PDH 曾经在电信传送网中占据主导位置,除传输话音外,还可以用于支持 DDN、帧中继、X.25 等广域网传输。但是随着广域网技术向宽带、多样化的发展,PDH 的固有缺陷暴露出来,因此逐渐被同步数字序列 SDH 所取代。

PDH 的主要缺点包括:

(1) PDH 主要是点对点连接,缺少网络拓扑灵活性,网络调度和可靠性较差;
(2) 复用结构复杂,不同级别的速率线路间需要分级逐层复用;
(3) 三大地区标准不兼容,国际互通困难;
(4) 帧结构中开销资源不足,网络管理困难;
(5) 无统一的光接口标准,不同厂家设备互联困难。

6.4.3 SONET/SDH:同步传送网

同步光纤网络(SONET)和同步数字序列(SDH),是一组通过光纤信道进行同步数据传输的标准协议。SONET 是由美国国家标准化组织(ANSI)颁布的美国标准版本。SDH 是由国际电信同盟(ITU)采纳 SONET 标准后颁布的国际标准。两个标准基本类似,可以互通。目前,中国主要采用 SDH 标准。

1. 网络结构

与 PDH 不同的是 SONET/SDH 整个网络严格同步,采用一致的时钟。最常用的 SONET/SDH 网络拓扑采用双环结构。这种双环结构又被称为自愈环,因为它在发生光缆断裂等故障时,可以通过双向路径交换自动恢复,故障恢复率可以高达 99%。自愈环的原理是将数据在两个环上都进行发送,但是方向相反。如果在其中的一条路径上有断口,则断裂处两端的节点设备将双环连接在一起,从而使双环变成单环,数据仍然可以畅通无阻(见图6.9)。

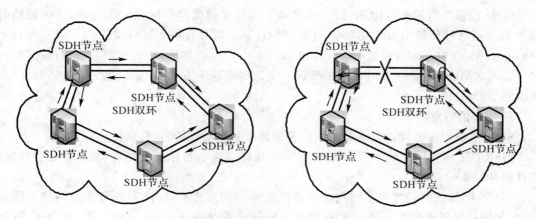

图 6.9 SDH 双环自愈功能

2. 帧结构与传输速率

如表 6.2 所示,SONET 和 SDH 有一定的对应关系,其帧结构是互通的。这里只介绍 SDH 的帧结构。SDH 的帧是 STM-N,最基本的模块为 STM-1,相当于 SONET 的 STS-3。4 个 STM-1 同步复用构成 STM-4,16 个 STM-1 或 4 个 STM-4 同步复用构成 STM-16。

表 6.2 **SDH 和 SONET 的传输速率比较**

SONET 信号	比特率（Mbps）	SDH 信号	SONET 性能	SDH 性能
STS-1 和 OC-1	51.840		28 T1	
STS-3 和 OC-3	155.520	STM-1	84 T1	63 E1
STS-12 和 OC-12	622.080	STM-4	336 T1	252 E1
STS-48 和 OC-48	2,488.320	STM-16	1,344 T1	1,008 E1
STS-192 和 OC-192	9,953.280	STM-64	5,376 T1	4,032 E1
STS-768 和 OC-768	39,813.120	STM-256	21,504 T1	16,128 E1

如图 6.10 所示,SDH 采用块状的帧结构来承载信息,每帧由纵向 9 行和横向 $270 \times N$ 列字节组成,每个字节含 8bit,整个帧结构分成段开销(Section Over Head,SOH)区、STM-N

SOH （3 行、9×N 列）	
AU PTR	STM-N 负荷区(9 行,261×N 列)
SOH （5 行、9×N 列）	

图 6.10 STM-N 的帧结构

净负荷区和管理单元指针(AU PTR)区三个区域。其中:段开销区主要用于网络的运行、管理、维护及指配,以保证信息能够正常灵活地传送;净负荷区用于存放真正用于信息业务的比特和少量的用于通道维护管理的通道开销字节;管理单元指针用来指示净负荷区内的信息首字节在 STM-N 帧内的准确位置,以便接收时能正确分离净负荷。

SDH 的帧在传输时按由左到右、由上到下的顺序排成串型码流依次传输,每帧传输时间为 $125\mu s$,每秒传输 $1/125\times1000000$ 帧,对 STM-1 而言每帧字节为 $8bit\times(9\times270\times1)=19440bit$,则 STM-1 的传输速率为 $19440\times8000=155.520Mbit/s$;而 STM-4 的传输速率为 $4\times155.520Mbit/s=622.080Mbit/s$;STM-16 的传输速率为 16×155.520(或 4×622.080)$=2488.320Mbit/s$。

3. SDH 的特点

SDH 之所以能够快速发展是与它自身的特点是分不开的,其具体特点如下:

(1) SDH 具有国际统一的帧结构、数字传输标准速率和标准光接口,其设备兼容性好,能容纳各种新旧业务。

(2) 不同等级的码流在帧结构净负荷区内的排列非常有规律,而净负荷与网络是同步的,它利用软件能将高速信号一次直接分解出低速支路信号,一次实现复用,克服了 PDH 对全部高速信号进行逐级分解然后再生复用的过程,从而简化了接口复用设备,改善了业务传送透明性。

(3) 网络的自愈功能和重组功能显得非常强大,具有较强的生存率。帧结构中安排了足够开销的比特,网管功能强大。

(4) 有传输和交换的性能,它的系列设备的构成能通过功能块的自由组合,实现了不同层次和各种拓扑结构的网络,使网络运行灵活、安全、可靠,使网络的功能非常齐全且多样。

(5) 它可用于双绞线、同轴电缆和光纤,既适合用作干线通道,也可用作支线通道。

(6) 属于其最底层的物理层,并未对其高层有严格的限制,便于在 SDH 上采用各种网络技术,支持 ATM 或 IP 传输。

(7) 全网严格同步,从而保证了整个网络稳定可靠,误码少,且便于复用和调整。

4. 我国的 SDH 传送网及其应用

SDH 在广域网领域和专用网领域得到了巨大的发展。电信、联通、广电等电信运营商都已经大规模建设了基于 SDH 的骨干光传输网络。我国的 SDH 传送网网络结构分为 4 个层面,分别是省际干线网、省内干线网、中继网、接入网,分层结构简化了网络规划设计,且每一网络层的运行都相对独立,使运营者很容易根据不同的网络层次采用和建设不同的网络拓扑结构。

第一层面为省际干线网。在主要省会城市装有 DXC4/4,其间由高速光纤链路 STM-16/STM-64 连接,形成一个大容量、高可靠的网状骨干网结构,并辅以少量的线性网。这一层面能实施大容量业务调配和监控,对一些质量要求很高的业务量,可以在网状网基础上组建一些可靠性更好、恢复时间更快的 SDH 自愈环。

第二层面为省内干线网。在主要汇接点装有 DXC4/4,DXC4/1,ADM,其间由高速光纤链路 STM-16/STM-64 连接,形成省内网状网或环形网,并辅以少量的线性网。对于业务量很大且分布均匀的地区,可以在省内干线网上形成一个以 VC4 为基础的 DXC 网状网,但多数地区以环形网为基本结构。省内干线网层面与省际干线网层面一般保证有两个网关连接点。

第三层面为中继网。可以按区域划分为若干个由 ADM 组成 STM-4/STM-16/STM-64 的自愈环,这些环具有很高的生存性,又具有业务疏导能力。环形网主要采用复用段保护环方式。如果业务量足够大可以使用 DXC4/1 沟通,同时 DXC4/1 还可以作为长途网与中继网及中继网与接入网的网关或接口。

第四层面为接入网。其处于网络的边界,业务量较低,而且大部分业务量汇接于一个节点上,因此通道环和星形网都十分适合于该应用环境。

除传统的话音传输应用外,SDH 的数据通信应用主要是利用大容量的 SDH 环路承载 IP 业务、ATM 业务或直接以租用电路的方式出租给企、事业单位。而一些大型的专用网络也采用了 SDH 技术,架设系统内部的 SDH 光环路,以承载各种业务。比如电力系统,就利用 SDH 环路承载内部的数据、远控、视频、语音等业务。而对于更加迫切需要组网、而又没有可能架设专用 SDH 环路的单位,很多都采用了租用电信运营商电路的方式。由于 SDH 基于物理层的特点,单位可在租用电路上承载各种业务而不受传输的限制。承载方式有很多种,可以是利用基于 TDM 技术的综合复用设备实现多业务的复用,也可以利用基于 IP 的设备实现多业务的分组交换。SDH 技术可真正实现租用电路的带宽保证,安全性方面也优于 VPN 等方式。在政府机关和对安全性非常注重的企业,SDH 租用线路得到了广泛应用。一般来说,SDH 可提供 E1,E3,STM-1 或 STM-4 等接口,完全可以满足各种带宽要求。同时在价格方面,也已经被大部分单位所接受。

6.5　本地环路与因特网接入

本地环路是广域网的"最后一公里",它连接了用户终端和广域网。我们最熟悉的本地环路就是接入室内的模拟电话线。通过前面介绍的调制解调器技术,计算机可以通过模拟电话本地环路接入到因特网。由于因特网的飞速发展,传统的调制解调器的带宽已经无法满足宽带的视频多媒体数据传输的需要。最后一公里技术成为广域网发展的重点之一,DSL,HFC 和 FTTH 等新技术纷纷出现。

6.5.1　数字用户线路(DSL)

数字用户线路(DSL)是一种通过现有的电信网络使用高级调制技术而在用户和电话公司之间形成高速网络连接的技术。DSL 支持数据、语音和视频通信,包括多媒体应用。1996 年的电信法案在 DSL 发展上具有特殊的影响,因为该法案鼓励电信和有线电视提供商在现有的电话网络上发展交互式的通信服务。

DSL 主要用于:

(1)远程计算中的住宅区线路;

(2)Internet 访问,尤其适合于文件的上传和下载;

(3)通过网络访问多媒体,包括最新的音乐和电影;

(4)从一处向别处快速传输一个大的文件,例如一幅地图;

(5)进行交互式的课程教学或者研讨会;

(6)在地理位置上分散的用户之间实现分布式的客户机/服务器应用。

DSL 是一种数字技术,工作在铜线之上,而这些铜线已经为提供电话服务而延伸到了各个居民区和商业区。为了使用 DSL,必须在诸如计算机、访问服务器、集线器之类的设备上安装一块 DSL 网络适配器,然后使这些设备连接到 DSL 网络上(见图 6.11)。该适配器在外观上和调制解调器很相似,但是它完全是数字的,也就是说它没有把 DTE(计算机网络设备)的数字信号转换为模拟信号,而是直接在电话线上发送数字信号。两对线被连接在适配器上,然后再引出来接到电线杆上。在铜线上的通信是单向的,一对线用于向外发送,另外一对线用于数据的接收,这样便形成了到电话公司的上行线路和到用户的下行线路。上行传输的最大速率可以高达 2.3Mbps,而下行通信则可以高达 60Mbps。同样,在不使用中继器的情况下,用户到电话公司的最大距离可以达到 5.5 千米。

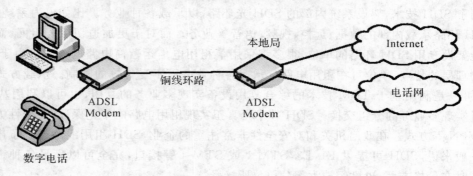

图 6.11　ADSL 接入

DSL 有 5 种服务类型:

(1)不对称数字用户线路(ADSL);

(2)自适应速率不对称数字用户线路(RADSL);

(3)高比特速率数字用户线路(HDSL);

(4)超高比特速率用户数字线路(VDSL);

(5)对称数字用户线路(SDSL)。

1. ADSL

当前 ADSL 已经成为最为常见的一种 DSL 版本。除了可以用于传统的数据和多媒体应用之外,ADSL 还非常适合于交互式多媒体和远程教学。

在传输数据之前,ADSL 需要检查电话线路,通过所谓的前向纠错过程对噪音和差错状况进行检查。当 ADSL 刚开始建立的时候,使用的上行传输速度为 64Kbps,下行传输速度为 1.544Mbps(和 T-1 相同)。现在上行传输速度可以达到 576～640Kbps,下行传输速度可以达到 6Mbps。ADSL 还可以使用第三个通信信道,在进行数据传输的同时进行 4kHz 的语音传输。因此可以在保持因特网接入的同时正常使用电话。

ADSL 是通过两种不同的信令技术之一来完成的,即无载波的幅度调制(CAP)和离散多音调(DMT)。CAP 结合幅度和相位调制,可以达到 1.544Mbps 的信号速率。由 ANSI 支持的 DMT 是一种较新的技术。该技术将整个带宽隔离成了 256 个 4kHz 的信道,将传输的数据进行分段,每一段分配一个唯一的数据 ID,然后再通过 256 个信道进行传输。在接收端,根据数据 ID 可以完成数据的重组。

2. RADSL

RADSL 最初是为视频点播传输而开发的,它应用了 ADSL 技术,但是可以根据传输的数据是数据、多媒体还是语音提供可变的传输速率。建立传输速率的方式有两种,一种是电话公司根据对线路使用的估计,为每一个用户线路设置一个特殊的速率。另外一种是电话公司根据线路上的实际需求自动地调整传输速率。RADSL 对用户十分有利,因为只需为他们需要的带宽付费,电话公司可以将没有使用的带宽分配给其他用户。RADSL 的另外的一个优点是当带宽没有被全部使用时,线路的长度可以很长,因此可以满足那些距电话公司 5.5 千米之外的用户。下行传输速率可以达到 7Mbps,上行传输速率可以达到 1Mbps。

3. HDSL

HDSL 最初的设计是在两对电话线上进行全双工的通信,发送和接收的速率最高为 1.544Mbps,传输距离最大为 3.6 千米(2.25 英里)。现在已经有了 HDSL 的另外一种实现,这种实现只利用两对电话线之中的一对,但是也可以进行全双工通信,传输速率为 768Kbps。

HDSL 存在一个限制,它不像 ADSL 和 RADSL 那样可以支持语音传输。但是,HDSL 最有望成为 T-1 服务的取代者,因为它可以使用现有的电话线,从而实现起来的花费比 T-1 要小,所以它对于需要进行 LAN 连接的公司尤为有用。

4. VDSL

VDSL 的目标是成为使用铜线或者光纤电缆的联网技术的一种替代方案。VDSL 的下行速度可以达到 51～55Mbps,而上行速度可以达到 1.6～2.3Mbps。尽管它提供了较大的带宽,但是覆盖的范围较小,只有 300～1800 米(980～5900 英尺),这就限制了 VDSL 在 WAN 领域的应用。

VDSL 的工作方式和 RADSL 相似,也可以根据需求自动地分配带宽。同时,它和 DMT 和 ADSL 也有些类似,因为它可以在双绞线上创建多个信道,在传输数据的同时也可以进行语音传输。

5. SDSL

SDSL 和 ADSL 相似,但是该服务分配的上行传输速率和下行传输速率相同,都是 384Kbps。SDSL 对于视频会议和交互式教学尤为有用,因为它是一种对称的带宽传输技术。

6.5.2　混合光纤电缆(HFC)

有线电视网是通过同轴电缆和光纤提供通信的。在此基础上,广电企业提供了混合光纤电缆(Hybrid Fiber Coax,HFC)接入技术,可以提供双向数据通信,实现计算机上网和数字电视等功能。正如其名称所提示的,该技术采用光纤和同轴电缆的结合:光纤用于中央设备,同轴电缆用于连接个人用户。从本质上说,HFC 是层次结构的,在需要最高带宽的网络端口上使用光纤,在可容忍低速率的部分使用同轴电缆。

为使用 HFC,电缆公司需要更换许多现存的电缆线路和放大器。工业用语"干线(trunk)"指电缆的中心局与每个社区之间的高容量连接,"接入线"(feedercircuit)则指到个人用户的连接(干线可跨越 15 英里长,而接入线通常小于 1 英里)。

HFC 可以在现有的有线电视网络上改造。它使用现存的同轴电缆有线电视接入线来连接个人用户,但要求用光纤更换干线电缆。在光纤和同轴电缆之间还要加入新的接口设备。此外,为实现上行通信,必须将所有放大器更换为双向设备。最后,在受益于 HFC 之前,每个用户还需要双向的电缆调制解调器。

与其他电缆技术一样,HFC 使用频分多路复用和时分多路复用相结合的方案。频分多路复用中,带宽为 50～450MHz 的频带,用于传送模拟电视信号(每个电视频道分配 6MHz);带宽为 450～750MHz 的频带,作为下行数字通信用;最后,带宽 5～50MHz 的频带用作上行数字通信。

时分多路复用运作于一个群,该群包含一个或多个用户,共享某一带宽。群通常是按照地理属性来划分的(比如在同一个社区)。群共享一个载波频段,任一时刻群内只有一个用户能接收数据包。更高带宽的光纤使得在干线上多路复用多个独立的群成为可能。

像 ADSL 一样,电缆调制解调器被设计成下行速率高于上行速率。上行数据速率可能高达 1.5～2.0Mbps。但是,由于来自多个用户的数据必须在 6MHz 带宽上多路复用,所以当有许多用户同时传送数据时,有效速率会降低。

6.5.3　光纤到户(FTTH)

说到光纤到户(FTTH),首先就必须谈到光纤接入。光纤接入是指局端与用户之间完全以光纤作为传输媒体。对于住宅或者建筑物来讲,用光纤连接用户主要有两种方式:一种是用光纤直接连接每个家庭或大楼,即有源光接入;另一种是采用无源光网络(PON)技术,用分光器把光信号进行分支,一根光纤为多个用户提供光纤到家庭服务,即无源光接入。

光纤用户网的主要技术是光波传输技术。目前光纤传输的复用技术发展相当快,多数已处于实用化阶段。根据光纤深入用户的程度,可分为 FTTC(光纤到路边),FTTZ(光纤到小区),FTTO(光纤到办公室),FTTF(光纤到搂层),FTTH(光纤到户)等。

FTTH(Fiber To The Home),顾名思义就是一根光纤直接到家庭。具体说,FTTH 是指将光网络单元(ONU)安装在住家用户或企业用户处,是光接入系列中除 FTTD(光纤到桌面)外最靠近用户的光接入网应用类型。FTTH 的显著技术特点是不但提供更大的带宽,而且增强了网络对数据格式、速率、波长和协议的透明性,放宽了对环境条件和供电等的要求,简化了维护和安装。

FTTH 的优势主要是有以下 5 点:

(1)它是无源网络,从局端到用户,中间基本上可以做到无源;

(2)它的带宽是比较宽的,长距离正好符合运营商的大规模运用方式;

(3)因为它是在光纤上承载的业务,所以并没有什么问题;

(4)由于它的带宽比较宽,所以支持的协议比较灵活;

(5)随着技术的发展,包括点对点、1.25G 和 FTTH 的方式都制定了比较完善的功能。

思考题

6-1　谈谈电路交换和分组交换的区别及其优缺点。

6-2　什么是复用?复用技术有哪几种?

6-3　到因特网上查查本地的电信运营商能够提供哪些广域网技术。

6-4　查一下本地的因特网运营商有哪些?他们提供的因特网接入方式有哪些?

第 7 章　因特网与 TCP/IP 模型

因特网的迅速发展使 TCP/IP 协议成为网络互联的统一标准。TCP/IP 参考模型定义了 TCP/IP 协议族的体系结构。在计算机和网络设备中负责实现 TCP/IP 协议的是网络操作系统软件,常用的网络操作系统有 Windows、UNIX 和 Linux 等。

通过本章的学习,了解因特网的体系结构,掌握 TCP/IP 参考模型,了解主要的网络操作系统。建议学时:2 学时。

7.1　Internet 概述

7.1.1　Internet 的定义与组成

Internet 即所谓因特网或互联网,是由成千上万的校园网、商业网、政府网和企业网等互联而成的,可以实现资源共享、提供各种应用服务的全球性计算机网络。

Internet 由硬件和软件两大部分组成,硬件主要包括通信线路、路由器和主机,软件部分主要是指通信协议软件和信息资源。在 Internet 中包含了多种类型的局域网和广域网。它们相互之间是异构的,采用不同的数据链路层协议和物理层通信线路,因此无法直接相互连接,而是通过一种被称作路由器或网关的网络设备实现连接(图 7.1)。路由器对每个所

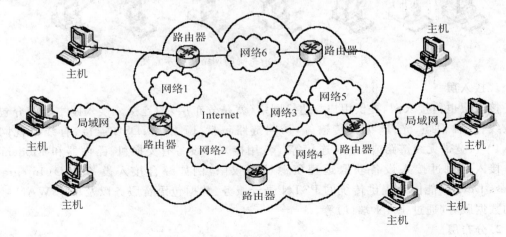

图 7.1　Internet

连接的网络都有一个单独的符合该网络数据链路层和物理层协议的网络接口(网卡)。所有连接在 Internet 上的计算机统称为主机,它是信息资源和服务的载体,根据功能又可分为两类,即服务器(Server)和客户机(Client)。所有 Internet 上的主机和路由器都采用统一的TCP/IP 协议,它构建在数据链路层协议以上,屏蔽了数据链路层和物理层协议的差异,使用户感觉使用的是一个单一网络,并可以通过这个网络访问 Internet 上任何主机。

7.1.2　Internet 的自治系统

Internet 可以被分割成许多不同的自治系统(Autonomous System,AS)。AS 是指由一个 Internet 服务提供商(ISP)按统一的网络管理策略和路由方法管理的一组互联网络,如前面提到的 ChinaNet、CerNet 等都可看做一个 AS。一个 AS 一般分三层:接入层、分布层和核心层,如图 7.2 所示。AS 和 AS 之间通过路由器相互连接,如图中的 AS 与 CerNet 和ChinaNet 的连接。

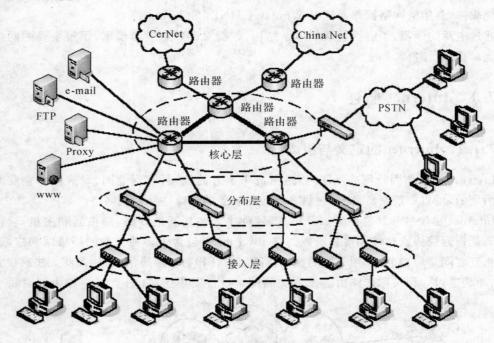

图 7.2　Internet 自治系统的网络结构示意图

1. 接入层

接入层也称接入网,提供用户与边缘网络(就是分布层)的连接。接入网主要媒介包括双绞线、同轴铜缆、光纤、无线传输等,访问链路包括 T1 线路、DSL 连接、有线电视网络(CATV)、宽带无线链路或 LAN 连接等。常用接入网设备有交换机、路由器和 Modem 池等。接入网通过接入设备获取远程资源访问权限,例如综合接入设备 IAD(Integrated Access Device)能同时提供传统的 PSTN 语音服务、数据包语音服务以及单个 WAN 链路上的数据服务(通过 LAN 端口)等。

2. 分布层

分布层也称边缘网络,主要负责接入网与核心网之间的信息交换。边缘网络中的主要设备指交换机、路由器、路由交换机、综合接入设备 IAD 及大量 MAN/WAN 设备等。我们将它们统称为边缘设备。

边缘网络充当着服务供应商（比如 CerNet 和 ChinaNet）核心/骨干网的进入点。一般企业可能通过边缘网络连接 LAN（以太网或令牌环网）和骨干网。

当接入网和核心网中涉及的技术较为复杂时，可使用边缘设备将一种网络协议转换为另一种类型。例如：如果核心网使用 ATM 交换机发送信元数据，并应用面向连接的虚拟电路，而接入网则采用面向数据包的 IP 路由器，就需要边缘设备实现二者数据间的处理转换过程。边缘设备集中输入流量，实现核心/骨干网的高速传输，同时通过接入设备将输出流量分散到各个终端用户。

由于客户接入技术的多样性和复杂性，以及核心网的多选择性，WAN 中边缘网络下的交换机可能是一个多服务单元，这就表示它支持各种通信技术，包括拨号连接上的语音和 IP、ISDN、T1 电路、帧中继和 ATM 。此外边缘网络设备还可提供增强的服务，诸如支持 VPN、IP 上的语音以及 QoS 服务。

3. 核心层

核心层由核心网络和骨干网构成，指一种在主要连接节点之间承载快速通信流量的通信传输网络。核心/骨干网提供了不同子网间信息交换的路径。一般而言，大型企业使用骨干网，而服务供应商（比如 CerNet 和 ChinaNet）更多使用核心网。大型的服务器如 DNS、WWW 等也可以直接连接到核心网。

一般情况下，核心/骨干网采用混合型拓扑结构，网络间设备采用任意点对任意点连接方式。世界各地的主要服务供应商一般都拥有各自互连的核心/骨干网。而一些世界大型企业拥有的核心/骨干网，是与运营商提供的公用核心网相连的。

核心/骨干网中主要设施为交换机和路由器。目前的发展趋势是访问设备和边缘设备的智能化和决策化，而核心设备的功能集中在"快速传输"。因此，交换机在核心/骨干网中的应用越来越广泛。核心/骨干网中主要涉及的技术是数据链路层和网络层技术，如 SONET、DWDM、ATM、IP 等。在大型企业的骨干网中则常使用吉比特以太网或 10 吉比特以太网技术。

7.1.3　Internet 管理组织

Internet 的最大特点是管理上的开放性。在 Internet 中没有一个有绝对权威的管理机构，任何接入者都是自愿的。Internet 是一个互相协作、共同遵守一种通信协议的集合体。

1. Internet 管理者

在 Internet 中，最权威的管理机构是 Internet 协会（Internet Society, ISOC）。它是一个完全由志愿者组成的指导国际互联网络政策制定的非营利性、非政府性组织，目的是推动 Internet 技术的发展与促进全球化的信息交流。

在 Internet 协会中，有一个专门负责协调 Internet 技术管理与技术发展的分委员会——Internet 体系结构委员会（Internet Architecture Board, IAB）。IAB 设有两个具体的部门：Internet 工程任务组（Internet Engineering Task Force, IETF）与 Internet 研究任务组（Internet Research Task Force, IRTF）。其中，IETF 负责技术管理方面的具体工作，包括 Internet 中、短期技术标准和协议的制定以及 Internet 体系结构的确定等；而 IRTF 负责技

术发展方面的具体工作。

Internet 的日常管理工作由网络运行中心(Network Operation Center,NOC)与网络信息中心(Network Information Center,NIC)承担。其中,NOC 负责保证 Internet 的正常运行与监督 Internet 的活动;而 NIC 负责为 ISP 与广大用户提供信息方面的支持,包括地址分配、域名注册和管理等。

2. 我国 Internet 管理者

1997 年 6 月 3 日,中国互联网络信息中心(China Internet Network Information Center,CNNIC)在北京成立,并开始管理我国 Internet 的主干网,行使国家互联网络信息中心的职责。其主要职责如下:

(1)为我国的互联网用户提供域名注册、IP 地址分配等注册服务;

(2)提供网络技术资料、政策与法规、入网方法、用户培训资料等信息服务;

(3)提供网络通信目录、主页目录与各种信息库等目录服务。

同时成立的中国互联网络信息中心(CNNIC)工作委员会负责协助制订网络发展的方针与政策,协调我国的信息化建设工作。

7.2 Internet 的协议

7.2.1 OSI 与 TCP/IP 参考模型

因特网上主机和网络设备使用的协议是 TCP/IP 协议族(TCP/IP Protocol suite)或简称 TCP/IP 协议。TCP/IP 协议实际上包含了很多协议,并以其中最有代表性的两个协议即传输控制协议 TCP 和网际协议 IP 来命名。随着采用 TCP/IP 体系结构因特网在全球范围的发展,TCP/IP 协议已成为事实上的国际标准。现在世界上所有广泛流行的操作系统如 Windows、Unix、Linux 等都支持 TCP/IP 协议。TCP/IP 协议的相互关系由 TCP/IP 参考模型定义。

TCP/IP 参考模型由美国国防部(DoD)创建,是 TCP/IP 协议的体系框架结构。图 7.3 给出了 TCP/IP 与 OSI 参考模型的对应关系,TCP/IP 协议族的主要协议分布在参考模型的四个层次中(图 7.4)。

1. 网络接口层(Network Interface Layer)

TCP/IP 的网络接口层对应 OSI 参考模型的 1~2 层,即物理层和数据链路层。它负责将网际层(Internet 层)的 IP 数据报通过物理网络发送,或从物理网络接收数据帧,抽出 IP 数据报上交网际层。TCP/IP 标准并没有定义具体的网络接口层协议,而是旨在提供灵活性,以适用于不同的物理网络,如各种 LAN、MAN、WAN。

2. 网际层(Internet Layer)

网际层(Internet Layer)也称互联网层。网际层所提供的是一种无连接(conectionless)的、尽力而为(best effort)的分组(IP 数据报)传输服务,负责将 IP 数据报从源主机传送到目的主机。传输过程中,同一数据流中的 IP 数据报可能会走不同的路径,可能出现数据报损坏、丢失、乱序等错误。所谓尽力而为,其实是指网际层为了达到高的分组传输速度并不保证传输的可靠性,可靠性留给其上层协议负责。

OSI参考模型　　　　　　　　TCP/IP参考模型

| 应用层 |
| 表示层 |
| 会话层 |
| 传输层 |
| 网络层 |
| 数据链路层 |
| 物理层 |

| 应用层 |
| 传输层 |
| 网际层 |
| 网络接口层 |

图 7.3　CP/IP 参考模型与 OSI 参考模型比较

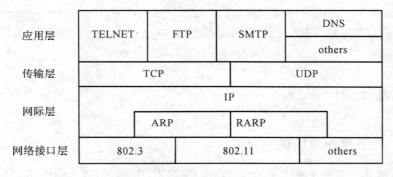

图 7.4　TCP/IP 主要协议

TCP/IP 的网际层包括多个重要协议,主要协议有 4 个:

● 网际协议(Internet Protocol,IP)是其中的核心协议,IP 协议规定网际层数据分组的格式;

● Internet 控制消息协议(Internet Control Message Protocol,ICMP)提供网络控制和消息传递功能;

● 地址解释协议(Address Resolution Protocol,ARP)用来将逻辑地址解析成物理地址;

● 反向地址解释协议(Reverse Address Resolution Protocol,RARP)将物理地址解析成逻辑地址。

3. 传输层(Transport Layer)

传输层的主要协议有两个:

传输控制协议(Transport Control Protoco,TCP)是面向连接的协议,用三次握手和滑动窗口机制来保证传输的可靠性和进行流量控制。

用户数据报协议(User Datagram Protocol,UDP)是无连接的协议,通过牺牲可靠性来简化传输过程、减少开销、提高传输效率。

4. 应用层(Application Layer)

应用层涵盖了 OSI 模型中的应用层、表示层和会话层,其中包括了众多的应用与应用支撑协议。常见的应用协议有:文件传输协议 FTP、超文本传输协议(HTTP)、简单邮件传输协议(SMTP)、远程登录(Telnet)等;常见的应用支撑协议包括域名服务(DNS)和简单网络管理协议(SNMP)等。

7.2.2 五层体系结构

无论是 OSI 参考模型与协议,还是 TCP/IP 参考模型与协议都不是完美的,对二者的评论与批评都很多。造成 OSI 协议不能流行的原因之一是模型与协议自身的缺陷。有人批评参考模型的设计更多是被通信的思想所支配,不适合于计算机与软件的工作方式。而 TCP/IP 参考模型与协议也有它自身的缺陷。该模型在服务、接口与协议的区别上不清楚,不适合于其他非 TCP/IP 协议族。TCP/IP 的网络接口层本身并不是实际的一层,它定义了网络层与数据链路层的接口。

国际上一些专家学者在 TCP/IP 体系结构的基础上,结合了 ISO/OSI 和 TCP/IP 两种体系结构,概括出自下而上分别为物理层、数据链路层、网络层、传输层和应用层的五层体系结构,如图 7.5 所示。

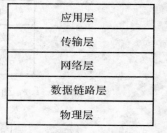

| 应用层 |
| 传输层 |
| 网络层 |
| 数据链路层 |
| 物理层 |

图 7.5 五层体系结构

7.3 网络操作系统

7.3.1 网络操作系统的功能

我们的计算机要连接到因特网上,必须支持 TCP/IP 协议,通常这个协议是由计算机中的操作系统(如我们常用的 Windows XP 操作系统)中的网络协议软件实现的。在路由器等网络设备和网络服务器主机中使用的操作系统软件是为优化网络传输特性而特别设计的,被称作网络操作系统(Network Operating System,NOS)。路由器等网络设备上的 NOS 通常是由其生产厂家专门设计的,如 CISCO 的 IOS 等,这里不做介绍。我们着重介绍运行在服务器之上的通用网络操作系统,包括 Windows、Unix、Linux 等。

服务器上的 NOS 除了应具有一般单机操作系统的进程管理、存储管理、文件管理和设备管理等功能之外,还应提供高效可靠的通信能力及多种网络服务功能,屏蔽本地资源与网络资源的差异性,为用户提供各种基本网络服务功能,管理网络共享系统资源,并提供网络系统的安全性服务。NOS 的主要功能有:

1. 文件服务(File Service)

文件服务是最重要与最基本的网络服务功能。文件服务器以集中方式管理共享文件,网络工作站可以根据所规定的权限对文件进行读写以及其他各种操作,文件服务器为网络用户的文件安全与保密提供了必需的控制方法。

2. 打印服务(Print Service)

打印服务通过设置专门的打印服务器完成,或者由工作站或文件服务器来担任。通过网络打印服务功能,用户可以远程共享网络打印机。打印服务实现对用户打印请求的接收、打印格式的说明、打印机的配置、打印队列的管理等功能。打印服务器在接收用户打印请求后,本着先到先服务的原则,将用户需要打印的文件排队,用排队队列管理用户打印任务。

3. 数据库服务（Database Service）

随着计算机网络的迅速发展，网络数据库服务变得越来越重要。网络数据库软件依照客户机/服务器（Client/Server）模式工作，客户端向数据库服务器发送查询请求，服务器进行查询后将结果传送到客户端。

4. 通信服务（Communication Service）

主要提供工作站与工作站之间、工作站与网络服务器之间的通信服务功能。

5. 信息服务（Message Service）

除传统的电子邮件服务外，目前，信息服务已经逐步发展为文件、图像、数字视频与语音数据等多媒体信息传输服务。

6. 分布式服务（Distributed Service）

分布式服务将网络中分布在不同地理位置的资源，组织在一个全局性的、可复制的分布数据库中，网络中多个服务器都有该数据库的副本。用户在一个工作站上注册，便可与多个服务器连接。对于用户来说，网络系统中分布在不同位置的资源是透明的，这样就可以用简单方法去访问一个大型互联局域网系统。

7. 网络管理服务（Network Management Service）

网络操作系统提供了丰富的网络管理服务工具，可以提供网络性能分析、网络状态监控、存储管理等多种管理服务。

8. Internet/Intranet 服务（Internet/Intranet Service）

网络操作系统一般都支持 TCP/IP 协议，提供各种 Internet 服务，全面支持 Internet 与企业内部的 Intranet 访问。

7.3.2　Windows 系列操作系统

Microsoft 公司开发 Windows 操作系统的出发点是在 DOS 环境中增加图形用户界面（Graphic User Interface，GUI），其中 Windows 3.1 操作系统的巨大成功与用户对网络功能的强烈需求是分不开的。微软公司很快又推出了 Windows for Workgroup 操作系统，这是一种对等结构的操作系统。但是，这两种产品仍没有摆脱 DOS 的束缚，严格地说都不能算是一种网络操作系统。

Windows NT 3.1 操作系统摆脱了 DOS 的束缚，并具有很强的连网功能，是一种真正的 32 位网络操作系统，然而，它对系统资源要求过高，并且网络功能明显不足。针对上述缺点，Microsoft 公司又推出了 Windows NT 3.5 操作系统，它不仅降低了对微型机配置的要求，而且在网络性能、网络安全性与网络管理等方面都有了很大的提高，并受到了网络用户的欢迎。至此，Windows NT 操作系统才成为 Microsoft 公司具有代表性的网络操作系统。Windows NT Server 4.0 是整个 Windows 网络操作系统最为成功的一套系统，目前还有很多中小型局域网把它当作标准网络操作系统。

Windows 2000 Server/Advanced Server 和 Windows 2003 Server/ Advanced Server 等是在 Windows NT Server 4.0 基础上开发而来，作为服务器端的多用途网络操作系统，可为部门级工作组和中小型企业用户提供文件和打印、应用软件、Web 服务及其他通信服务，具有功能强大、配置容易、集中管理、安全性能高等特点。而更新的 Windows Server 2008 R2 是上述 Windows Server 的升级产品，可以立即提升现有基础架构的应用价值、提供更完善的托管能力和实现更强大的安全性,同时支持虚拟技术和云计算技术。

Windows 网络操作系统通常可以组成两种类型的网络模型:工作组模型和域模型。

1. 工作组模型

工作组是一组由网络连接在一起的计算机,它们的资源、管理和安全性分散在网络各个计算机上。工作组中的每台计算机,即可作为工作站又可作为服务器,同时它们也分别管理自己的用户账号和安全策略,只要经过适当的权限设置,每台计算机都可以访问其他计算机中的资源,也可提供资源给其他计算机使用,如图 7.6 所示。

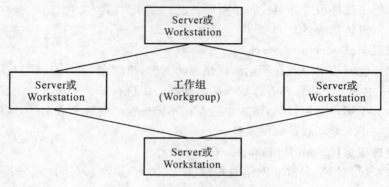

图 7.6　工作组模型

工作组模式的优点是:对少量较集中的工作站很方便,容易共享分布式资源,管理员维护工作少,实现简单。但也存在一些缺点:不适合工作站数量较多的网络,无集中式账号管理、资源管理及安全性管理。

2. 域模型

域是安全性和集成化管理的基本单元,是一组服务器组成的一个逻辑单元,属于该域的任何用户都可以只通过一次登录而达到访问整个域中所有资源的目的。

以 Windows NT 为例,在一个域中(见图 7.7),只能有一个主域控制器(Primary Domain

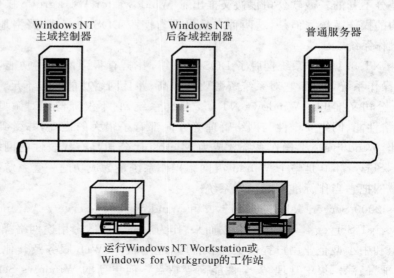

运行Windows NT Workstation或
Windows for Workgroup的工作站

图 7.7　Windows NT 域的构成

Controller),它是一台运行 Windows NT Server 操作系统的计算机;同时,还可以有后备域控制器(Backup Domain Controller)与普通服务器,它们都是运行 Windows NT Server 操作系统的计算机。主域控制器负责为域用户与用户组提供信息。后备域控制器的功能是提供系统容错,它保存着域用户与用户组信息的备份。后备域控制器可以像主域控制器一样处理用户请求,在主域控制器失效的情况下它将自动升级为主域控制器。

7.3.3　Unix 操作系统

1969 年,贝尔实验室肯. 汤姆逊在小型计算机 PDP-7 上,由早期的 Mutics 型系统开发而形成 Unix,经过不断补充修改,且与 Richie 一起用 C 语言重写了 Unix 的大部分内核程序,于 1972 年正式推出。它是世界上使用最广泛、流行时间最长的操作系统之一,无论微型计算机、工作站、小型机、中型机、大型机乃至巨型机,都有许多用户在使用。Unix 已经成为注册商标,多用于中、高档计算机产品。

Unix 操作系统经过几十年的发展,产生了许多不同的版本流派。各个流派的内核是很相像的,但外围程序等其他程序有一定的区别。现有两大主要流派,分别是以 AT&T 公司为代表的 Sywtem V,其代表产品为 Solaris 系统;另一个是以伯克利大学为代表的 BSD。

Unix 操作系统的典型产品有:

① 应用于 PC 机上的 Xenix 系统、SCO Unix 和 Free BSD 系统。

② 应用于工作站上的 SUN Solaris 系统、HP-UX 系统和 IBM AIX 系统。

一些大型主机和工作站的生产厂家专门为它们的机器开发了 Unix 版本,其中包括 SUN 公司的 Solaris 系统,IBM 公司的 AIX 和惠普公司的 HP-UX。

1. Unix 操作系统的组成结构

Unix 操作系统由下列几部分组成:

① 核心程序(kernel)——负责调度任务和管理数据存储;

② 外围程序(shell)——接受并解释用户命令;

③ 实用性程序(utility program)——完成各种系统维护功能;

④ 应用程序(application)——在 Unix 操作系统上开发的实用工具程序。

Unix 系统提供了命令语言、文本编辑程序、字处理程序、编译程序、文件打印服务、图形处理程序、记账服务、系统管理服务等设计工具,以及其他大量系统程序。Unix 的内核和界面是可以分开的。其内核版本也有一个约定,即版本号为偶数时,表示产品为已通过测试的正式发布产品,版本号为奇数时,表示正在进行测试的测试产品。

Unix 操作系统是一个典型的多用户、多任务、交互式的分时操作系统。从结构上看,Unix 是一个层次式可剪裁系统,它可以分为内核(核心)和外壳两大层。但是,Unix 核心内的层次结构不是很清晰,模块间的调用关系较为复杂,图 7.8 所示是经过简化和抽象的结构。

外壳(shell)是 Unix 系统的用户接口,既是终端用户与系统交互的命令语言,又是在命令文件中执行的程序设计语言,用户可以通过 Shell 语言灵活地使用 Unix 中的各种程序。如今许多路由器、交换机等网络产品的内部系统所采用的命令均与 Unix 操作系统十分相似。

2. Unix 操作系统的特点

Unix 系统是一个支持多用户的交互式操作系统,具有以下特点:

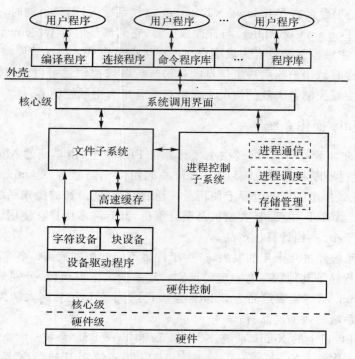

图 7.8　Unix 系统结构

① 可移植性好。使用 C 语言编写，易于在不同计算机之间移植。

② 多用户和多任务。Unix 采用时间片技术，同时为多个用户提供并发服务。

③ 层次式的文件系统，文件按目录组织，目录构成一个层次结构。最上层的目录为根目录，根目录下可建子目录，使整个文件系统形成一个从根目录开始的树型目录结构。

④ 文件、设备统一管理。Unix 将文件、目录、外部设备都作为文件处理，简化了系统，便于用户使用。

⑤ 功能强大的 shell。shell 具有高级程序设计语言的功能。

⑥ 方便的系统调用。系统可以根据用户要求，动态创建和撤销进程；用户可在汇编语言、C 语言级使用系统调用，与核心程序通信，获得资源。

⑦ 有丰富的软件工具。

⑧ 支持电子邮件和网络通信，系统还提供在用户进程之间进行通信的功能。

当然，Unix 操作系统也有一些不足，如用户接口不好，过于简单；种类繁多，且互相不兼容。

Unix 操作系统经过不断的锤炼，已成为一个在网络功能、系统安全、系统性能等各方面都非常优秀的操作系统。其多用户、多任务、分时处理的特点影响着一大批操作系统，如 Linux 等均是在其基础上发展而来。

3. Unix 操作系统的工作态

Unix 有两种工作态：核心态和用户态。Unix 的内核工作在核心态，其他外围软件包括用户程序工作在用户态。用户态的进程可以访问它自己的指令和数据，但不能访问核心和其他进程的指令和数据。一个进程的虚拟地址空间分为用户地址空间和核心地址空间两部分,核心地址空间只能在核心态下访问,而用户地址空间在用户态和核心态下都可以访问。当用户态下的用户进程执行一个用户调用时,进程的执行态将从用户态切换为核心态,操作系统执行并根据用户请求提供服务;服务完成,由核心态返回用户态。

4. Unix 操作系统的网络操作

Unix 具有丰富的网络操作功能,其中包括如下一些内容。

(1)显示局域网中各计算机的状态命令:ruptime;

(2)显示网络中的用户信息命令:rwho(显示网络中所有用户信息)和 finger(显示网络中指定主机上的用户的信息);

(3)远程登录命令:rlogin(用于 Unix 系统)和 telnet(用于非 Unix 系统);

(4)文件传送命令:rcp(用于 Unix 系统)和 ftp(用于非 Unix 系统);

(5)网络文件共享 NFS(Network File System)安装和卸载命令:mount 和 umount;

(6)电子邮件命令:mail 和 mailx;

(7)系统配置与系统管理命令。

7.3.4　Linux 操作系统

Linux 操作系统是一个免费的软件包,它支持很多种软件,其中包括大量免费软件。最初发明设计 Linux 操作系统的是一位芬兰年轻人 Linux B. Torvalds,他的目标是使 Linux 能够成为一个能够基于 Intel 硬件的、在微型机上运行的、类似于 Unix 的新的操作系统。Linux 操作系统虽然与 Unix 操作系统类似,但它并不是 Unix 操作系统的变种。Torvalds 从开始编写内核代码时就仿效 Unix,几乎所有 Unix 的工具与外壳都可以运行在 Linux 上。因此,熟悉 Unix 操作系统的人就能很容易掌握 Linux。Torvalds 将源代码放在芬兰最大的 FTP 站点上,建成了一个 Linux 子目录来存放这些源代码,结果 Linux 这个名字就被使用起来了。在以后的时间里,世界各地的很多 Linux 爱好者先后加入到 Linux 系统的开发工作中。

1. Linux 操作系统的组成

Linux 由三个主要部分组成:内核、shell 环境和文件结构。内核(kernel)是运行程序和管理诸如磁盘和打印机之类的硬件设备的核心程序。shell 环境(environment)提供了操作系统与用户之间的接口,它接收来自用户的命令并将命令送到内核去执行。文件结构(file structure)决定了文件在磁盘等存储设备上的组织方式。文件被组织成目录的形式,每个目录可以包含任意数量的子目录和文件。内核、shell 环境和文件结构共同构成了 Linux 的基础。在此基础上,用户可以运行程序、管理文件,并与系统交互。

Linux 本身就是一个完整的 32 位的多用户多任务操作系统,因此不需要先安装 DOS 或其他操作系统(如 Windows,OS/2,MINIX)就可以直接进行安装,当然,Linux 操作系统可以与其他操作系统共存。

2. Linux 操作系统的特点

作为操作系统,Linux 操作系统几乎满足当今 Unix 操作系统的所有要求,因此,它具有 Unix 操作系统的基本特征。Linux 操作系统适合作 Internet 标准服务平台,它以低价格、源代码开放、安装配置简单等特点,对广大用户有着较大的吸引力。Linux 操作系统可用于 Internet 中的应用服务器,例如 Web 服务器、DNS 域名服务器、Web 代理服务器等。

Linux 操作系统与 Windows NT、NetWare、Unix 等传统网络操作系统最大的区别是：Linux 开放源代码。正是由于这点，才引起了人们的广泛注意。

与传统网络操作系统相比，Linux 操作系统主要有以下特点：

① 不限制应用程序可用内存大小；

② 具有虚拟内存的能力，可以利用硬盘来扩展内存；

③ 允许在同一时间内运行多个应用程序；

④ 支持多用户，在同一时间内可以有多个用户使用主机；

⑤ 具有先进的网络能力，可以通过 TCP/IP 协议与其他计算机连接，通过网络进行分布式处理；

⑥ 符合 Unix 标准，可以将 Linux 上完成的程序移植到 Unix 主机上去运行；

⑦ 是免费软件，可以通过匿名 FTP 服务在"sunsite. ucn. edu"的"pub/Linux"目录下获得。

3. Linux 的网络功能配置

Linux 具有强大的网络功能，可以通过 TCP/IP 协议与网络连接，也可以通过调制解调器使用电话拨号以 PPP 连接上网。一旦 Linux 系统连上网络，就能充分使用网络资源。Linux 系统中提供了多种应用服务工具，可以方便地使用 Telnet、FTP、mail、news 和 WWW 等信息资源。不仅如此，Linux 网络操作系统为 Internet 丰富的应用程序提供了应有的平台，用户可以在 Linux 上搭建各种 Internet/Intranet 信息服务器。当然，要实现这些功能首先要完成 Linux 操作系统的网络功能设置。

Linux 系统上存在着许多配置文件，用来管理和配置 Linux 系统网络。Linux 还提供了一个非常容易使用的网络配置工具：netcfg。该工具打开后，在窗口中有 4 个面板，分别是名称（Name）、主机（Hosts）、接口（Interfaces）和路由（Routing），所有的网络配置信息都可以在这些面板上完成。除了 netcfg 以外，Linux 还有其他网络配置工具，比如 Linuxconf。用户也可以使用 ifcong 和 route 来配置网络接口。有关这方面的细节，读者可参看有关书籍。

思考题

7-1 在网上查找国际和国内各因特网管理组织的网页，并简单介绍你查到的组织的工作内容。

7-2 在你的计算机上安装 Windows 2003 或 2008 Server，了解其使用。

7-3 在你的计算机上安装 Linux，了解其使用。

第8章 网际互联:IP

IP 地址是 Internet 中的通信地址。当一个主机传送数据时,数据先被分解为一个个 IP 数据报,然后根据 IP 协议(Internet Protocol,网际互联协议)通过 Internet 上多个网络逐个传接,最终传送到目的主机。当一个 IP 数据报的长度超过所经过网络的最大传输单元大小限制时,需要将该 IP 数据报分段,变成多个 IP 数据报继续传送,在目的主机再将分段重组为原来的 IP 数据报。当 IP 数据报通过某个网络时,是被封装在该网络的数据链路层帧中传送的,下一跳主机或路由器的数据链路层地址是通过 ARP 地址解析协议由其 IP 地址解析的。Internet 上控制信息的传送由 ICMP 协议负责。

通过本章的学习,掌握 IP 地址及其分配方法,了解 IP 数据报的格式及其分段和重组,掌握 IP 数据报的转发方式,了解 ARP 协议和物理地址与 IP 地址的关系,了解 ICMP 协议。建议学时:4 学时。

8.1 IP 地址

如果把 IP 的数据传送比作邮局的邮信过程,IP 地址就是发信人(源主机)和收信人(目的主机)的通信地址。Internet 中网络和主机数量的迅速增加,迫使 IP 地址的分配方法多次改变以解决 IP 地址数量不足的问题。

8.1.1 IP 地址分类及其表示

IP 地址是固定长度的 4 个字节(32 位)的二进制数。它的结构是:网络号(netid)+主机号(hostid)。网络号标识了该主机(网络设备)所属的物理网络,主机号则是该主机在所属网络中的具体地址。

IP 地址分为五类(图 8.1),其中 A、B、C 类被称为基本类,用于单个主机的地址,D 类是组播地址,E 类是保留地址。

(1)A 类地址:最高位必须是"0",适用于规模达 1700 万台主机的大型网络中的主机。

(2)B 类地址:最高位必须是"10",适用于中等规模的网络中的主机。

(3)C 类地址:最高位必须是"110",适用于小规模的网络中的主机。

(4)D 类地址:Internet 上的主机除了拥有自己独特的 IP 地址外,还可以设置若干组播 IP 地址。同一组的主机具有同一个组播 IP 地址。当 IP 数据报中的目的 IP 地址是一个组播 IP 地址时,数据将发往该组的所有主机。组播需要由特定的组播路由器实现。

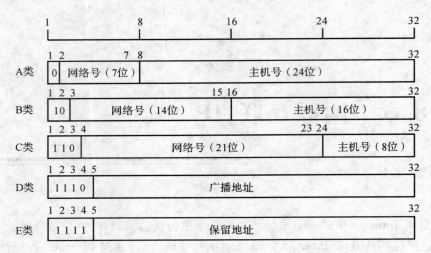

图 8.1　IP 地址编址方案

三类 IP 地址中所包含的最大网络数目和一个网络中最大主机数目（包括特殊 IP 在内）如表 8.1 所示。

表 8.1　三种主要 IP 地址所包含的网络数和主机数

地址类	前缀二进制位数	后缀二进制位数	网络最大数	网络中最大主机数
A	7	24	128	16 777 216
B	14	16	16 384	65 536
C	21	8	2 097 152	256

IP 地址的网络号是由 InterNIC（Internet 网络信息中心）在全球范围统一分配的。当一个企业或机构的网络要加入 Internet 时，可以向 InterNIC 申请一个网络号标识自己的网络，然后自己分配主机号给网络中的主机，并要保证同一网络中不同主机的主机号互不相同。这样构成的 IP 地址在全球范围内是不会被重复分配的，又被称为公网 IP。

IP 地址是 32 位二进制数，不便于用户输入、读数和记忆，因此通常用一种点分十进制数来表示，其方法是将 32 位二进制数分为 4 组，每组 8 位二进制数用一个十进制数表示，该十进制数的值的范围为 0 到 255，4 个十进制数间用点号分离开来。例如 IP 地址"01101010 00000001 00000010 00000100"表示为 106.1.2.4，代表网络号为 106 的一个 A 类网络中的一个主机的 IP 地址。IP 地址范围为 0.0.0.0 到 255.255.255.255。

采用点分十进制数表示后，5 类 IP 地址可以根据第一个字节的十进制数的数值区分，具体如表 8.2 中所列，其中还包括一些特殊 IP 和私网 IP。所谓私网 IP 是指这个 IP 地址的网络号无需 InterNIC 统一分配，而是由本地自由分配的。因此私网 IP 不能保证全球唯一性，只能使用在企业、机构或个人的私有网络中。

表 8.2 IP 地址范围及说明

地址类	第一字节数值	特殊 IP 说明
A	0～127	0.0.0.0 保留，作为本机 0.x.x.x 保留，指定本网中的某个主机 10.x.x.x，私网 IP 127.x.x.x 保留用于回送，在本地机器上进行测试和实现进程间通信。发送到 127 的分组永远不会出现在任何网络上
B	128～191	172.16.x.x～172.31.x.x，用于私网 IP
C	192～223	192.168.0.x～192.168.255.x，用于私网 IP
D	224～239	组播地址
E	240～255	255.255.255.255 用于对本地网上的所有主机进行广播，地址类型为有限广播

此外，主机号的所有位全为"0"或全为"1"的 IP 地址不用于表示单个主机。前者是网络地址，用于标识一个网络，如 106.0.0.0 指明网络号为 106 的一个 A 类网络。后者是广播地址，如 106.255.255.255 用于向位于 106.0.0.0 网络上的所有主机广播。

8.1.2 IP 地址分配与子网划分

由于 Internet 的迅速发展，越来越多的网络和主机加入 Internet，IP 地址分类方案逐渐显示出其 IP 地址利用率方面的缺陷。我们可以看出 A 和 B 类网的 IP 地址数占了全部 IP 地址数的四分之三，而 A 和 B 类网络的数量很少，因此 A 和 B 类网络号迅速被分配殆尽。然而，对于已取得 A 和 B 类网络号的企业、机构来说，所拥有的网络号下包含的 IP 地址数往往大大超过了网络中实际拥有的主机的数量。

基于这种情况，为了提高 IP 地址的利用率，Internet 在 20 世纪 80 年代发布的 RFC950 中引入了子网划分技术。子网划分是把 IP 地址中的主机号划分成子网号和主机号两部分，从而把一个大型网络划分成许多较小的子网（subnet）。这样原来拥有 A、B 类网络号的企业就可以成为 Internet 服务提供商（ISP），将其拥有的网络划分成子网分配给其他企业、机构或个人网络使用。各个子网通过 ISP 的网络接入 Internet。

图 8.2 显示了一个 B 类地址的子网划分，其 16 位主机号的高 7 位做为子网号，低 9 位做主机号。

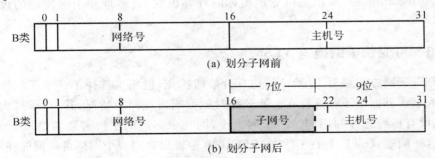

图 8.2 B 类地址子网划分

采用子网划分后，单从一个主机的 IP 地址中是无法判断出其所在网络（网络号＋子网号)的,因此设计了子网掩码(Subnet Mask)作为补充。子网掩码也称为网络掩码,与 IP 地址一样是一个 32 位的二进制数。子网掩码的前面一部份全是二进制"1",其长度对应 IP 地址中的网络号＋子网号部分,后面一部分全是二进制"0",对应 IP 地址中的主机号部分。如图 8.2 中的子网划分可以用子网掩码 11111111 11111111 11111110 00000000 表示。为便于记忆,该子网掩码也可以用点分法记为 255.255.254.0。为了与以前的标准兼容,无子网的 A、B、C 三类地址也可以给出子网掩码如下:

　　A 类地址的网络掩码为 255.0.0.0;

　　B 类地址的网络掩码为 255.255.0.0;

　　C 类地址的网络掩码为 255.255.255.0。

　　此外在子网中主机号所有位全为二进制"0"的 IP 地址用于标识该子网,主机号全为二进制"1"的 IP 地址是该子网的广播地址,都不可用于主机地址。

　　用子网掩码与 IP 地址按二进制位做逻辑"与"运算,就可以得到该 IP 地址所属的子网 IP 地址。例如已知一个 B 类 IP 地址 128.21.3.12,如果子网掩码为 255.255.254.0,则其子网的 IP 地址可以计算如下:

$$\begin{array}{ll} & 10000000\ 00010101\ 00000011\ 00001100 \qquad (\text{IP 地址 } 128.21.3.12) \\ \text{"与"运算} & 11111111\ 11111111\ 11111110\ 00000000 \qquad (\text{子网掩码 } 255.255.254.0) \\ \hline \text{结果} \quad & 10000000\ 00010101\ 00000010\ 00000000 \qquad (\text{子网地址 } 128.21.2.0) \end{array}$$

　　要标识一个子网,也必须同时给出子网地址和子网掩码,为简单起见,通常表示成如 128.21.2.0/23 的形式,其中/23 表示掩码前面有 23 个"1",也就是 16 位 B 类网络地址加上 7 位子网地址的长度。再举个例子说明:一个 C 类网络 192.168.23.0,可划分为 4 个子网 192.168.23.0/26、192.168.23.64/26、192.168.23.128/26 和 192.168.23.192/26,也可以划分为两个子网 192.168.23.0/25 和 192.168.23.128/25。可以看到相同的子网 IP 地址(如 192.168.23.0/26 和 192.168.23.0/25)因子网掩码不同而代表两个不同大小的子网。

　　设置一个主机的 IP 地址时也必需同时设置其子网掩码,因为这样才能确定该主机所在的网络地址(IP 数据报传送时根据主机所在的网络地址确定目的主机是否与源主机在同一网络)。在 Windows XP 的"开始"菜单中单击"运行",键入"cmd",打开命令窗口。在命令窗口中键入"ipconfig"命令,则可以显示出你的计算机的 IP 地址和子网掩码的设置值(图 8.3)。

8.1.3　可变长子网掩码 VLSM

　　虽然划分子网方法是对 IP 地址结构有价值的扩充,但一旦选择了一个子网掩码,所划分的子网大小也就固定了。这样在子网分配时就可能出现两种情况:其一,子网太大,其中的 IP 地址没有得到充分利用;其二,子网太小,同一个部门的主机需要两个以上的子网容纳。针对这一问题,IETF 于 1987 年在 RFC1009 中提出对同一个网络可以同时使用不同大小的子网掩码划分,也就是 RFC1878 中给出的可变长子网掩码(Variable Length Subnet Mask)。采用 VLSM,网络管理员能够按各部门网络中的主机数灵活定制子网掩码,从而使一个组织的 IP 地址空间被更有效的使用。

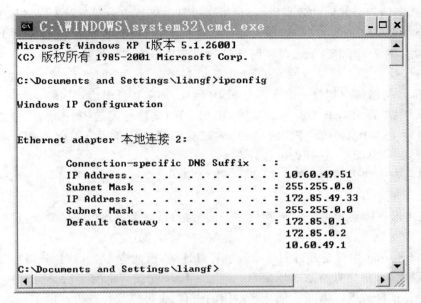

图 8.3　通过 ipconfig 命令查看主机 IP 地址和子网掩码

我们在表 8.3 中通过一个企业内部的 C 类网络的子网划分为例来说明 VLSM。从中可以看到,通过 VLSM 可以将网络划分为大小不同的子网,并根据各部门主机数灵活分配给不同的部门。

表 8.3　子网划分与 VLSM

子网划分	一个固定掩码		多个掩码(VLSM)	
	子网地址	子网主机数	子网地址	子网主机数
总部子网	192.168.23.0/26	$2^6-2=62$	192.168.23.0/25	$2^7-2=126$
市场部子网	192.168.23.64/26	$2^6-2=62$	192.168.23.128/26	$2^6-2=62$
财务部子网	192.168.23.128/26	$2^6-2=62$	192.168.23.192/27	$2^7-2=126$
技术部子网	192.168.23.192/26	$2^6-2=62$	192.168.23.224/27	$2^7-2=126$

8.1.4　无类别域间路由(Classless InterDomain Routing,CIDR)

前面提到 A 和 B 类网络数量少而规模大,因此可以将其划分为子网提高 IP 地址空间的利用率。这里我们再考虑 C 类网络的情况。C 类网络数量很多,可是其规模(254 个主机地址)往往不够大,这样在 A、B 类网络被分配殆尽的情况下,对一个主机数超过 254 个的网络,就得分配两个或更多的 C 类网络号。可是这样也就把一个网络变成了多个网络,原本一个网络内部的数据传送也就变成不同网络间的通信,还需要增加路由器连接不同网络。针对这种情况,RFC 1517～RFC 1520 中提出的无类别域间路由(Classless Inter Domain Routing,CIDR)对 IP 地址分配方法进行了彻底的改革,其特点是不再区分 A、B、C 类网络,而是将 IP 网络地址空间看成是一个整体,划分成大小不同的连续的地址块分配。

实际上如果 CIDR 选择的连续 IP 地址块属于一个大型网络(如 A、B 类网络)中的一块的话,则起到子网划分相同的效果,也就是说通过将主机号的一部分做为网络号来将大型网络变成多个小型网络。另一方面,如果 CIDR 选择的连续 IP 地址块包含了多个小型网络(如 C 类网络)的话,则相当于通过将网络号的一部分作为主机号将多个小型网络变成一个较大的网络。我们举个例子说明 CIDR(见图 8.4)。假设一个网络有 1000 个主机,如果不能通过在 A、B 类网络中划分一个子网分配 IP 地址,则需要分配给该网络 4 个 C 类网络,例如 192.1.0.0/24 到 192.1.3.0/24。采用 CIDR,可以同样分配这些 IP 地址,但是做为一个连续的地址块 192.1.0.0/22 分配的,表示前 22 位是网络号(叫做 CIDR 前缀),整个地址块被认为属于同一个网络。这样做的好处在于:

(1) 同一企业网内部的计算机即使在不同 C 网中,也被认为属于同一网络,无需通过路由器通信。

(2) 路由器不需要为每个 C 网提供一个网络接口,减少了路由器的复杂度和配置,降低购买成本。

(3) 在 Internet 中都是通过网络地址进行寻址的,因此有 4 个 C 网,就得在每个路由器的地址表(路由表)中放置 4 条地址信息。通过 CIDR 变成一个网络后,只需要一个地址信息就可以了。这样就既可以减小地址表占用的内存,也可以加快查表速度。

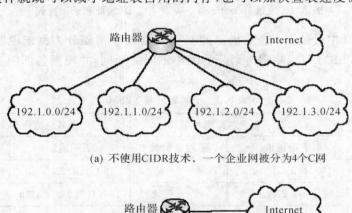

(a) 不使用CIDR技术,一个企业网被分为4个C网

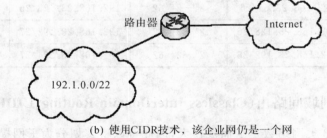

(b) 使用CIDR技术,该企业网仍是一个网

图 8.4　CIDR 技术

CIDR 还具有地址汇总功能。由于 Internet 上网络数量的飞速增加,如果没有 CIDR 技术,每个路由器的路由表都得为每个网络放置一条地址信息,这样地址信息就达到数万乃至数十万条,使路由器的内存需求加大,寻址速度变慢,建立路由表的开销也非常大。而采用 CIDR,则可以做 IP 地址汇总(或称超网,Supernetting)。超网是指将多个小型网络汇总为一个较大的网络,我们以图 8.5 为例说明。图中一个 ISP 的网络中包括 8 个连续的 C 类网络(从 192.1.8.0/24 到 192.1.15.0/24)。应用 CIDR 后,这 8 个 C 类网可以汇总成一个超

网 192.1.8.0/21 表示。这样做的好处在于，该超网以外的路由器的路由表都只用记录一条该超网的地址信息，超网内部的路由器则可以记录 8 条 C 网地址信息。这样路由表中路由条目的数量大大减少。IP 数据报传送时，在超网外按超网地址寻址，进入超网后按 C 网寻址。IP 寻址的具体过程将在后面详述。

利用 CIDR 实现地址汇总有两个基本条件：首先，待汇总地址的网络号拥有相同的高位，如图 8.4 中 8 个待汇总的网络地址的第 3 个位域的前 5 位完全相等，均为 11100；其次，待汇总的网络地址数目必须是 2n，如 2 个、4 个、8 个、16 个等等，否则，可能会导致路由黑洞（汇总后的网络可能包含实际中并不存在的子网）。

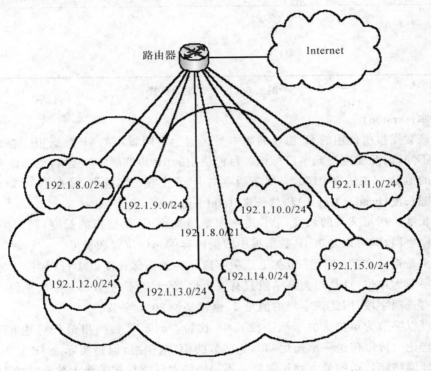

图 8.5　CIDR 超网

8.2　IP 数据报

邮信时我们将信封装在信封中，在信封上写上发信人和收信人的地址，由邮局根据收信人的地址传送信件。在 Internet 上数据被封装在 IP 数据报中，在 IP 数据报的头部有源主机和目的主机的 IP 地址等信息，由 IP 协议软件模块根据目的主机的 IP 地址传送 IP 数据报。

8.2.1　IP 数据报的格式

IP 数据报中除了源 IP 地址和目的 IP 地址外，还有其他一些传送服务需要的控制信息，其格式如图 8.6 所示。为了方便记忆，图中按每行 4 个字节 32bit 排列。

0　1　2　3　4　5　6　7　8　9　10　11　12　13　14　15　16　17　18　19　20　21　22　23　24　25　26　27　28　29　30　31

版本号	头部长度	服务类型		总长度
标识			标志位	分段偏移
生存时间		协议		头部校验和
源 IP 地址				
目的 IP 地址				
选项(可以省略)				填充域
数据区				

图 8.6　IP 数据报的格式

1. 版本(version)

表示该数据报所使用的 IP 协议的版本号。因为不同版本的 IP 数据报文格式不同,协议软件也不同,因此要通过此字段标识。目前使用的 IP 协议版本号是 4,也称作 IPv4,因此这个字段的值是 4(二进制 0100)。更新版本的 IPv6 正在走向应用,将在第 17 章介绍。

2. 头部长度(header length)和总长度(total length)

头部长度是指报文头的长度,总长度字段是指整个 IP 数据报的长度,利用头部长度字段和总长度字段,就可以知道 IP 数据报中数据内容的起始位置和长度。

报文头是指报文前 20 个字节加上选项字段。注意头部长度以 1 行(4 字节或 32 位)而不是一个字节为单位,这是因为该字段只有 4 个位,最大值不超过 15。一般来说,IP 数据报中往往没有选项字段,因此该字段的值是 5,也就是说 20 个字节。

总长度以字节为单位。由于该字段长 16 比特,所以 IP 数据报最长可达 65535 字节。注意尽管理论上可以传送一个长达 65535 字节的 IP 数据报,但是实际上 IP 数据报的大小还受到本地网络能传送的最大帧长限制。不同网络对其能传送的最大数据帧的大小都有规定,我们把这个大小叫做该网络的最大传输单元(Maximum Transmission Unit,MTU)。例如按 ADSL 接入(采用 PPPoE)的 MTU 值是 1492,其余各种宽带的 MTU 值标准设置都是 1500,而 Windows 操作系统中默认的 IP 数据报最大值为 1500。

3. 服务类型(Type of Service,TOS)

服务类型(TOS)字段前 3 位是优先权子字段,表明该数据报的重要程度,其值是 0~7,其中 0 表示一般优先权,而 7 为最高优先权。接下来 3 位是 D(延迟,Delay)、T(吞吐率,Throughput)和 R(可靠性,Reliability)。当 D、T、R 置 1 时,分别代表:最小时延、最大吞吐率、最高可靠性,但 IP 协议规定 D、T、R 同时只能有一位为 1。D、T、R 三位为 0 时,那么就意味着是一般服务。最后两位是 ECT 和 CE,用于拥塞控制,这里不做介绍。

4. 标识(identification)、标志位(flag)和片偏移(fragment offset)

标识字段占 16 位,标志字段占 3 位,片偏移字段占 13 位,用于 IP 数据报的分段和重组,详见 8.2.2 节。

5. 生存时间 TTL(Time-To-Live，TTL)

TTL 指定了数据报的生存时间。Internet 是在动态变化的，因此可能出现"迷路"的 IP 数据报在 Internet 上无限制的漫游。为了避免因这些数据报的不断积累而耗损大量带宽，TTL 字段设置了数据报可以经过的最大的路由器数，或叫"最大跳数"。IP 数据报中 TTL 的初始值由源主机设置，通常为 32 或 64，每经过一个中间路由器也就是"一跳"，该数据报中 TTL 的值就减去 1。当路由器发现一个数据报的 TTL 值为 0 时，就丢弃该数据报，并发送 ICMP 报文通知源主机。

6. 协议(protocol)

协议字段占 8 位，指示传输层所采用的协议，如 TCP、UDP 或 ICMP 等。目的主机的 IP 模块根据此字段将数据送给相应的传输层模块处理。

7. 头部校验和(header checksum)

是报文头的校验和，占 16 位。此字段只检验数据报的头部，不包括数据区。在传输过程中，任何路由器发现 IP 数据报报文头的错误，就会将该数据报丢弃，并通过 ICMP 报文通知源主机。

8. 源 IP 地址(Source IP Address)和目的 IP 地址(Destination IP Address)

源 IP 地址是指源计算机的 IP 地址，目的 IP 地址是指目的计算机的 IP 地址。

9. 选项(Option)和填充域(PAD)

选项字段用来支持排错、测量以及安全等措施。因为该字段可以被省略，也可以根据需要选择不同内容，因此被称为选项。根据选项的不同，该字段是可变长的，从 1 字节到 40 字节。由于头部长度以 4 字节为长度单位，因此如果选项字段的长度不是 4 字节的整数倍，还要在后面加入填充字节(PAD)，使报文头的长度保持为 4 字节的整数倍，从而能够正确定位数据区的起始位置。

8.2.2　IP 数据报的分段和重组

IP 数据报跨越不同的网络，在传送过程中就有可能碰到数据报的大小超过所要通过的网络的 MTU 值的情况。这样就需要将一个数据报分割为两个或更多的数据报分别传送（见图 8.7）。

图 8.7　IP 数据报的分割

被分割出来的数据报被称为分段(fragment)。分割的方法如图 8.8 所示。每个分段都有与原数据报基本相同的头部，包括相同的源和目的 IP 地址，特别是要具有与原始数据报相同的标识字段值。通常源主机发出的每个数据报都要设置一个标识(identificaiton)字段值，其取值是不断递增，直至达到最大值后再从 0 重新开始，由此可以保证在相当长的一段时间内是不同数据报的标识是不会相同的。而分段采用相同的标识值就可以表明这些分段由同一个数据报分割而来。

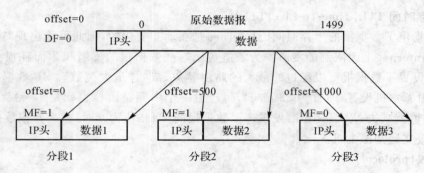

图 8.8 IP 数据报的分割方法

原数据报基本相同的头部,包括相同的源和目的 IP 地址,特别是要具有与原始数据报相同的在分段的标志位(flags)要做相应的设置。三个标志位中目前只有前两个比特有意义。其中最低位记为 MF(More Fragment),对前面的分段要设置 MF＝1,即表示后面"还有分片"的数据报,而最后一个分段要设置 MF＝0,表示这已是最后一个分段。

要注意的是标志位 DF(Don't Fragment)表示该数据报是否允许被分割。只有当 DF＝0 时才允许分割。如果在源主机发出 IP 数据报时将其 DF 设置为 1,则不允许分割,遇到必须分段通过的网络时就不能通过,只好删除,并通过 ICMP 报文通知源主机。

报头中的分段偏移字段(offset)值指出该分段中的数据在原始数据报中的数据区的位置。当目的主机接收到这些分段时,由 IP 根据 offset 字段值将分段重组(reassembly)。分段偏移以 8 字节为一个单位,也就是说每个分段的长度一定是 8 字节(64 位)的整数倍。

由于每个分段都是一个独立的 IP 数据报,因此可能沿不同的路径传输,也可能在传送过程中被损坏或丢失。只有最终目的主机才能对分段进行重组,得到完整的数据。如果一个分段在传输过程中损坏或丢失,则将所有其他分段也一并丢弃。

8.3 IP 数据报的传送

8.3.1 IP 的数据传送服务

IP 为连接到 Internet 上的主机提供了数据传送的服务:源主机生成 IP 数据报,并将数据交给离自己最近的路由器(网关),传送路径上的每个路由器负责将 IP 数据报传送给下一个路由器,由最后一个路由器将 IP 数据报传送给目的主机(见图 8.9)。

IP 的数据传送服务有两大特点:首先它是无连接(connectionless)的,也就是说 IP 数据报在传送之前不需要先在源主机和目的主机间建立好传送路径,而是由每个路由器根据接收到的每个数据报的目的 IP 地址临时确定当时最佳的传送路径,对每个数据报的传送是相互独立的;其次它是尽最大努力(best effort)的,更确切的说是尽量做到最好,但却是不可靠(unreliable)的。

IP 数据传送的不可靠性表现在 IP 数据报在传送过程中可能被损坏、丢失、重复发送或出现报文序错误。由于现在常用的网络接口协议如以太网协议往往不采用出错重传机制,则 IP 层接收到的报文可能被损坏(damage,报文部分数据位被改变)或丢失(lost,整个报文

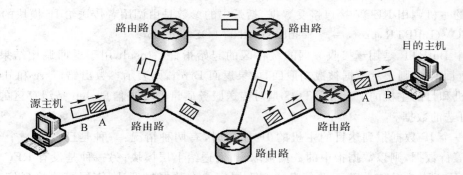

图 8.9　IP 的无连接传送服务与包序错误

完全丢失）。IP 为了达到最大的传输效率只检测报文头是否被损坏，而发现损坏则只是简单丢弃该数据报。此外在发生拥塞现象时路由器也会丢弃一些报文来缓解拥堵。这样就往往得依靠 IP 上层的传输层协议或应用层程序来检测数据报是否损坏、丢失或被丢弃，并重新传送出错的数据报。有时候一个 IP 数据报的传送时间的延迟也可以引发上层协议的重传机制，这样就会出现同一个报文重复发送（duplicate）并被重复接受的现象。由于是无连接的传输，如果某源主机向同一目的主机先后发送两个数据报 A 和 B（见图 8.9），每个数据报都是独立地进行路由选择，就可能选择不同的路线，而 B 也就可能在 A 到达之前先到达。这就是说，IP 数据报的发送顺序和接收顺序可能不同，即所谓报文序错误（disorder）。

　　IP 传送由主机和路由器中的 IP 模块实现，该模块为上层的应用程序或传输层协议模块（TCP 或 UDP）提供数据传送服务，并利过其下层的网络接口模块的服务将 IP 数据报通过本地网络传送（见图 8.10）。

　　IP 模块为上层模块提供的服务接口根据不同的操作系统有所不同，但其基本功能是类似的。这些接口实际上往往就是可以调用的软件函数。源主机在发送数据时，调用 SEND 服务，括弧中的参数是由调用者传送给 IP 模块的：

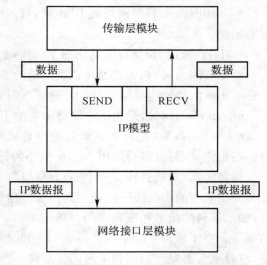

图 8.10　IP 模块与上下层协议模块间的接口

　　SEND（src, dst, prot, TOS, TTL, Buf-PTR, len, Id, DF, opt => result）

其中 src 和 dst 分别是源主机和目的主机的 IP 地址，prot 标识上层协议，TOS 是对传送服务质量的要求信息，BufPTR 表明要传送的数据所在的缓存区的起始指针，len 是数据的长度，Id 是数据的标识号，DF 表明是否允许分割。opt 表示是可选的，=> 表示是返回的信息，因此 result 是可选的返回信息，用于返回调用结果。

　　IP 模块接收到这个 SEND 调用，检查所有参数，从缓存区中取出数据，加上 IP 报头，封装（Encapsulate）成 IP 数据报，发送给下层的网络接口经本地网络发出。如果 result 返回 OK，则表示数据被成功发送，如果返回 Error，则表示参数出错或者本地网络出错。

目的主机调用 RECV 接口接受数据,括弧中的参数是由调用者传送给 IP 模块的:

RECV(BufPTR, prot, => result, src, dst, TOS, len, opt)

其中 BufPTR 是用于接收数据的缓存区的起始指针。result 用于返回调用结果,如果 result 返回 OK,则表示数据被成功取回,如果返回 Error,则表示参数出错。src 和 dst 分别是源主机和目的主机的 IP 地址,TOS 是对传送服务质量的要求信息,len 是缓存区的长度,opt 是可选的数据。

当一个 IP 数据报到达目的主机的 IP 模块时,有两种情况:一种是已经有一个 RECV 调用在等待数据,则该数据报中的数据被取出,发送给上层模块;另一种是没有 RECV 调用在等待,IP 模块就需要发送一个信息通知上层模块有数据报到达,上层模块接到信息后就调用 RECV 取数据。如果上层模块没有用户接收该数据,则 IP 模块会将数据报删除,并通过 ICMP 协议发送出错信息通知源主机。

8.3.2　IP 数据报的转发

IP 数据报的传送过程可以概括为寻径和转发两部分。寻径是指判定到达目的地的最佳路径,具体来说就是路由表中路由信息的建立和更新过程,将在下一章中介绍。转发是指沿寻径好的最佳路径传送 IP 数据报。转发过程是由路由器根据 IP 数据报中的目的 IP 地址在路由表中查找传送路径上的下一跳(下一个路由器或主机),并通过网络接口层连接发送给下一跳的路由器。如果目的主机所在的目的网络直接与该路由器相连,路由器就把数据报直接送到目的主机。

我们先来看看路由表中有什么内容。在 Widnows XP 的命令窗口中键入"route PRINT"命令,则可以显示出你的计算机的路由表(图 8.11)。可以看到路由表的内容包括

* Destination:目的网络的 IP 地址,目的网络是指目的主机所属的网络或者 CIDR 技术中的超网。
* Mask:掩码,是指目的网络的子网掩码。
* Interface:接口,是指通往该目的地的本主机(路由器)的网络端口 IP 地址。路由器或主机与不同网络的连接端口(网卡)具有不同的 IP 地址。
* Gateway:网关,是指下一跳路由器的 IP 地址。
* Metric:跳数,是代表该条路径质量的参数。一般情况下,如果有多条到达相同目的地的路由记录,路由器会采用 metric 值小的那条路由。

当路由器/主机要转发一个 IP 数据报时,它的 IP 协议模块会将该数据报的目的 IP 地址和路由表中的表项逐一比较。其比较过程是将目的 IP 地址和表项的掩码(Mask)进行位与,如果得到的结果和该表项的目的网络(Destination)相同,则说明该 IP 地址属于这个目的网络。由于采用 CIDR 技术,一个 IP 地址可以同时属于一个超网和超网中的一个子网络,有时也会出现而超网和子网同时出现一个路由表中的情况。这时会有两个以上的表项都符合目的 IP 地址,则规定目的网络地址掩码"1"位数最多(网络最小)的一个表项为符合项。找到了符合表项,就将 IP 数据报通过该表项 Interface 字段中的接口传给 Gateway 字段中的路由器。

主机中的路由表是在你对网卡的 TCP/IP 属性进行设置后自动生成的,使用 ipconfig 命令可以看到你电脑 IP 地址和网关的设置(见图 8.12),其中缺省网关(Default Gateway)

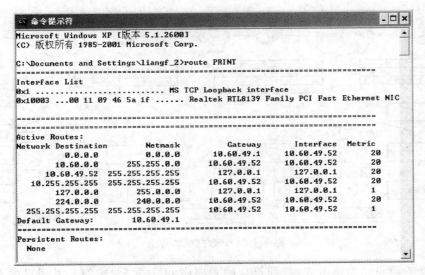

图 8.11　用 route PRINT 命令查看主机的路由表

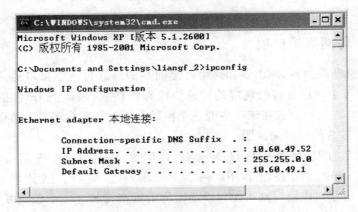

图 8.12　用 ipconfig 命令查看主机 IP 地址/掩码和网关的设置

是担任主机所在的本地网络与外界网络接口的路由器。因此可以看到在路由表中，这个网关对应的表项中 Destination 和 Mask 都是 0.0.0.0。这一项又叫缺省网关，因为所有的 IP 地址都会符合这一表项，而其掩码"1"位数为 0，从而只有当路由表中其他表项都不符合时才会按此表项发送数据报。通常在主机的路由表中，其他表项都属于本地网络，而缺省网关用于向所有非本地网络的传送。

我们以图 8.13 的例子说明这个传送过程。

源主机将一个 IP 数据报发往目的主机（202.183.55.2）的过程如下：

（1）源主机查看自己的路由表，由于目的主机不在源主机所在网络中，因此只有缺省表项（0.0.0.0/32）符合，因此源主机根据该表项将该数据报通过 202.183.58.11 接口送往路由器 R1 的 202.183.58.1 接口。

（2）R1 查看自己的路由表，找到符合的表项（202.183.55.0/24），并根据该表项将该数据报通过 202.183.56.1 接口送往路由器 R2 的 202.183.56.2 接口。

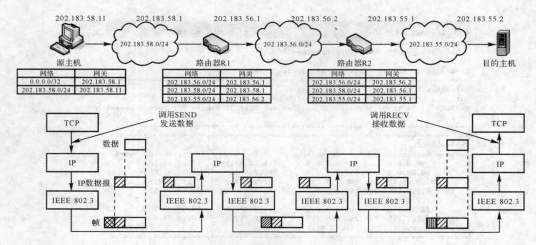

图 8.13 IP 数据报的传送

（3）R2 查看自己的路由表，找到符合的表项（202.183.55.0/24），发现目的 IP 地址属于自己直接连接的一个网络，因此将该数据报直接通过该网络接口 202.183.55.1 送往目的主机 202.183.55.2。

8.3.3 IP 与网络接口层

我们看看主机和路由器、路由器和路由器之间是如何通过网络接口传送 IP 数据报的。IP 数据报经过的各个网络有自己规定的传输协议和帧格式，因此当 IP 数据报进入某个网络前，要将整个 IP 数据报封装在该网络的一个帧的数据区。我们仍以上节图 8.15 中 IP 数据报由 R1 到 R2 传送的过程来说明。

（1）封装：R1 的 IP 协议模块接受到 IP 数据报，查路由表，确定要将该数据报经 202.183.56.1 端口转发给路由器 R2 的 202.183.56.2 端口。因此将该数据报交给 202.183.56.1 网络接口模块。网络接口模块则将数据报封装在一个数据帧中发往 R2。注意要使 R2 的 202.183.56.2 网络接口能够接收该数据帧，必须将该数据帧的目的地址设置为该网络接口的硬件地址。而该数据帧的源地址则是 R1 的 202.183.56.1 接口的硬件地址。

（2）解封：数据帧有 R1 传送到 R2 时，由 R2 的网络接口层从数据帧中解封出 IP 数据报，交给 IP 协议模块确定转发路径。

（3）由此每经过一个路由器都经过解封、路由和封装的过程，直至到达目的主机。如图 8.15 中一个 IP 数据报从源主机出发，通过三个网络和两个路由器最终到达目的主机。由于每个网络可能使用一种不同于其他网络的硬件技术，因此每个网络数据帧的格式也可能相应地不同，而更重要的是在不同网络中数据帧的目的地址和源地址是不同的（并不是固定为源主机和目的主机的硬件地址），但 IP 数据报在整个传输过程中是完全相同的，特别是其中目的 IP 地址和源 IP 地址是保持不变的。

8.3.4 地址解析协议（Address Resolution Protocol，ARP）

前面提到要将数据报经 202.183.56.1 端口转发给路由器 R2 的 202.183.56.2 端口，

在封装成数据帧时需要知道两个端口的硬件地址。这样就需要在硬件地址和 IP 地址间进行转换也就是所谓地址解析。地址解析协议 ARP 就是用来为两种不同的地址形式提供映射的：32 bit 的 IP 地址和数据链路层使用的任何类型的地址。RFC 826 是 ARP 规范描述文档。

地址解析协议其实有两种：ARP(地址解析协议)和 RARP(逆地址解析协议)。ARP 为 IP 地址到对应的硬件地址之间提供动态映射。我们之所以用动态这个词是因为这个过程是自动完成的，一般应用程序用户或系统管理员不必关心。RARP 被那些没有磁盘驱动器的系统使用(一般是无盘工作站或 X 终端)，通过它为无盘工作站申请 IP 地址，本书不做介绍。

如图 8.14 所示，R1 要和 R2 通信，但是 R1 不知道 R2 的物理地址(在前者的 ARP 缓存映射表里找不到后者)，因此两者暂时无法通信。为了得到 R2 的 IP 地址 202.183.56.2 对应的物理地址，于是 R1 通过 202.183.56.1 端口向 202.183.56.0/24 网上的所有主机/路由器发出查询广播。当 R2 接收到这条查询广播时，马上作出回应，告诉对方自己的物理地址。最后，R1 得到 R2 的物理地址，两者就可以通信了。所有这一切都是 ARP 自动完成的。

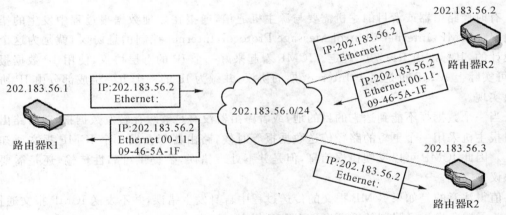

图 8.14　ARP 地址解析过程

在大多数的 TCP/IP 实现中，ARP 是一个基础协议，它的运行对于应用程序或系统管理员来说一般是透明的。ARP 高速缓存在它的运行过程中非常关键，我们可以用 arp 命令对高速缓存进行检查和操作。

在 Windows XP 下"开始"菜单中点击"运行"，键入"cmd"命令打开命令窗口，就可以执行下列操作：

(1) 命令 arp-a 来显示 ARP 高速缓存中的所有内容(见图 8.15)。

(2)命令 arp-d 来删除 ARP 高速缓存中的某一项内容(这个命令格式可以在运行一些例子之前使用，以让我们看清楚 ARP 的交换过程)。

如果想了解更多 arp 命令，直接键入 arp 即可。

图 8.15　arp-a 命令

8.4　ICMP

8.4.1　ICMP 的报文格式

有时候路由器或者目的主机需要与源主机通信,通报在处理数据报过程中发生的错误等情况。ICMP(Internet Control Message Protocol,Internet 控制消息协议)就是为这个目的设计的,其标准由 RFC792 规定。ICMP 看起来好一个 IP 的上层协议,使用 IP 数据报传送,可实际上 ICMP 也是属于 Internet 层的协议,并做为 IP 的一个重要组成部分由 IP 协议模块实现。

当一个数据报不能到达它的目的地,或者路由器没有足够缓存转发数据报,或者路由器要通报主机采用一个更短的路径传送数据报等时候,路由器都会发一个 ICMP 报文通知源主机。因此 ICMP 可以反馈错误信息,但是并不处理错误,要提供可靠性传输,还是需要上层协议来完成。

值得注意的是如果 ICMP 报文的传送过程中自身发生错误,并不发送 ICMP 报文通报,这是为了避免发生无限制的循环发送 ICMP 报文。

图 8.16 中是一个 ICMP 报文的格式。其前面是一个 IP 报头,其中协议字段为 1,表明这是一个 ICMP 报文。IP 报头后面是一个字节的类型(Type)和 1 个字节的代码(Code),用于标识不同的 ICMP 报文(见表 8.4),2 个字节的校验和用于校验自类型字段以后的报文。在校验和后面的字段不同类型的 ICMP 报文有不同的定义,详见 RFC792 中的规定。

0 1 2 3 4 5 6 7 8 9 10 11 12 13 14 15 16 17 18 19 20 21 22 23 24 25 26 27 28 29 30 31		
IP 报头(20 字节,协议字段为 1)		
类型(1 字节)	代码(1 字节)	校验和(2 字节)
后续字段(不同类型的 ICMP 报文有不同的字段定义)		

图 8.16　ICMP 报文格式

8.4.2　"ping"和"tracert"命令

我们在网络中经常会使用到 ICMP 协议,比如我们经常使用的用于检查网络通不通的

ping 命令。ping 这个单词源自声纳定位,而 ping 程序则利用 ICMP 协议包来侦测另一个主机是否可达。图 8.17 显示了在 Windows XP 下运行 ping 命令的过程。ping 命令连续送出四个 echo_request (type 8)的 ICMP 包给目的主机,如果目的主机收到并愿意回答,则连续回应四个 echo_reply(type 0)的 ICMP 包。Ping 命令的结果中给出了每次发出查询包到得到回应的时间,或者通知没有得到回应。最后还会告诉共送出多少个包,获得的回应是多少,丢失率是多少,来回所需时间的最小值、最大值和平均值等统计信息。

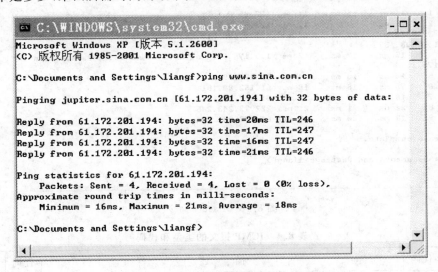

图 8.17　ping 命令

灵活使用 ping 命令可以判断网络是否有问题以及何处出现问题:

(1)先 ping 目的主机的域名如 www. sina. com,如果连接成功的话说明网络连接没有问题。如果连接不上的话,可以直接 ping 目的主机的 IP 地址,如果连接得上,则可能是 DNS 有问题,可以检查 DNS 服务器的设置是否正确。

(2)如果连目的主机的 IP 都连接不上,试试 ping 自己的网关,如果连接得上,说明问题可能出在自己网关以外的网络与目的主机不能连通。如果自己的网关 ping 不通,则可能是自己的主机和网关之间的问题。

(3)此时可以 ping 一下自己的 IP 地址,如果可以 ping 通,那么网卡没有问题,应该网卡到网关间连接的问题,可以检查一下网线、hub 等设备。

(4)如果自己的 IP 都 ping 不通,可能是网卡坏掉了或没有正确设定,可以看看设备资源有没有突也可以看看设备有没有被系统启动。如果都没问题,则可以 ping 一下 127.0.0.1,如果连这个都 ping 不通的话,则这台机器的 IP 功能根本就没被启动。

另一个 运用 ICMP 协议的工具是 tracert(见图 8.18)。该命令用于侦测主机到目的主机之间所经过的所有路由器。Tracert 命令的结果是从源主机到目的主机间的每个路由器的 IP 地址和从主机到达该路由器的来回时间。Tracert 程序的原理是首先给目的主机发送一个 TTL＝1 的 IP 数据报。经过的第一个路由器收到这个数据报以后,就自动把 TTL 减 1。而 TTL 变为 0 以后,路由器就把这个数据报给抛弃了,并同时产生 一个 TIME_EXCEEDED 的 ICMP 数据报给主机。主机收到这个数据报以后再发一个 TTL＝2 的 IP 数据报给目的主机,然后引发第二个路由器给主机发 ICMP 数据报。如此往复直到到达目的主机。这样,tracert 就拿到了所有的路由器的 IP。

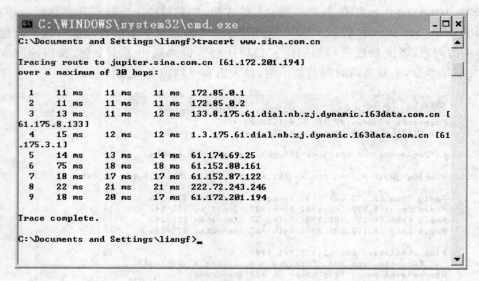

C:\WINDOWS\system32\cmd.exe

```
C:\Documents and Settings\liangf>tracert www.sina.com.cn

Tracing route to jupiter.sina.com.cn [61.172.201.194]
over a maximum of 30 hops:

  1    11 ms    11 ms    11 ms  172.85.0.1
  2    11 ms    11 ms    11 ms  172.85.0.2
  3    13 ms    11 ms    12 ms  133.8.175.61.dial.nb.zj.dynamic.163data.com.cn [
61.175.8.133]
  4    15 ms    12 ms    12 ms  1.3.175.61.dial.nb.zj.dynamic.163data.com.cn [61
.175.3.1]
  5    14 ms    13 ms    14 ms  61.174.69.25
  6    75 ms    18 ms    18 ms  61.152.80.161
  7    18 ms    17 ms    17 ms  61.152.87.122
  8    22 ms    21 ms    21 ms  222.72.243.246
  9    18 ms    20 ms    17 ms  61.172.201.194

Trace complete.

C:\Documents and Settings\liangf>_
```

图 8.18　tracert 命令

表 8.4　ICMP 报文的类型和代码

类型	代码	描　　述	查询	差错
0	0	回射应答(Ping 应答)	✓	
3		目标不可达		
	0	网络不可达		✓
	1	主机不可达		✓
	2	协议不可达		✓
	3	端口不可达		✓
	4	需要分片但设置了不分片比特		✓
	5	源站选路失败		✓
	6	目的网络不认识		✓
	7	目的主机不认识		✓
	8	源主机被隔离(作废不用)		✓
	9	目的网络被强制禁止		✓
	10	目的主机被强制禁止		✓
	11	由于服务类型 TOS,网络不可达		✓
	12	由于服务类型 TOS,主机不可达		✓
	13	由于过滤,通信被强制禁止		✓
	14	主机越权		✓
	15	优先权中止生效		✓

类型	代码	描　　述	查询	差错
4	0	源端被关闭（基本流控制）		✓
5		重定向		✓
	0	对网络重定向		✓
	1	对主机重定向		✓
	2	对服务类型和网络重定向		✓
	3	对服务类型和主机重定向		✓
8	0	回射请求（Ping 请求）	✓	
9	0	路由器通告	✓	
10	0	路由器请求	✓	
11		超时		
	0	传输期间生存时间为 0		✓
	1	在数据报组装期间生存时间为 0		✓
12		参数问题		
	0	坏的 IP 头部（包括各种差错）		✓
	1	缺少必要的选项		✓
13	0	时间戳请求	✓	
14	0	时间戳应答	✓	
15	0	信息请求（作废不用）	✓	
16	0	信息应答（作废不用）	✓	
17	0	地址掩码请求	✓	
18	0	地址掩码应答	✓	

思考题

8-1　以下 IP 地址各属于哪一类？

(a) 20.250.1.139　　(b) 202.250.1.139　　(c) 120.250.1.139

8-2　已知子网掩码为 255.255.255.192，下面各组 IP 地址是否属于同一子网？

(a) 200.200.200.224 与 200.200.200.208

(b) 200.200.200.224 与 200.200.200.160

(c) 200.200.200.224 与 200.200.200.222

8-3　假设一个主机的 IP 地址为 192.168.5.121，而子网掩码为 255.255.255.248，那么该 IP 地址的网络号为多少？

8-4　一台主机的 IP 地址为 11.1.1.100，子网屏蔽码为 255.0.0.0。现在用户需要配置该主机的默认路由。经过观察发现，与该主机直接相连的路由器具有如下 4 个 IP 地址和子网屏蔽码：

Ⅰ. IP 地址：11.1.1.1，子网屏蔽码：255.0.0.0；

Ⅱ. IP 地址：11.1.2.1，子网屏蔽码：255.0.0.0；

Ⅲ.IP 地址:12.1.1.1,子网屏蔽码:255.0.0.0;

Ⅳ.IP 地址:13.1.2.1,子网屏蔽码:255.0.0.0。

请问哪些 IP 地址和子网屏蔽码可能是该主机的默认路由?

8-5　如果一台主机的 IP 地址为 202.113.224.68,子网屏蔽码为 255.255.255.240,那么这台主机的主机号是什么?

8-6　谈谈域名解析的功能及其主要方式。

8-7　一台主机要解析 www.abc.edu.cn 的 IP 地址,如果这台主机配置的域名服务器为 202.120.66.68,因特网顶级域名服务器为 ll.2.8.6,而存储 www.abc.edu.cn 与其 IP 地址对应关系的域名服务器为 202.113.16.10,那么这台主机解析该域名通常首先查询哪个域名服务器?

8-8　ARP 协议的作用是什么?

8-9　Ping 应用程序是通过发送 ICMP 报文来实现的。请通过 Sniffer Pro 软件观察 Ping 程序发出的 ICMP 报文,并记录 ICMP 报文的格式。

第 9 章　IP 路由的发现与路由器

IP 协议负责 IP 数据报的传输,IP 路由协议如 RIP,OSPF 等则负责传输路径的发现。Internet 层是由连接网络的路由器实现的。路由器执行 IP 路由协议自动生成路由表,并执行 IP 协议按路由表传送 IP 数据报。

通过本章的学习,了解 RIP,OSPF 等 IP 路由协议的原理,了解路由器的原理及其配置。建议学时:4 学时。

9.1　IP 路由的发现

IP 网络最重要的一项功能是路由。路由是发现、比较、选择通过网络到达任何目的 IP 地址的路径的过程。路由器有两种基本路由选择方式:一是通过人工设置静态路由,二是使用动态路由协议来计算路由。动态路由协议按照路由计算方法不同,可以分为两种基本类型,即距离—向量路由协议和链路—状态路由协议。

参照动态路由协议的使用域不同,路由协议又可分为两种类型:内部网关协议(IGP)和外部网关协议(EGP)。如图 9.1 所示,IGP 是用于自治系统(Autonomous System,AS)内部计算路由的协议,而 EGP 是用于 AS 之间计算路由的协议。

那么什么是 AS 呢? 从路由的角度看,Internet 被分为两层。

(1) 第一层:主干网络。整个 Internet 被划分成许多 AS,一个 AS 内部的所有网络都属于同一个单位(运营商)管理,AS 之间通过边缘路由器连接,所有 AS 的边缘路由器构成了 Internet 的主干网络。

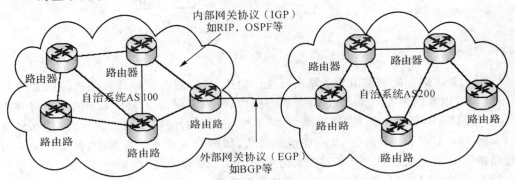

图 9.1　外部网关协议(EGP)和内部网关协议(IGP)

（2）第二层：每个 AS 内部的网络。

引入 AS 的概念使得网络路由更加容易（见图 9.1）。

（1）一个 AS 有权自主决定在本 AS 内如何确定路由，采用何种 IGP。AS 内部的路由器通过 IGP 得到 AS 内部的全部路由信息，发送到其他 AS 的分组则被路由到与其他 AS 连接的本 AS 的边缘路由器。AS 内部的路由器要向边缘路由器报告内部路由信息，使边缘路由器能够正确传送其他 AS 发送给本 AS 内部主机的分组。

（2）所有 AS 的边缘路由器通过 BGP 确定主干网络的路由，使进入主干网络的分组能够通过多个 AS 的边缘路由器传递，最终到达目的主机所在的 AS。

9.1.1　静态路由与动态路由

静态路由是最简单的路由形式，由网络管理员来完成。使用静态路由有许多优点，如：静态编程的路由可以使网络更安全，因为只有一条流进和流出网络的路径（除非定义多条静态路由）；静态路由还可以更有效地利用资源，因为它使用小得多的传输带宽，不使用路由器上的 CPU 来计算路由，并且需要更少的存储器。在一些网络中通过使用静态路由甚至可以使用更小的、廉价的路由器。静态路由的缺点之一是当网络发生问题或拓扑结构发生变化时，网络管理员必须手动修改静态路由；否则，网络就会不通。

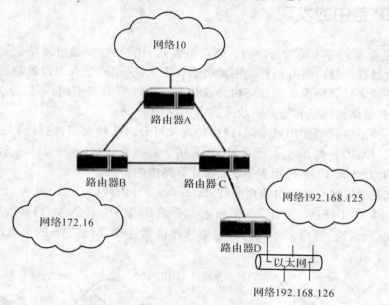

图 9.2　静态路由举例 1

以图 9.2 为例。此网络由 4 个路由器连接而成，其中路由器 D 连接隔离的以太网 192.168.126。可以在路由器 C 和 D 上设置静态路由，使以太网 192.168.126 依次通过路由器 D，C，A 与网络 10 通信。但是，如果路由器 A 与 C 之间的传输线路出现故障，那么就会导致以太网 192.168.126 和网络 10 不能彼此通信，如图 9.3 所示。事实上，两者是完全可以通过路由器 B 实现互通的。要实现以太网 192.168.126 和网络 10 互通，网络管理员必须依路由器 D，C，B，A 的路径重新手动设置新的静态路由。

动态路由算法主要有两类。

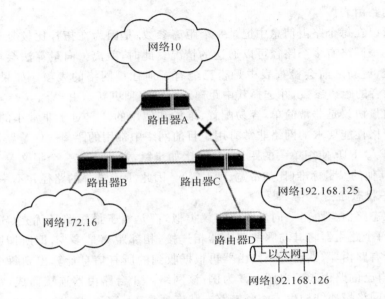

图 9.3 静态路由举例 2

1. 距离—向量路由

基于距离—向量的路由算法的原理是由网络中的每个路由器周期性地把自己的路由表拷贝传给与其直接相连的路由器,然后每个路由器根据接收到的相邻路由器路由表中的路由信息来修改自己的路由表。我们通过图 9.4 来说明这个过程。路由器 B 收到路由器 A 发来的路由表,检查其中关于 10.1.0.0 网络的路由信息"10.1.0.0 A E0 0"(意思是 10.1.0.0 网络可以通过 A 的接口 E0,直接由路由器 A 通达,与路由器 A 的距离为 0 跳),根据这条路由信息得到一条新的路由信息"10.1.0.0 A S0 1"(意思是 10.1.0.0 网络可以通过 B 的接口 S0,由路由器 A 通达,与路由器 B 的距离为 1 跳),并放入 B 的路由表中。同理,在下一个周期中,路由器 B 把这条新的路由信息随路由表一起发给路由器 C 后,在路由表 C 中就形成了一条路由信息"10.1.0.0 S0 2"。依此类推,路由器同样可以获得关于其他网络的路由信息。就这样经过多次路由表传递后,最后每个路由器都形成了能完整表示全部网

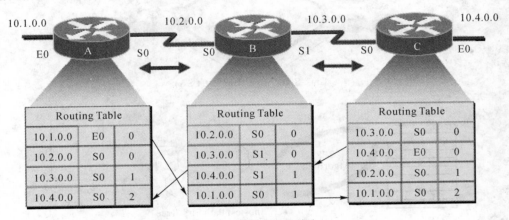

图 9.4 距离—向量路由

络路由信息的路由表。

　　这里之所以在每个路由信息中记录一个距离参数,是因为在拓扑比较复杂的网络中有可能出现同一个网络有多个路径可以通达的情况。此时,距离—向量算法会再用新的路由项更新路由表,更新之前会检查表中是否已经有了通往该网络的表项。如果已经有了,则RIP会比较二者的距离参数,并选择其中距离最短的表项更新路由表。

　　距离—向量协议是非常简单,容易配置、维护和使用的。它对于非常小的、几乎没有冗余路径且无严格性能要求的网络非常有用。目前网络中常用的距离—向量路由主要有路由信息协议(RIP)。RIP使用单一的距离标准(比如步跳数)来决定一个报文要选择的最好路径,而不采用其他的参量标准(比如带宽、延迟等)。因此,RIP选择的路径并不一定是最佳的。

2. 链路—状态路由

　　链路—状态路由与距离—向量路由协议类似,都是属于最短路径优先(SPF)协议。不同之处在于,每个路由器将其与哪些路由器相连接,相邻距离是多少,即所谓链路—状态发给网络中的所有路由器,然后每个路由器再根据收到的所有信息计算出到每个网络的最短路由,并形成自己的路由表。以图9.5为例,该网络由4台路由器连接而成,每台路由器根据自己周围的网络拓扑结构生成一条链路—状态通告LSA(Link-State Advertisement),然后将这条LSA发送给网络中其他的所有路由器。这样每台路由器都收到了其他路由器的LSA,所有的LSA放在一起称为链路状态数据库LSDB(Link-State Database)。LSDB是对整个网络拓扑结构的描述。每台路由器的LSDB都是相同的。然后,每台路由器以自己为根节点,使用最短路径优先算法(SPF Algorithm)计算出一棵到达所有其他节点(路由器)的最短路径的优先树(Shortest Path First Tree),由这棵SPF树得到到网络中各个节点的路由表。图9.5中由A可以通过B或D到达节点C,可是在树中只能有一条路径被选择,其选择办法就是选择最短路径,也就是将A—B—C的距离(状态)和A—D—C的距离相比较,取最短的一条。

　　LSA交换由网络中的事件(比如由于硬件失败或网络变化而导致的拓扑结构改变)驱

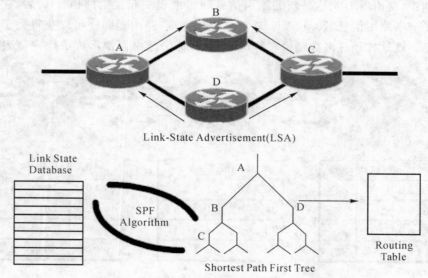

Link-State Advertisement(LSA)

Link State Database

SPF Algorithm

Shortest Path First Tree

Routing Table

图9.5　链路状态路由协议计算路由过程D

动,也就是网路有变化,路由器之间就交换 LSA,并重新计算生成路由表,而不是周期性地运行,这样能大大减小收敛过程,即重新创建路由表的时间就大大缩短了。而距离—向量路由协议是定期(比如 RIP 默认的路由更新周期是 30 秒)交换路由信息的,不管网路拓扑结构是否改变,这样就使得它的收敛时间更长。

链路—状态路由作为动态路由可以适合任何大小的网络,迅速适应任何不可预知的网络拓扑结构变化,具有良好的扩展性,并可以使更多的带宽用于数据流量而不是路由维护流量。

9.1.2 IP 路由协议 RIP

RIP 是 Routing Information Protocol(路由信息协议)的简称,它是一类基于距离—向量路由算法的协议,也是使用最久的路由协议之一。路由信息协议 RIP 是内部网关协议(IGP),它有两个版本:RIP-1 和 RIP-2。RIP-1 在 RFC 1058 中有详细描述;RIP-2 是一个功能增强的版本。RFC 1721 和 1722 详细说明了 RIP-2。

1. RIP 报文格式

RIP 报文包含在 UDP 数据报中,如图 9.6 所示。

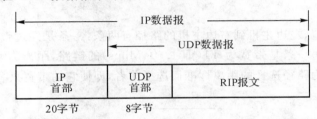

图 9.6 封装在 UDP 数据报中的 RIP 报文

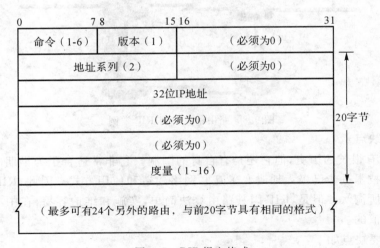

图 9.7 RIP 报文格式

图 9.7 所示为使用 IP 地址时的 RIP 报文格式,其说明如下:

(1) 命令字段为 1 表示请求,为 2 表示应答。请求表示要求其他系统发送其全部或部分路由表;应答则包含发送者全部或部分路由表。3 和 4 表示两个舍弃不用的命令,5 和 6 表示两个非正式的命令:轮询和轮询表项。

(2) 版本字段通常为 1,而第 2 版 RIP 将此字段设置为 2。

（3）紧跟在后面的是 20 字节指定地址系列（Address Family）（对于 IP 地址来说，其值是 2）、IP 地址以及相应的度量（向量距离，即步跳数）。

采用这种 20 字节格式的 RIP 报文可以通告多达 25 条路由。上限 25 是用来保证 RIP 报文的总长度为 $20 \times 25 + 4 = 504$，其小于 512 字节。由于每个报文最多携带 25 个路由，因此为了发送整个路由表，经常需要多个报文。

2. RIP 的主要特性

RIP 有如下一些主要特性：

（1）RIP 适用于中小型网络。

（2）RIP 运用跳数作为路径选择的距离标准，每经过一个路由器，跳数就加 1，最大允许的跳数为 15 跳，距离超出 15 跳的路径认为不可到达。

（3）RIP 默认的路由更新周期是 30 秒。

（4）RIP 在有相同花费的路径上支持负载均衡。

（5）RIP-2 使用组播（224.0.0.9）发送，支持验证和可变长子网掩码 VLSM，而 RIP-1 则不支持。

3. RIP 举例

如图 9.8 所示，从左边主机到右边主机的路径有两条：一条是经过带宽为 19.2Kbps 的链路，距离为 2 跳；另一条是带宽为 T1（即 1.544Mbps）的链路，距离为 4 跳。很显然，RIP 因为运用步跳数作为路径选择的距离标准而选择前者，即使它的带宽只有 19.2Kbps。

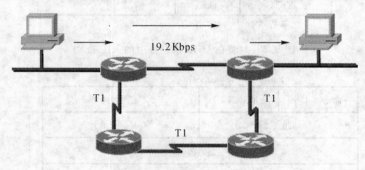

图 9.8　路由信息协议 RIP 举例

4. RIP 的缺点

虽然 RIP 有很长的历史，但它还是有自身的限制。它非常适合于为早期的网络互联计算路由；然而，技术进步已极大地改变了互联网络建造和使用方式。因此，RIP 会很快被今天的互联网络所淘汰。但是，RIP 因其路由算法简单，实施和维护容易，在中小型网络中还是有其使用价值的。

RIP 的主要缺点如下：

（1）不能支持大于 15 跳的路径，只适用于中小型互联网。

（2）依赖于单一的距离标准（跳数）来计算路由，无法兼顾其他参量（比如带宽、延迟等），使得最终选择路径并非为最佳路径，如图 9.8 所示。

（3）对路由更新反应强烈。RIP 节点会每隔 30 秒钟广播其路由表，在具有许多节点的大型网络中，这会消耗掉相当数量的带宽。

（4）相对慢的收敛。在 AS 中所有的结点都得到正确的路由选择信息的过程相对较慢。

9.1.3　IP 路由协议 OSPF

1. OSPF 历史

在 20 世纪 80 年代即将结束时,距离—向量路由协议的不足变得越来越明显。一种试图改善网络可扩展性的努力是使用基于链路—状态来计算路由,而不是依靠跳数或其他的距离—向量。Internet 工程任务组(IETF)为了满足建造越来越大的 IP 网络的需要,形成了一个工作组,专门用于开发开放式的链路—状态路由协议。新的路由协议以已经取得一些成功的最短路径优先(SPF)路由协议为基础。SPF 路由协议基于一个数学算法——Dijkstra算法。这个算法能使路由选择基于链路—状态,而不是基于距离—向量。终于在 20 世纪 80 年代末期开发了开放式最短路径优先协议(Open Shortest Path First,OSPF)。OSPF 是 SPF 类路由协议中的开放式版本。最初的 OSPF 规范体现在 RFC 1131 中。这个第 1 版(OSPF 版本 1)很快被有重大改进的版本所代替。新版本体现在 RFC 1247 文档中。RFC 1247 OSPF 称为 OSPF 版本 2,其在稳定性和功能性方面得到了实质性的改进。这个 OSPF 版本有许多更新文档,每一个更新都是对开放标准的精心改进。接下来的一些规范出现在 RFC 1583,2178 和 2328 中。OSPF 版本 2 的最新版体现在 RFC 2328 中。

2. OSPF 概述

开放式最短路径优先 OSPF 作为链路—状态的路由协议也属于内部网关路由协议。链路是网络中两个路由器之间的连接。链路状态包括传输速度和延迟等属性。

OSPF 协议具有如下特点。

(1)适应范围:OSPF 支持各种规模的网络,最多可支持几百台路由器。

(2)快速收敛:如果网路的拓扑结构发生变化,OSPF 立即发送更新报文,使这一变化在 AS 中同步。

(3)无自环:由于 OSPF 通过收集到的链路状态用最短路径树算法计算路由,故从算法本身保证了不会生成自环路由。

(4)子网掩码:由于 OSPF 在描述路由时携带网段的掩码信息,所以 OSPF 协议不受自然掩码的限制,对 VLSM 提供很好的支持。

(5)带宽消耗:OSPF 只在网络发生变化时,才把链路状态更新报文以组播发送给其他路由器,大大减少了网络带宽的消耗。

(6)区域划分:OSPF 协议允许 AS 的网络被划分成区域来管理,区域间传送的路由信息被进一步抽象,从而减少了占用网络的带宽。

(7)等值路由:OSPF 支持到同一目的地址的多条等值路由。

(8)支持验证:它支持基于接口的报文验证以保证路由计算的安全性。

(9)组播发送:OSPF 在有组播发送能力的链路层上以组播地址发送协议报文,既达到了广播的作用,又最大程度地减少了对其他网络设备的干扰。

3. OSPF 报文

为了进行链路状态信息的交换,OSPF 设计有五种类型的报文。

(1)类型 1:问候报文(Hello),建立并维护与邻站的邻接关系。

(2)类型 2:数据库描述报文(Data Base Description,DBD),向邻站发出本站链路数据库中的链路状态的简要信息。

（3）类型3：链路状态请求报文（Link State Request，LSR），向邻站请求发送某些指定链路的链路状态信息。

（4）类型4：链路状态更新报文（Link State Update，LSU），用洪泛法对全网更新链路状态。

（5）类型5：链路状态确认报文（Link State Acknowledgment，LSAck），用来确认LSU报文。

如图9.9所示，OSPF协议用IP报文直接封装协议报文，协议号为89，即各种OSPF信息直接封装在IP中：无需其他协议（TCP，UDP等）来传输。

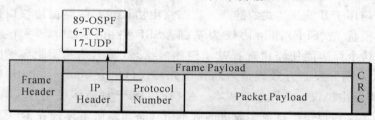

图9.9　OSPF报文格式

9.2　路由器及其配置

路由器是Internet的关键设备，路由器的功能除上一张所述的IP路由选择和分段等功能外，还有上面介绍的动态路由发现和网络管理与安全等。

路由器的配置和管理技术复杂，成本昂贵，而且它的接入增加了数据传输的时间延迟，在一定程度上降低了网络的性能。因此，目前在很多企业网络中已经开始广泛采用具有路由功能的第三层交换机以替代路由器。第三层交换机是将局域网交换机的设计思想应用在路由器的设计中而产生的，所以它又被称为路由交换机或交换式路由器。传统的路由器通过软件来实现路由选择功能，而第三层交换的路由器通过专用集成电路（ASIC）芯片来实现路由选择功能。第三层交换设备的数据包处理时间将由传统路由器的几千微秒量级减少到几十微秒量级，甚至可以更短，因此大大缩短了数据包在交换设备中的传输延迟时间。但是路由器仍是Internet上网络连接必不可少的设备。

9.2.1　路由器配置基础

这里我们将以华为路由器为例来说明路由器的配置。路由器实物如图9.10所示。

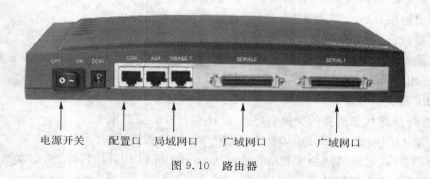

图9.10　路由器

它的主要接口如下：

(1)配置口 —— 连接到计算机的串口 RS232,配置用。

(2)局域网口 —— 即以太网口,连接局域网。

(3)广域网口 —— 即同、异步串口,连接广域网。

1. 搭建路由器配置环境

这里介绍通过 Console 口(配置口)搭建本地配置环境。

第一步:将微机串口通过标准 RS232 电缆与路由器的 Console 口连接,如图 9.11 所示。

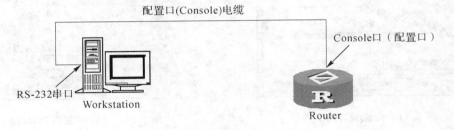

图 9.11　通过配置口搭建本地配置环境

第二步:在微机上运行终端仿真程序,如 Windows XP 的 Hyperterm(超级终端)等,建立新连接,选择实际连接时使用 RS-232 串口,设置终端通信参数为 9600 波特、8 位数据位、1 位停止位、无校验、无流控,并选择终端仿真类型为 VT100,如图 9.12~9.15 所示(Windows XP 下的"超级终端"设置界面)。

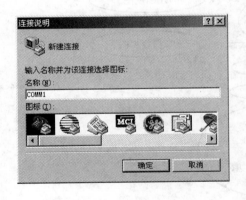

图 9.12　建立新连接

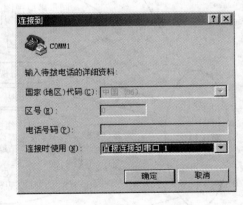

图 9.13　选择实际连接使用的微机串口

第三步:路由器上电后自检,自检结束后提示用户键入回车,出现用户登录提示符"Username:"和"password:",输入正确的用户名和密码后进入路由器系统视图。

第四步:键入命令,配置路由器或查看路由器的运行状态,如果需要联机帮助可以随时键入"?"。

2. 命令视图

VRP(Versatile Routing Platform,通用路由平台)是华为公司数据通信产品的通用网络操作系统平台,它以 IP 业务为核心,实现组件化的体系结构,提供丰富功能特性。

VRP 为用户提供了一系列配置命令,用户可通过命令行接口配置和管理网络设备。视图是 VRP 命令接口界面,VRP 中不同的命令需要在不同的视图下才能执行。在不同的视图下,配置不同功能的命令。例如,在 RIP 视图下,可以配置与 RIP 协议相关的功能和参数。

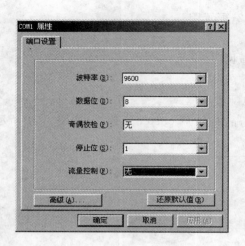

图 9.14　设置端口通信参数

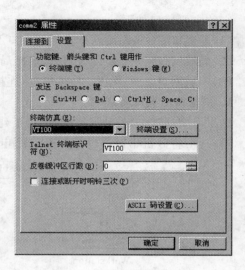

图 9.15　选择终端仿真类型

VRP 中的视图为分层结构,在系统视图下可以进入各种功能视图,在各功能视图中还可以进入子功能视图。VRP 中的视图结构如图 9.16 所示。

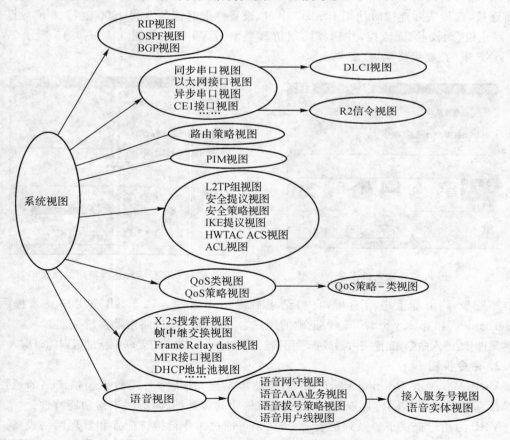

图 9.16　VRP 视图分层结构

各命令视图的功能特性、进入各视图的命令等详细说明如表 9.1 所示。

表 9.1　命令视图功能特性列表

视图名称	功能	提示符	进入命令	退出命令
系统视图	配置系统参数	[Router]	用户登录后即进入	logout 断开与路由器连接
RIP 视图	配置 RIP 协议参数	[Router-rip]	在系统视图下键入 rip	quit 返回系统视图
OSPF 视图	配置 OSPF 协议参数	[Router-ospf]	在系统视图下键入 ospf	quit 返回系统视图
BGP 视图	配置 BGP 协议参数	[Router-bgp]	在系统视图下键入 bgp	quit 返回系统视图
路由策略视图	配置路由策略参数	[Router-route-policy]	在系统视图下键入 route-policy abc permit 1 或者 route-policy abc deny 1	quit 返回系统视图
PIM 视图	配置组播路由参数	[Router-pim]	在系统视图下键入 pim	quit 返回系统视图
同步串口视图	配置同步串口参数	[Router-Serial0]	在任意视图下键入 interface serial 0	quit 返回系统视图
异步串口视图	配置异步串口参数	[Router-Async0]	在任意视图下键入 interface async 0	quit 返回系统视图
AUX 接口视图	配置 AUX 接口参数	[Router-Aux0]	在任意视图下键入 interface aux 0	quit 返回系统视图
AM 接口视图	配置 AM 口参数	[Router-AM0]	在任意视图下键入 interface am 0	quit 返回系统视图
以太网接口视图	配置以太网口参数	[Router-Ethernet0]	在任意视图下键入 interface ethernet 0	quit 返回系统视图
LoopBack 接口视图	配置 Loopback 接口参数	[Router-LoopBack1]	在任意视图下键入 interface loopback 0	quit 返回系统视图
ISDN BRI 接口视图	配置 ISDN BRI 接口参数	[Router-Bri0]	在任意视图下键入 interface bri 0	quit 返回系统视图
CE1 接口视图	配置 CE1 接口的时隙捆绑方式和物理层参数	[Router-E1-0]	在任意视图下键入 controller e1 0	quit 返回系统视图
CT1 接口视图	配置 CT1 接口的时隙捆绑方式和物理层参数	[Router-T1-0]	在任意视图下键入 controller t1 0	quit 返回系统视图
CE3 接口视图	配置 CE3 接口的时隙捆绑方式和物理层参数	[Router-E3-0]	在任意视图下键入 controller e3 0	quit 返回系统视图

续表

视图名称	功能	提示符	进入命令	退出命令
CT3 接口视图	配置 CT3 接口的时隙捆绑方式和物理层参数	[Router-T3-0]	在任意视图下键入 controller t3 0	quit 返回系统视图
E1-F 接口视图	配置 E1-F 接口的物理层参数	[Router-Serial0]	在任意视图下键入 interface serial 0	quit 返回系统视图
T1-F 接口视图	配置 T1-F 接口的物理层参数	[Router-Serial0]	在任意视图下键入 interface serial 0	quit 返回系统视图
FCM 接口视图	配置 FCM 接口参数	[Router-FCM0]	在任意视图下键入 interface fcm 0	quit 返回系统视图
Dialer 接口视图	配置 Dialer 接口参数	[Router-Dialer0]	在任意视图下键入 interface dialer 0	quit 返回系统视图
虚拟模板接口视图	配置虚拟接口模板参数	[Router-Virtual-Template1]	在任意视图下键入 interface Virtual-Template 1	quit 返回系统视图
隧道接口视图	配置 Tunnel 接口参数	[Router-Tunnel0]	在任意视图下键入 interface tunnel 0	quit 返回系统视图
NULL 接口视图	配置 Null 接口参数	[Router-Null0]	在任意视图下键入 interface null 0	quit 返回系统视图
逻辑通道视图	配置 AUX 口参数	[Router-logic-channel1]	在任意视图下键入 logic-channel 1	quit 返回系统视图
网桥组虚拟接口视图	配置虚拟以太网接口参数	[Router-Bridge-Template1]	在任意视图下键入 interface Bridge-Template 0	quit 返回系统视图
X.25 搜索群视图	配置 X.25 搜索群参数	[Router-X25-huntgroup-abc]	在系统视图下键入 x25 hunt-group abc round-robin	quit 返回系统视图
Frame Relay class 视图	配置 Frame Relay class 参数	[Router-fr-class-abc]	在系统视图下键入 fr class abc	quit 返回系统视图
DLCI 视图	配置 DLCI 参数	[Router-fr-dlci-100]	在同步串口视图下键入 fr dlci 100（串口链路层协议要封装为帧中继）	quit 返回同步串口视图
帧中继交换视图	配置帧中继交换参数	[Router-fr-switch-abc]	在系统视图下键入 fr switch abc	quit 返回系统视图
MFR 接口视图	配置 MFR 接口参数	[Router-MFR0]	在任意视图下键入 interface mfr 0	quit 返回系统视图
L2TP 组视图	配置 L2TP 组	[Router-l2tp1]	在系统视图下键入 l2tp-group 1	quit 返回系统视图

续表

视图名称	功能	提示符	进入命令	退出命令
安全提议视图	配置安全提议	[Router-ipsec-proposal-abc]	在系统视图下键入 ipsec proposal abc	quit 返回系统视图
安全策略视图	配置安全策略	[Router-ipsec-policy-abc-0]	在系统视图下键入 ipsec policy abc 0	quit 返回系统视图
IKE 提议视图	配置 IKE 提议	[Router-ike-proposal-0]	在系统视图下键入 ike proposal 0	quit 返回系统视图
ACL 视图	配置访问控制列表规则	[Router-acl-1]	在系统视图下键入 acl 1	quit 返回系统视图
语音拨号策略视图	配置语音拨号策略	[Router-voice-dial]	在语音视图下键入 dial-program	quit 返回系统视图
R2 信令视图	配置 R2 信令参数	[Router-cas0:0]	在 CE1 接口视图下键入 cas 0	quit 返回 CE1 接口视图
语音视图	配置语音参数	[Router-voice]	在系统视图下键入 voice-setup	quit 返回系统视图
语音用户线视图	配置语音用户线参数	[Router-voice-line0]	在语音视图下键入 subscriber-line	quit 返回语音视图
语音实体视图	配置语音实体参数	[Router-voice-dial-entity1]	在语音拨号策略视图下键入 entity 1	quit 返回语音拨号策略视图
语音 AAA 业务视图	配置语音 AAA 业务	[Router-voice-aaa]	在语音视图下键入 aaa-client	quit 返回语音视图
接入服务号视图	配置接入服务号参数	[Router-voice-dial-anum12345]	在语音拨号策略视图下键入 gw-access-number 12345	quit 返回语音拨号策略视图
语音网守视图	配置语音网守参数	[Router-voice-gk]	在语音视图下键入 gatekeeper-client	quit 返回语音视图
DHCP 地址池视图	配置 DHCP 地址池	[Router-dhcpabc]	在系统视图下键入 dhcp server ip-pool abc	quit 返回系统视图

说明：

（1）命令行提示符以网络设备名（缺省为 Router）加上各种命令视图名来表示，如"[Router-rip]"。

（2）各命令根据视图划分，一般情况下，在某一视图下只能执行该视图限定的命令；但对于一些常用的命令，在所有视图下均可执行，这些命令包括 ping，display，debugging，reset，save，interface，logic-channel，controller。

（3）表 9.1 中有些视图需要首先启动相应功能才能进入，有些视图需要首先配置相关限制条件才能进入。具体情况，请参考相关章节的介绍。

（4）在所有视图中，使用 quit 命令返回上一级视图，使用 return 命令直接返回系统视图。

9.2.2 静态路由的配置及调试

1. 静态路由的配置

（1）配置静态路由

缺省情况下，未配置任何静态路由。配置静态路由的具体方法是在系统视图下进行如表 9.2 中所列的配置。

表 9.2 配置静态路由

操作	命令
增加一条静态路由	ip route-static ip-address { mask | masklen } { interface-type interfacce-name | nexthop-address } [preference value] [reject | blackhole]
删除一条静态路由	undo ip route-static { all | ip-address { mask | masklen } [interface-type interfacce-name | nexthop-address][preference value] }

各参数的解释如下：

①IP 地址和掩码

IP 地址和掩码用点分十进制格式表示。由于要求 32 位掩码中的"1"必须是连续的，因此点分十进制格式的掩码也可以用掩码长度 mask-length 来代替（掩码长度是掩码中连续"1"的位数）。

配置/删除静态路由时，使用配置的 IP 地址与掩码进行按位"与"，得到最终的有效的目的网段。

②发送接口或下一跳地址

在配置静态路由时，可指定发送接口 interface-type interface-number，也可指定下一跳地址 nexthop-address。是指定发送接口还是指定下一跳地址要视具体情况而定。

③优先级

对优先级 preference 的不同配置，可以灵活应用路由管理策略。在配置到达同一目的地址的多条路由时，若指定相同优先级，可实现负载分担；若指定不同优先级，则可实现路由备份。

④其他参数

reject 和 blackhole 两个关键字分别指明该路由是不可达路由或黑洞路由。

（2）配置缺省路由

缺省情况下，未配置任何缺省路由。配置缺省路由的具体方法是在系统视图下进行如表 9.3 中所列的配置，其中参数说明与静态路由配置相同。

表 9.3 配置缺省路由

操作	命令
配置缺省路由	ip route-static 0.0.0.0 { 0.0.0.0 | 0 } { interface-type interface-number | nexthop-address } [preference value][reject | blackhole]
删除缺省路由	undo ip route-static 0.0.0.0 { 0.0.0.0 | 0 } { interface-type interface-number | nexthop-address } [preference value]

（3）配置静态路由缺省优先级

配置静态路由时如果不使用 preference 参数，则这条静态路由的优先级采用缺省值。在缺省情况下，配置静态路由时的默认优先级是 60，用户也可以设定这个缺省值为其他数值。该配置不会影响已经配置的静态路由的优先级，只是对于其后配置的静态路由，当未指定优先级时就使用这个默认的优先级。配置静态路由的缺省优先级的具体方法是在系统视图下进行如表 9.4 中所列的配置命令。

表 9.4　配置静态路由缺省优先级

操作	命令
设置配置静态路由时的默认优先级	ip route-static default-preference
恢复配置静态路由时的默认优先级的缺省值	undo ip route-static default-preference

2. 静态路由的显示和调试

可以在所有视图下执行表 9.5 中所列命令显示和调试静态路由。

表 9.5　路由表的显示和调试

操作	命令
查看路由表摘要信息	display ip routing-table
查看特定路由信息	display ip routing-table ip-address
查看路由表的详细信息	display ip routing-table verbose
查看路由表的基数	display ip routing-table radix
查看静态路由表	display ip routing-table static

3. 静态路由典型配置举例

（1）组网需求

要求通过配置静态路由，使任意两台主机或路由器之间都能两两互通。

（2）组网图

图 9.17 所示为配置静态路由的组网图。

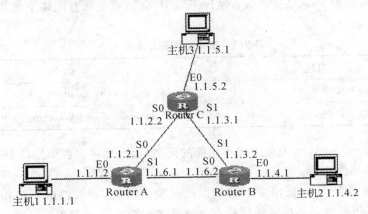

图 9.17　配置静态路由的组网图

（3）配置步骤

＃ 配置路由器 Router A 的静态路由

［RouterA］ip route-static 1.1.4.0 255.255.255.0 1.1.6.2

［RouterA］ip route-static 1.1.5.0 255.255.255.0 1.1.2.2

＃ 配置路由器 Router B 的静态路由

［RouterB］ip route-static 1.1.5.0 255.255.255.0 1.1.3.1

［RouterB］ip route-static 1.1.1.0 255.255.255.0 1.1.6.1

＃ 配置路由器 Router C 的静态路由

［RouterC］ip route-static 1.1.1.0 255.255.255.0 1.1.2.1

［RouterC］ip route-static 1.1.4.0 255.255.255.0 1.1.3.2

9.2.3 RIP 协议的配置与调试

1. RIP 的配置

（1）启动 RIP

缺省情况下，系统不运行 RIP 协议。必须先启动 RIP，进入 RIP 视图后，才能配置其他与协议相关的参数。具体配置方法如表 9.6 所示。关闭 RIP 后，原来在接口下配置的与协议相关的参数也同时失效。

表 9.6　启动 RIP

操作	命令
启动 RIP，进入 RIP 视图	rip
关闭 RIP	undo rip

（2）在指定网络上使能 RIP

RIP 任务启动后必须指定其工作网段，RIP 只在指定网段上的接口工作；对于不在指定网段上的接口，RIP 将不接收和发送路由，也不将它的接口路由转发出去，就好像这个接口不存在一样。因此，为灵活控制 RIP 工作，可将接口所在网段配置为运行 RIP 的网络，使接口在该网段上可收发 RIP 报文。缺省情况下，RIP 启动后在所有网络上禁用。具体配置方法如表 9.7 所示。

表 9.7　在指定网络上使能 RIP

操作	命令
在指定的网络上使能 RIP	Network｛ network-number｜ all ｝
在指定的网络上禁用 RIP	undo network｛ network-number｜ all ｝

表中，network-number 为使能或不使能的网络地址，也可为各个接口 IP 网络地址。

（3）指定邻居路由器

缺省情况下，RIP 不向任何定点地址发送报文。因此，如果路由器工作于非广播网络时，为收发 RIP 信息包必须指定邻居路由器。具体配置方法如表 9.8 所示。

表 9.8 配置报文的定点传送

操作	命令
指定邻居路由器的地址	peer ip-address
取消与相邻路由器交换路由信息	undo peer ip-address

（4）指定接口的 RIP 版本

RIP-1 采用广播形式发送报文；RIP-2 有两种传送方式，即广播方式和组播方式，在缺省情况下采用组播方式发送报文。RIP-2 中组播地址为 224.0.0.9。组播发送报文的好处是在同一网络中那些没有运行 RIP 的主机可以避免接收 RIP 的广播报文；另外，还可以使运行 RIP-1 的主机避免错误地接收和处理 RIP-2 中带有子网掩码的路由。

当指定接口版本为 RIP-1 时，只接收 RIP-1 与 RIP-2 广播报文，不接收 RIP-2 组播报文。当指定接口运行在 RIP-2 组播方式时，只接收 RIP-2 组播与 RIP-2 广播报文，不接收 RIP-1 报文。

具体配置方法如表 9.9 所示。缺省情况下，接口运行的 RIP 版本为 RIP-1。

表 9.9 指定接口的 RIP 版本

操作	命令
指定接口版本为 RIP-1	rip version 1
指定接口版本为 RIP-2	rip version 2 [broadcast| multicast]
恢复接口缺省的运行版本	undo rip version

2. RIP 典型配置举例

配置 RIP 定点传送。

（1）组网需求

路由器 A 与 B，路由器 A 与 C 分别通过串口相连（都位于一个非广播网络中），若路由器 A(192.1.1.1)只想把路由更新信息发送到相邻路由器 B(192.1.1.2)而不发给路由器 C，就必须配置定点传送。

（2）组网图

图 9.18 所示是配置 RIP 定点传送的组网图。

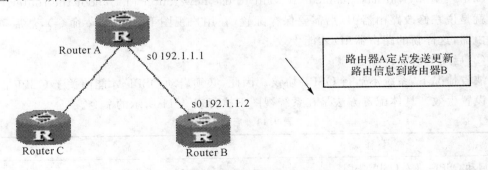

图 9.18 配置 RIP 定点传送的组网图

（3）配置步骤

配置路由器 Router A

＃ 配置 RIP

［RouterA］rip

［RouterA-rip］network 192.1.1.0

＃ 配置路由器 A 定点发送邻居为路由器 B

［RouterA-rip］peer 192.1.1.2

＃ 配置串口 Serial 0

［RouterA-rip］interface serial 0

［RouterA-Serial0］ip address 192.1.1.1 255.255.255.0

9.2.4　OSPF 协议的配置

1. OSPF 的配置

（1）配置路由器的 ID 号

路由器的 ID 号是一个 32 比特的无符号整数，为点分十进制格式，它是路由器所在 AS 中的唯一标识。如果路由器所有的接口都没有配置 IP 地址，那么用户必须配置路由器 ID 号，否则 OSPF 无法运行。手工配置路由器的 ID 时，必须保证 AS 中任意两台路由器的 ID 都不相同。通常的做法是将路由器的 ID 配置为与该路由器某个接口的 IP 地址一致。当 OSPF 运行时，被修改的 router ID 在 OSPF 重启后才会生效。

具体配置方法是在系统视图下执行表 9.10 所示的命令。

表 9.10　配置路由器的 ID 号

操作	命令
配置路由器的 ID 号	router id router-id
取消路由器的 ID 号	undo router id

需要注意的是在修改路由器 ID 时，系统会提示：

OSPF：router id has changed. if want to use new router id ，reboot the router.

就是说在修改路由器 ID 后需要保存配置（在用户视图下执行 save 命令），然后重新启动路由器，这样新的路由器 ID 才能生效。

（2）启动 OSPF

缺省情况下，系统不运行 OSPF 协议。因此，必须启动 OSPF 才能使关于 OSPF 的所有功能设置生效。具体配置方法是在系统视图下执行表 9.11 所示的命令。

表 9.11　启动 OSPF

操作	命令
启动 OSPF，进入 OSPF 视图	ospf［enable］
关闭 OSPF	undo ospf enable

（3）指定接口所在的区域

OSPF 将 AS 进一步划分成不同的区域(area)，区域是在逻辑上将路由器划分为不同的组。一些路由器会属于不同的区域(这样的路由器称为区域边界路由器 ABR)，但一个网段只能属于一个区域，或者说每个运行 OSPF 的接口必须指明其所属的特定区域。区域用区域号 area-id(是一个 32 比特的标识符)来标识。为使 OSPF 正常工作，属于一个特定区域所有路由器接口的 area-id 必须一致，不同区域间可通过区域边界路由器 ABR(Area Border Router)来传递路由信息。

另外，在同一区域内所有路由器各项参数的配置应该保持一致。因此，在配置同一区域内的路由器时，应该注意大多数配置数据都应该以区域为基础来统一考虑，错误的配置可能会导致相邻路由器之间无法相互传递信息，甚至导致路由信息的阻塞或者自环。缺省情况下，未指定接口所属的区域。具体配置方法在接口视图下执行表 9.12 所示的命令。OSPF 启动后，还必须指定特定接口运行 OSPF 协议及该接口所在的区域。

表 9.12　指定接口所在的区域

操作	命令
指定接口所在的区域	ospf enable area area-id
取消接口所在的区域	undo ospf enable area area-id

（4）配置 OSPF 接口的网络类型

OSPF 协议计算路由是以本路由器邻居网络的拓扑结构为基础的。每台路由器将自己邻居的网络拓扑描述出来，传递给其他所有的路由器。

OSPF 根据接口封装链路层协议的不同类型，将网络分为下列几种类型：

①当链路层协议是 Ethernet 时，OSPF 缺省认为网络类型是 broadcast。

②当链路层协议是帧中继、HDLC、X.25 时，OSPF 缺省认为网络类型是 NBMA。

③没有一种链路层协议会被缺省的认为是 p2mp 类型，通常在 NBMA 类型的网络不是全连通的情况下，将其手工修改为 p2mp。

④当链路层协议是 PPP、LAPB 时，OSPF 缺省认为网络类型是 p2p。

NBMA(Non-Broadcast Multi-Access)是指非广播、多点可达的网络，比较典型的有 X.25、HDLC 和帧中继。可通过配置轮询间隔来指定该接口在与相邻路由器构成邻居关系之前发送轮询 Hello 报文的时间周期。

在没有多址访问能力的广播网上，可将接口配置成 NBMA 类型。若在 NBMA 网络中并非所有路由器之间都直接可达时，可将接口配置成 p2mp 类型。若该路由器在 NBMA 网络中只有一个对端，则也可将接口类型改为 p2p 类型。

NBMA 网络与点到多点网络类型之间的区别如下：

①在 OSPF 协议中 NBMA 是指那些全连通的、非广播、多点可达的网络；而点到多点的网络，则并不需要一定是全连通的。

②在 NBMA 网络中要选举 DR 与 BDR；而在点到多点网络中，无需选举 DR 与 BDR。

③NBMA 是一种缺省的网络类型，如果链路层协议是 X.25、帧中继等，OSPF 会缺省认为该接口的网络类型是 NBMA(不论该网络是否全连通)；而点到多点不是缺省的网络类型，没有哪种链路层协议会被认为是点到多点，点到多点必须是由其他的网络类型强制更改

的。最常见的做法是将非全连通的 NBMA 改为点到多点的网络。

④NBMA 网络单播发送报文,需要手工配置邻居;而在点到多点的网络中,发送报文的方式是可选的,既可单播发送报文,又可组播发送报文。

具体配置方法是在接口视图下执行表 9.13 所示的命令。

表 9.13　配置 OSPF 接口的网络类型

操作	命令
配置 OSPF 接口的网络类型	ospf network-type{ broadcast|nbma|p2mp | p2p }
删除 OSPF 接口指定的网络类型	undo ospf network-type{ broadcast|nbma|p2mp | p2p }

当为接口指定了新的网络类型后,原有的网络类型将自动取消。

2. OSPF 典型配置举例

图 9.19 所示是 OSPF 典型配置举例。

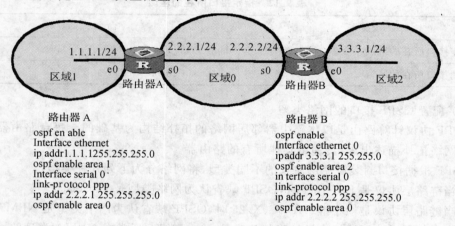

图 9.19　OSPF 配置举例

思考题

9-1　什么是静态路由和动态路由? 动态路由又分为几类?

9-2　在网上查找一下最新版本的 RIP 和 OSPF 协议。

9-3　自己查找更详细的资料,谈谈距离—向量路由和链路—状态路由的不同之处及其各自的优缺点。

9-4　在网上或市场中观察一下各类路由器,察看其配置手册,条件许可情况下可试着自己配置一下路由器。

第 10 章 传输层

传输层在 TCP/IP 协议族中位于应用层和网际层之间,其主要功能是在发送和接受数据的两个应用程序间建立一个逻辑链路,并通过这个逻辑链路按一定的质量要求传输数据。

通过本章的学习,掌握端口的概念,了解 UDP 和 TCP 协议的基本原理,并能解析 TCP/IP 数据包。建议学时:2 学时。

10.1 传输层概述

通过前两章的学习,我们知道网络层通过 IP 协议实现了 Internet 上计算机到计算机的通信,其采用的通信地址是 IP 地址,而每个 IP 地址代表了一个计算机。但是每个计算机里真正进行通信的是应用程序,而每个计算机中都同时运行着很多应用程序。因此,我们还需要一种寻址机制指明到底是哪两个应用程序间在通信,而这个机制就是由传输层来完成的。

传输层(transport layer,也称为运输层)是 OSI 参考模型的第 4 层,也就是在应用层和网络层之间。如果说 IP 提供的是计算机—计算机通信的服务,传输层的协议则提供了应用程序—应用程序通信的服务,即所谓端到端(end to end)的通信,如图 10.1 所示。

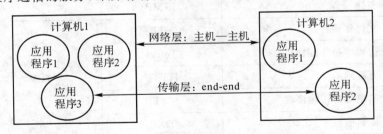

图 10.1 传输层提供端到端的通信

除端到端通信功能外,传输层还提供差错检测的功能,也就是说检测接收到的数据是否正确(IP 只检测 IP 数据报的头部信息是否正确)。此外传输层还提供几个可选的功能(不是所有传输层协议都能提供)。

(1)可靠性(reliability):由于 IP 网络层提供的是面向无连接的数据报服务,也就是说 IP 数据报传输会出现丢失、重复或乱序的情况,而在传输层可以提供一个纠正上述错误的可靠性传输机制。

(2)流量控制(flow control):数据到达目的主机后,在应用程序将数据取走之前是保存在一个缓存区(buffer)中的。而如果数据传输速率太快，或者说流量太大，超过了应用程序提取数据的速度，则缓存区可能溢出，从而造成数据丢失。因此传输层还负责提供流量控制机制。

(3) 拥塞控制(congestion control)：网络上的每个路由器上都同时有很多数据流通过，当总的数据流量超过路由器的处理速度时，就会出现拥塞现象，这时路由器会丢弃部分 IP 数据报。要解除拥塞现象，需要发出数据流的各个主机都适当地减小数据流量，而这种拥塞控制机制也是由传输层提供的。

TCP/IP 的传输层提供了两个主要的协议，即传输控制协议(Transport Control Protocol,TCP)和用户数据报协议(User Datagram Protocol,UDP)。UDP 只提供简单的端到端的通信功能，而 TCP 则还提供了上述几种可选功能。不同的应用层程序会根据自己的需要选择合适的传输层协议。表 10.1 所示为一些典型的应用程序和应用层协议所选用的传输层协议。

表 10.1　一些应用程序和应用层协议主要使用的传输层协议

应　　　用	关键字	传输层协议
域名服务	DNS	UDP
简单文件传输协议	TFTP	
路由选择协议	RIP	
IP 地址配置	BOOTP,DHCP	
简单网络管理协议	SNMP	
远程文件服务器	NFS	
IP 电话	专用协议	
流式多媒体通信	专用协议	
多插	IGMP	
文件传输协议	FTP	TCP
远程虚拟终端协议	Telnet	
万维网	HTTP	
简单邮件传输协议	SMTP	
域名服务	DNS	

10.2　传输层的地址：端口(port)

网络层的通信地址是 IP 地址，通过 IP 地址可以标识 Internet 上的一台计算机。传输层要标识计算机中的某个应用程序，也需要给这个程序一个地址。这个地址被叫做端口(port)。这个端口并不是硬件接口，而是属于一种抽象的软件结构，包括一些数据结构和I/O(输入输出)缓冲区，故属于软件端口范畴。

应用程序(调入内存运行后一般称为进程)通过系统调用与某传输层端口建立绑定

(binding)后,传输层传给该端口的所有数据都被建立这种绑定的相应进程所接收,相应进程发给传输层的数据也都从该端口输出。

在 TCP/IP 协议的实现中,端口操作类似于一般的 I/O 操作,进程获取一个端口,相当于获取本地唯一的 I/O 文件,可以用一般的读写方式访问。每个端口都拥有一个叫端口号的整数描述符,用来标识不同的端口或进程。在 TCP/IP 传输层,定义一个 16 比特长度的整数作为端口标识,也就是说可定义 65536 个端口,其端口号从 0 到 65536。由于 TCP/IP 传输层的 TCP 和 UDP 协议是两个完全独立的软件模块,因此各自的端口号也相互独立,即各自可独立拥有 65536 个端口。

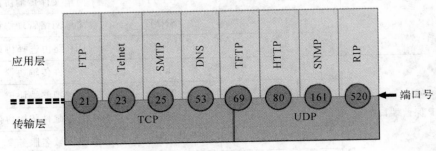

图 10.2　应用层与传输层之间的接口

正如图 10.2 所示,每种应用层协议或应用程序都具有与传输层唯一连接的端口,并且使用唯一的端口号将这些端口区分开来。当数据流从某一个应用发送到远程网络设备的某一个应用时,传输层根据这些端口号就能够判断出数据是来自于哪一个应用,想要访问另一台网络设备的哪一个应用,从而将数据传输到相应的应用层协议或应用程序。

不同的协议或应用对应不同的端口号。负责分配端口号的机构是 Internet 编号管理局(IANA)。目前,端口的分配有以下 3 种情况,这 3 种不同的端口可以根据端口号加以区别。

(1)保留端口

保留端口号一般都小于 1024。它们基本上都被分配给了已知的应用协议(图 10.2 所示的部分端口)。目前,这一类端口的端口号分配已经被广大网络应用者接受,形成了标准。在各种网络的应用中调用这些端口号就意味着使用它们所代表的应用协议。这些端口由于已经有了固定的使用者,所以不能被动态地分配给其他应用程序。表 10.2 所示为一些常用的保留端口。

(2)动态分配的端口

动态分配端口的端口号一般都大于 1024。这一类端口没有固定的使用者,它们可以被动态地分配给应用程序使用。也就是说,在使用应用软件访问网络的时候,应用软件可以向系统申请一个大于 1024 的端口号临时代表这个软件与传输层交换数据,并且使用这个临时的端口与网络上的其他主机通信。图 10.3 所示为使用动态分配的端口访问网络资源的情况。图 10.4 所示是在使用微软公司的 IE 浏览器上网时在命令窗口中使用 Netstat 命令查看端口使用情况的图示。IE 浏览器使用了 1657,4151,4206 等多个动态分配的端口号。

(3)注册端口

注册端口比较特殊,它也是固定为某个应用服务的端口,但是它所代表的不是已经形成标准的应用层协议,而是某个软件厂商开发的应用程序。某些软件厂商通过使用注册端口,使它的特定软件享有固定的端口号,而不用向系统申请动态分配的端口号。通常,这些特定的软件要使用注册端口,其厂商必须向端口的管理机构注册。大多数注册端口的端口号大于 1024。

表 10.2　TCP 和 UDP 的一些常用保留端口

	端 口 号	关 键 字	应 用 协 议
UDP 保留端口举例	53	DNS	域名服务
	69	TFTP	简单文件传输协议
	161	SNMP	简单网络管理协议
	520	RIP	RIP 路由选择协议
TCP 保留端口举例	21	FTP	文件传输协议
	23	Telnet	虚拟终端协议
	25	SMTP	简单邮件传输协议
	53	DNS	域名服务
	80	HTTP	超文本传输协议

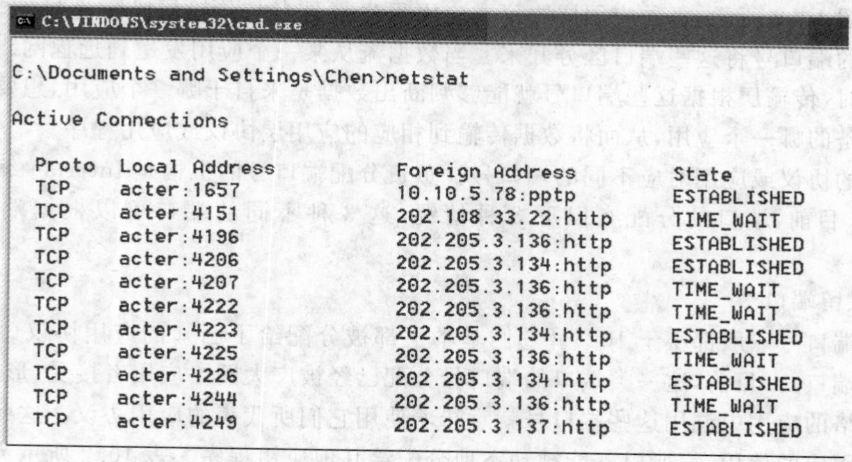

```
C:\WINDOWS\system32\cmd.exe

C:\Documents and Settings\Chen>netstat

Active Connections

  Proto  Local Address          Foreign Address        State
  TCP    acter:1657             10.10.5.78:pptp        ESTABLISHED
  TCP    acter:4151             202.108.33.22:http     TIME_WAIT
  TCP    acter:4196             202.205.3.136:http     ESTABLISHED
  TCP    acter:4206             202.205.3.134:http     ESTABLISHED
  TCP    acter:4207             202.205.3.136:http     TIME_WAIT
  TCP    acter:4222             202.205.3.136:http     TIME_WAIT
  TCP    acter:4223             202.205.3.134:http     ESTABLISHED
  TCP    acter:4225             202.205.3.136:http     TIME_WAIT
  TCP    acter:4226             202.205.3.134:http     ESTABLISHED
  TCP    acter:4244             202.205.3.136:http     TIME_WAIT
  TCP    acter:4249             202.205.3.137:http     ESTABLISHED
```

图 10.3　使用动态分配的端口访问网络资源

当网络中的两台主机进行通信的时候,TCP/IP 协议会在传输层封装数据段时,把发出数据的应用程序的端口作为源端口,把接收数据的应用程序的端口作为目的端口,添加到传输层协议报头中,从而使主机能够同时维持多个会话的连接,使不同应用程序的数据不发生混淆。

图 10.4 所示表现了源端口与目的端口的作用。一台主机上的多个应用程序进程可同时与其他多台主机上的多个对等进程进行通信,相当于建立了多条连接或虚电路。要标识不同的连接,通常采用发送端和接收端的套接字(Socket)组合,如(Socket 1,Socket 2)。这里所谓套接字实际上就是一个通信端口,每个套接字都有一个套接字序号,包括主机的 IP 地址与一个 16 位的主机端口号,如 192.168.1.101,1500(主机 IP 地址,端口号)。

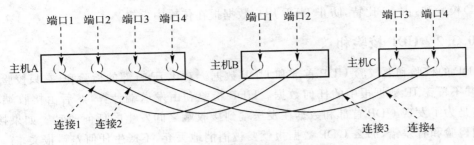

图 10.4 端口的概念示意图

那么在实际使用中如何知道对方的应用程序采用的端口号呢？在 Internet 上通常使用一种客户/服务器的应用程序通信方式：服务器应用程序会采用一个保留端口号，例如 Web 服务器采用的是 HTTP 协议，其端口号是 80。当一台主机上的 Web 浏览器如 IE 要访问 Web 服务器时，它会选择一个未被使用的动态分配的端口，然后请求 Web 服务器的 80 端口建立连接。为了同时与多个客户连接，Web 服务器接受到该客户的连接请求后，也会另外选择一个未被使用的动态分配的端口，与该客户进行下面的通信，而其 80 端口则继续等待其他客户的连接请求。

10.3 UDP 协议

UDP 是一种非常精简的传输层协议，它只提供传输层的基本功能，也就是端到端通信功能和差错检测功能。它不保证传输的可靠性，不进行流量控制和拥塞控制，从而使通信过程中的开销、计算等代价降到最低，达到提高传输效率的效果。UDP 协议由 RFC 768 规定。

10.3.1 UDP 数据报

UDP 提供的是一种无连接的传输，每个 UDP 数据报是独立的，并被封装在一个 IP 数据报中作为其数据传输。UDP 数据报由报头和数据区组成，其报头只有 8 字节，由 4 个字段组成，每个字段都是 2 字节，如图 10.5 所示。

0 1 2 3 4 5 6 7 8 9 10 11 12 13 14 15 16 17 18 19 20 21 22 23 24 25 26 27 28 29 30 31

源端口（Source Port）	目的端口（Destination Port）
长度（Length）	校验和（Checksum）
数据区	

图 10.5 UDP 数据报格式

各字段意义如下：

(1)源端口：占 16 比特，源端口号。

(2)目的端口：占 16 比特，目的端口号。

(3)长度：占 16 比特，UDP 用户数据报的长度。

（4）校验和：占 16 比特，防止 UDP 用户数据报在传输中出错。

10.3.2　UDP 校验和

UDP 的校验和要校验 UDP 首部和 UDP 数据。对比 IP 首部的检验和，它只校验 IP 的首部，并不覆盖 IP 数据报中的任何数据。UDP 检验和由发送端计算，然后由接收端验证。其目的是为了发现 UDP 首部和数据在发送端到接收端之间发生的任何改动。如果接收端检测到检验和有差错，那么 UDP 数据报就要被悄悄地丢弃，不产生任何差错报文。

UDP 检验和是可选的，也就是说可以不计算，直接将每个比特置 0。在 20 世纪 80 年代，一些计算机厂商在默认条件下关闭 UDP 检验和的功能，以提高使用 UDP 协议的 NFS（Network File System）的速度。由于在传输过程中难免出现错误，因此通常 UDP 校验和都会被计算。

UDP 检验和的基本计算方法与 IP 首部检验和的计算方法相类似（16 比特字的二进制反码和），但是它们之间也存在不同的地方。

首先，UDP 数据报的长度可能为奇数字节，也就是不是 16 比特的整数倍，但是检验和算法是把若干个 16 比特字相加。因此在计算校验和时需要在数据后面增加填充字节"0"使其达到 16 比特的整数倍。注意，这只是为了计算校验和，也就是说，增加的填充字节可以不被实际传送。

```
0 1 2 3 4 5 6 7 8 9 10 11 12 13 14 15 16 17 18 19 20 21 22 23 24 25 26 27 28 29 30 31
```

源 IP 地址（Source Address）		
目的 IP 地址（DestinationAddress）		
0	协议（Protocol）	UDP 长度（UDP length）

图 10.6　UDP 检验和计算过程中使用的伪首部

其次，校验和计算时在 UDP 数据报前面加上了一个 12 字节长的伪首部，伪首部包含 IP 报头中的一些字段，对 IP 地址、协议类型和数据报长度等包含在 IP 报头的信息也一并校验，其目的是让 UDP 两次检查数据是否已经正确到达目的地（例如，IP 是否接受地址不是本主机的数据报，是否把应传给另一高层协议的数据报传给 UDP）。UDP 数据报中的伪首部格式如图 10.6 所示。

如果检验和的计算结果为 0，则存入的值为全 1（65535），这在二进制反码计算中是等效的。如果传送的检验和为 1，说明发送端没有计算检验和。

10.4　TCP 协议

在 Internet 上使用最多的传输层协议是 TCP/IP。TCP 协议的作用是在无连接、不可靠的 TCP/IP 网络层上提供一种端到端的、面向连接的、可靠的数据流传输服务，它在两个应用层程序间建立连接，双向传输数据，然后终止连接。TCP 协议由 RFC 793 规定。

10.4.1　TCP 数据流与分段

TCP 为应用层程序提供一个双向传输的流（stream）接口，这个接口由一系列类似主机操作系统提供给应用程序的调用组成,其中包括打开和关闭连接、发送和接收数据等。由一个主机中的某个应用层程序发往另一个主机中的某个应用程序的所有数据构成一个连续的数据流,每个数据流被 TCP 划分为多个顺序发送的 TCP 协议数据单元,该协议数据单元被称为分段(segment)。

图 10.7 所示是 TCP 数据流的传输过程。源主机应用层传来的数据流被 TCP 层分割放置在一个个 TCP 分段中,每个分段被放在一个 IP 数据报中,作为其中的数据单元,由 IP 协议负责发送到目的主机,解封为 TCP 分段后交给 TCP 层,由 TCP 层通过流接口再交给上层的应用程序。

UDP 数据报的传输过程与图 10.7 所示类似,但是每个 UDP 数据报相互之间是独立的,并不构成数据流。

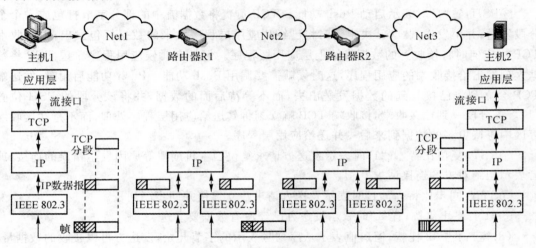

图 10.7　TCP 数据流的传送

0 1 2 3 4 5 6 7 8 9 10 11 12 13 14 15							16 17 18 19 20 21 22 23 24 25 26 27 28 29 30 31
源端口(Source Port)							目的端口(Destination Port)
序列号(Sequence Number)							
确认号(Acknowledgment Number)							
报头长度(Data offset)	保留(Reserved)	U R G	A C K	P S H	R S T	S Y N	F I N	窗口(Windows)
校验和(Checksum)							紧急指针(Urgent pointer)
C 选项(Options,可以省略)							填充域(Padding)
数据区(Data)							

图 10.8　TCP 报文段格式

TCP 分段是由分段头和数据单元构成的。图 10.8 所示为 TCP 分段头的格式,其中有关字段的说明如下。

(1)源端口:占 16 比特,分段的源端口号。

（2）目的端口：占 16 比特，分段的目的端口号。

（3）序列号：占 32 比特，数据部分的第一个字节的序列号。

（4）确认号：占 32 比特，当 ACK 置"1"时有效。其值是本分段发送者下一个期望接收的 TCP 分段的序列号，相当于是对本方已正确接收的对方发来的 TCP 分段的确认。

（5）报头长度：TCP 头长，以 32 比特字长为单位。实际上相当于给出数据在数据段中的开始位置，因此又被称为数据偏移量（data offset）。

（6）保留：占 6 比特，为将来的应用而保留，目前置为"0"。

（7）编码位：占 6 比特。

①URG：置"1"时表示紧急指针字段有效。

②ACK：置"1"时表示确认号字段有效。

③PSH：置"1"时表示启动 Push 功能。TCP 负责将数据流中的部分字节打包成一个个分段发送，并由发送端 TCP 决定何时将已经从应用层程序发来的数据打包发出，由接收端 TCP 决定何时将接收到的数据发给上层应用层程序。但是有时候应用程序希望 TCP 将数据立刻发出给接收端的应用程序，这时候就需要调用 Push 功能。Push 功能启用时，发送端 TCP 会立刻将已接收到的数据发送出去，而不等待后面的数据，并将该分段的 PSH 位置"1"。该分段一到达接收端，接收端 TCP 就立刻将其送给应用层程序处理，而不是在接收缓存区中等待更多的数据到来后一并送给应用层程序。

④RST：复位比特，置"1"时表示发送方请求复位因主机崩溃等原因发生错误的连接，或者表示拒绝对方的连接请求。

⑤SYN：同步比特，置"1"时表示发送方请求建立连接并同步序列号。

⑥FIN：终止比特，置"1"时表示发送方已经没有数据要发送。

（8）窗口：占 32 比特，窗口值表示从序列号表示的字节开始，发送方可以接收的数据量，单位为字节。

（9）校验和：占 32 比特，用于对分段首部和数据进行校验。通过将所有 16 位字以补码形式相加，然后再对相加和取补，正常情况下应为"0"。与 UDP 类似，校验和的计算也包括一个伪首部，其格式与图 10.6 中的 UDP 伪首部完全相同，只是其中 UDP 长度字段被叫做 TCP 长度字段。

（10）紧急指针：占 16 比特，当 URG 置"1"时有效。它给出从当前分段的序列号到紧急数据后面第一个字节正常数据的偏移量。TCP 设置了紧急数据使 TCP 接收端可以对紧急数据进行特殊处理，通常是加快处理，紧急指针则标出紧急数据后面正常数据的位置，使 TCP 接收端回到正常模式处理正常数据。一个分段 URG 位置"1"后，应至少包含一个字节的紧急数据。

（11）任选项：长度可变。TCP 只规定了一种选项，即最大分段长度（MSS）。

（12）填充：当任选项字段长度不足 32 位字长时，需要加以填充以达到 32 位，从而使报头长度保持为 32 比特的整数倍。

（13）数据：来自高层即应用层的协议数据。

10.4.2 TCP 的连接建立和拆除

TCP 的可靠性体现在三个方面：首先是可靠地建立连接，然后是可靠的数据传输，最后是有礼貌地拆除连接。这里我们先讨论连接的建立和拆除。我们先举个例子说明什么是可靠的连接。

假设 A 和 B 通话，我们先看一下两人建立连接的过程。

(1)A 说："您好，可以与您谈谈吗？"向 B 发出了请求连接的信号。然后 A 就等待 B 的回答。

(2)B 收到 A 的请求，回答："您好，我可以与您谈谈。"A 收到 B 的回答，两人之间成功建立连接，就可以相互通话了。如果 A 没有收到 B 的回答或者被 B 拒绝，则 A 就会停止建立连接的尝试。

这种建立连接的方式被称为二次握手方式，也就是 A 发出连接请求，B 发出回答，A 收到肯定回答后则连接建立成功。但是这里有个问题，如果 A 没有收到 B 的回答，其原因可能是 B 没有收到 A 的请求，也可能是 B 的回答 A 没有收到。如果是后者，那么 A 停止建立与 B 的连接，而 B 却还以为已经与 A 建立连接了，在等待与 A 的继续谈话。要避免这个错误，还需要有第三次握手。

(3)A 再对 B 的回答发个回应："谢谢。那我们就开始谈吧。"两人就可以开始通话了。

可以看出，通过这三次握手的方式，能确保在建立连接后，A 和 B 都能收到对方的通话。如果在传输过程中出现任何问题，A 和 B 都会取消连接，不会将资源浪费在等待不成功的连接过程中。这就是可靠的建立连接的过程。

相类似的，TCP 就是使用三次握手协议来确保可靠建立连接的。图 10.9 所示为三次握手建立 TCP 连接的简单示意。主机 1 首先发起 TCP 连接请求，向主机 2 发送一个 TCP 分段(被称为 SYN)，SYN 分段中将编码位字段中的 SYN 位置为"1"，ACK 位置为"0"，并假设该分段的序列号为 x。主机 2 收到 SYN 分段，若同意建立连接，则发送一个连接接受的应答分段(被称为 SYN+ACK)，其中编码位字段的 SYN 和 ACK 位均被置"1"，ACK 字段被置为"$x+1$"，SYN 表示主机 2 也向主机 1 请求连接，ACK 位置"1"表示 ACK 字段有效，ACK 字段值是对收到的 SYN 分段的确认(ACK 字段的作用可见后面一小节)；否则，主机 2 要发送一个将 RST 位置为"1"的应答分段(被称为 RST)，表示拒绝建立连接。主机 1 收到主机 2 来的同意建立连接分段后，还需向主机 2 发送 ACK 分段，主机 2 接收到这个 ACK 后双方才完成建立连接，并可以开始下面的数据传输。

再看看什么是有礼貌地拆除连接。继续 A 和 B 通话的例子：

(1)当 A 说完所有要对 B 说的话，然后对 B 说："我说完了。"这时，A 如果立刻断开连接，就是不礼貌的，因为 B 可能要对 A 说的话没说完。因此即使 A 不说话了，却还要继续倾听 B 的谈话。

(2)当 B 收到 A 的停止通话的信息，回答 A："我知道了。"然后继续说话，直至 B 也说完所有要说的话后，B 对 A 说："我说完了。"

(3)A 收到 B 的停止通话的信息，还得回答 B："我知道了。"然后拆除与 B 的连接。这是因为如果没有这个过程，B 发送停止通话的信息后就直接拆除连接的话，要是 B 停止通话的信息丢失了，没有被 A 收到，那么 A 就会一直处于倾听 B 的阶段，浪费了资源。因此 B 只有在得到 A 的回答后，才最终拆除连接。

以上就是一个完整的有礼貌地拆除连接的过程，也是一个三次握手的过程。与此类似，TCP 在数据传输完成后，也使用三次握手方式来关闭连接，以结束会话。TCP 连接是全双

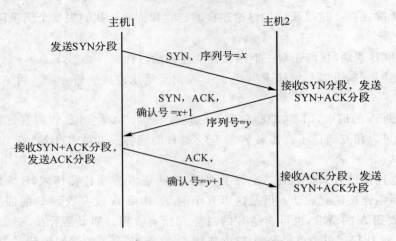

图 10.9　三次握手建立 TCP 连接

工的,可以看做两个不同方向的单工数据流传输。所以,一个完整连接的拆除涉及两个单向连接的拆除。

如图 10.10 所示,当主机 1 的 TCP 数据已发送完毕时,在等待确认的同时可发送一个将编码位字段的 FIN 位置"1"的分段给主机 2,若主机 2 已正确接收主机 1 的所有分段,则会发送一个数据分段正确接收的确认分段,同时通知本地相应的应用程序,对方要求关闭连接,接着再发送一个对主机 1 所发送的 FIN 分段进行确认的分段。否则,主机 1 就要重传那些主机 2 未能正确接收的分段。收到主机 2 关于 FIN 确认后,主机 1 需要再次发送一个确认拆除连接的分段,主机 2 收到该确认分段就意味着从主机 1 到主机 2 的单向连接已经结束。但是,此时在相反方向上,主机 2 仍然可以向主机 1 发送数据,直到主机 2 数据发送完毕并要求关闭连接。一旦当两个单向连接都被关闭,则两个端结点上的 TCP 软件就要删除与这个连接的有关记录,于是原来所建立的 TCP 连接被完全释放。

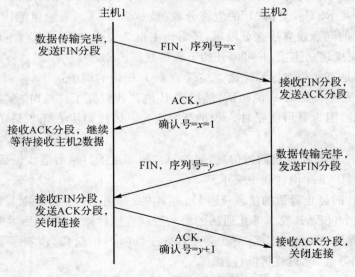

图 10.10　三次握手关闭 TCP 连接

10.4.3　TCP 可靠数据传输技术

前面两章提到,IP 网络是不可靠的,IP 数据报在传输过程中可能出错、丢失、重复发送或顺序错误(数据报没有按照发送顺序到达目的主机)。那么 TCP 是如何在这个不可靠的 IP 网络上保证可靠的数据传输的呢。

首先,TCP 给要发送的数据流中每个字节编一个序列号,然后将所发送的每一个分段的第一个字节的序列号放在 TCP 报头中,这样无论是分段丢失、重复发送或顺序错误都可以从报头中的序列号中发现。

其次,TCP 采用具有重传功能的"正"确认(positive acknowledge)机制。其方法是接收端在正确收到分段之后向发送端回送一个确认(ACK)信息。"正"确认与"负"确认(negative acknowledge)相对应,所谓"负"确认是指接收端发现错误后向发送端发送一个确认出错的信息 NACK。

采用"正"确认存在的一个问题是:如果出错,那么接收端不会接收到任何确认信息。这时就需要发送方在发送一个分段完毕后仍将该分段保留在发送缓冲区里,并且同时启动一个定时器。假如定时器的定时期满而关于此分段的确认信息尚未到达,则发送方认为该分段已丢失并将保留在发送缓冲区的该分段重发。直至在收到相应的确认之前是不会丢弃所保存的分段的。

为了避免由于网络延迟引起迟到的确认和重复的确认,TCP 规定放在 ACK 字段中的确认信息=所确认数据的最后一个字节的序列号+1。例如 ACK 字段值是 x,则相当于确认:"我已经收到序列号为 $x-1$ 以前的所有字节,现在需要序列号 x 以后的字节。"

上述过程如图 10.11 所示。

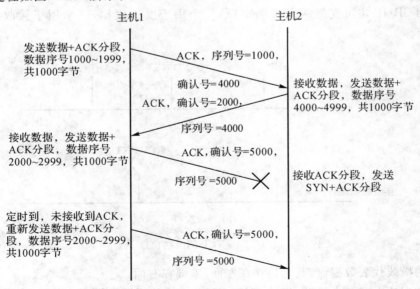

图 10.11　序列号+正确认与重传机制实现的可靠的数据传输

下面我们讨论两个具体的问题：

1. 分段的序列号是如何确定的

由序列号字段的大小我们知道序列号的范围在 $0 \sim (2^{32}-1)$ 之间。我们需要为整个数据流的每个字节都给一个序列号。那么如果超过最大值怎么办呢？TCP 的做法是循环计数，就是 $2^{32}-1$ 后又从 0 开始排序。

一个数据流的第一个序列号并不都是从 0 开始的。如果一个分段的 SYN 位被置"1"，则序列号是主机自动提供的一个初始值 ISN(Initial Sequence Number)，而第一个数据字节的序列号是 ISN+1。ISN 是在发送 SYN 时从一个 32 比特的计数器取出的，该计数器每隔大约 4 毫秒时间自动加 1，大约 4.55 小时循环一圈。因此在 4.55 小时内，ISN 的取值是不会重复的。这样就避免了前一次的连接中因出错而延迟的 ACK 被误认为是后一次连接中的 ACK。

2. 为什么采用 ACK 而不是 NACK 呢

假设采用 NACK，那么接收端发现出错时才发一个 NACK 通知发送端，如果主机 1 发出的一个 IP 数据报在传输过程中丢失，这时候主机 2 并不知道数据报丢失了，直到再下一个数据报到来才知道，而如果后续的数据报也丢失了，则主机 2 就一直不知道数据报丢失，也不会发 NACK 通知主机 1。

10.4.4　TCP 流量控制

TCP 采用大小可变的滑动窗口机制实现流量控制功能，其方法是利用 TCP 报文中的"窗口"字段，其数值与 ACK 字段值一起表明正确接收了上一分段后还可以接收的序列号范围，也就是在已确认正确接收的数据外还可以接收多少字节的数据。

每个 TCP/IP 主机支持两个滑动窗口，一个用于发送数据，一个用于接收数据，如图 10.12 所示。

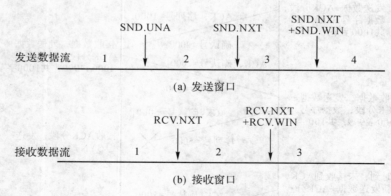

图 10.12　TCP 的滑动窗口

图中的横线代表数据流，其起始端在左面，末端在右面。

发送数据流上有三个指针，指针 SND. UNA 左边的区域 1 是已发送并且被接收端确认的数据，而其右端区域 2 是已发送但未被确认的数据；指针 SND. NXT 右端是未被发送的数据，其中区域 3 就是发送窗口，代表可以发送的数据，而区域 4 是还不能发送的数据。每当发送端接收到一个 ACK 分段时，SND. UNA 的位置可能向右移动，具体位置由该分段的确认号决定；SND.NXT＋SND.WIN 的位置也可能向右移动，具体位置则由该分段的确认号＋窗口值确定。每当发送端发送一个分段时，SND.NXT 的位置向右移动，其具体位置由分段中的序列号＋数据字节数决定。

接收数据流上有两个指针，指针 RCV.NXT 左面的区域 1 是已经接收的数据，右面的区域 2 是尚未接收但允许接收的数据，区域 3 是尚未接收而且不允许接收的数据。区域 2 就是接收窗口。接收端每接收到一个分段，指针 RCV.NXT 的位置将向右移，其具体位置由分段中的序列号＋数据字节数决定。当应用层程序从接收缓存区中读取一些数据后，接收窗口的大小将相应增加，指针 RCV.NXT＋RCV.WIN 向右移动。

当接收端向发送端发送 ACK 分段时，将接收窗口的大小通过窗口字段通告发送端，从而控制发送端的数据发送流量。图 10.13 所示是以一个例子来说明这个流量控制的过程。

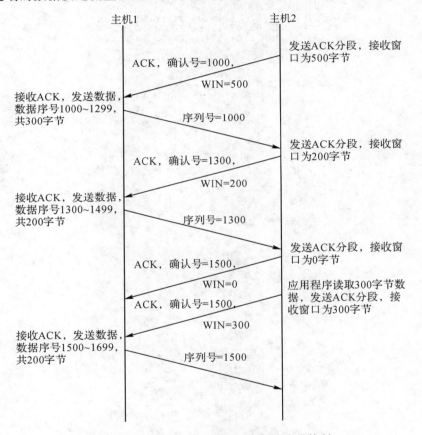

图 10.13　TCP 通过滑动窗口实现的流量控制

图中只注明了主机 2 给主机 1 的 ACK，实际上 TCP 数据传输是双向的，因此主机 2 也可以在向主机 1 发送数据分段，并在其报头包含 ACK 和 WIN 等信息。此外当 WIN＝0 时，主机 1 无法向主机 2 发送数据，因此需要主机 2 在接收窗口变大后再发一个 ACK 分段通知主机 1，也可以由主机 1 每次向主机 2 发送 1 个字节的数据。此时 TCP 规定：即使接收窗口为 0，仍可以接收该一个字节的数据，并回送 ACK 分段，使主机 1 可以获得主机 2 接收窗口的信息。

思考题

10-1 TCP/IP 协议栈中传输层主要包括哪两种协议?

10-2 简述 TCP 和 UDP 的主要区别。

10-3 简述 TCP 连接的建立过程。

10-4 简述 TCP 是怎样保证可靠传输的。

10-5 使用 TCP/IP 协议相关的知识,分析下图所示的在以太网上获取的包含 IP 报文的帧的数据链路层、网络层和传输层的内容,并分别给出各层的控制字段信息。

```
00 13 c3 11 e2 c3 00 11 5b 77 02 62 08 00 45 00
01 93 00 9e 40 00 80 06 e9 3d 0a 3c 31 a9 3d 99
96 0b 04 19 00 50 ca 4a 06 94 cd 51 a4 6f 50 18
ff ff 3b e5 00 00 47 45 54 20 2f 20 48 54 54 50
2f 31 2e 31 0d 0a 41 63 63 65 70 74 3a 20 69 6d
```

第 11 章　应用层

作为 OSI 或 TCP/IP 网络模型的最高层,应用层协议是直接为用户服务的。发送方的应用层协议与接收方的应用层协议一起在两个用户间建立连接、发送控制信息和用户数据,使两个用户感觉就好像在面对面地进行通信和交流,而感觉不到底层网络信息传输的路径和所有细节。应用层协议一般的模式是客户/服务器模式。几乎所有应用层协议如 HT-TP,FTP,SMTP,TELNET 等都是以客户/服务器模式工作的。

通过本章的学习,了解客户/服务器模式的概念,了解 HTTP(超文本传输)协议、FTP(文件传输)协议、SMTP(简单电子邮件)、TELNET(远程登录)等应用层协议。建议学时:2学时。

11.1　客户/服务器模式

Internet 上的两个计算机的应用层程序间的相互通信大多是基于客户/服务器模型(Client/Server,C/S)的。

如图 11.1 所示,一个计算机中的应用程序作为客户(client),也就是主叫方,即主动呼叫服务器(server),发出建立连接的请求;另一台计算机中的应用程序作为服务器,即接受客户的呼叫并与客户创建连接,对来自客户的请求作出响应并提供相应的服务。一个典型的例子是对远程主机中的文件提出下载请求。用户在本地机器上运行客户端程序(FTP 客户程序),通过它向远程主机上运行的服务器(FTP 服务器程序)提出连接、下载、切换目录等各种请求,服务器则执行相应的动作。这个交换过程大致如下:

(1) 用户请求一个文件;

(2) 客户向服务器发送一个连接和下载请求;

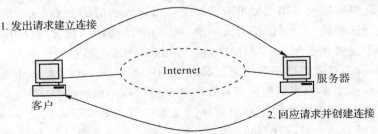

图 11.1　客户机/服务器工作模式

（3）服务器收到并响应客户请求，与客户建立连接；

（4）服务器从硬盘中提取文件到内存；

（5）服务器将文件内容通过网络传给客户机；

（6）客户机从服务器收到文件内容，提供最终用户访问。

这就是 FTP 协议工作的大致流程，实际的流程比上述更复杂。而且对于服务器来说，还必须考虑如何有效地处理多个客户的请求，也就是说一个 FTP 服务器要可以同时向多个客户提供服务。

11.2 万维网 HTTP 协议

11.2.1 概　述

万维网（World Wide Web，简称 WWW 或 web）的流行程度大概已经差不多变成 Internet 的代名词了。它的理念是用一种统一的定位模式和组织方式把分布在全球数千万台主机中的文档连接起来，提供给所有能接入 Internet 的人们使用。它提供了丰富的图形界面，并结合多媒体以及交互式动态页面，使人们的信息生活发生了巨大的改变。

1989 年，web 概念诞生于欧洲的原子能研究中心 CERN。CERN 有数台加速器，参与研究的科学家来自 6 个以上的不同国家。许多试验非常复杂，需要几年的时间进行计划和设备建造，于是产生了这样的需求：让这些分散在各国的研究组通过不断更新的报告、计划、绘图、照片以及其他各类文档进行相互协商合作。1989 年 3 月，CERN 的物理学家 Tim Berners-Lee 提出了最初的链接文档网建议。1991 年 12 月，在 Hypertext '91 会议上，web 网原型进行了一次公开演示。随后，美国伊利诺伊大学的研究人员 Marc Andreessen 开发了第一个图形化的浏览器 Mosaic 并在 1993 年 2 月发布。这款浏览器蕴藏了巨大商机，促使 Andreessen 离开大学创办了著名的 Netscape 公司，专门致力于图形化浏览器的开发。随后，微软也开发了自己的浏览器 Internet Explorer（IE）。经过激烈的竞争之后，IE 占据了 web 浏览器的绝大部分市场。

Web 实际上是一个巨大的资源库，这些资源由数量极大的 web 页面集合而成。每个页面有它自己单独的名字，这个名字由统一资源定位符（Uniform Resource Locator，URL）指定。在 web 页面中，可以包含文字、图片、声音、表格、动画等各种多媒体信息，几乎涵盖了我们平时需用的绝大部分信息格式。更重要的是，在 web 页面中，还可以包含指向其他页面的链接（link）。一个链接可以指向全球任何一个接入 Internet 的主机中的一个页面文件。通过图形化浏览器只需用鼠标单击链接便可以进入相应的页面，这个简单的动作可以一直重复下去。这种让一个页面指向另一个页面的想法被称为超文本（hypertext），而这个想法最初来源于美国麻省理工学院（MIT）的 Vannevar Bush 教授。

在用户这一端，可以通过图形化浏览器（例如 IE）登录到一个含有 web 页面的远程主机并取得相应的 web 页面。浏览器负责对取回的页面进行相应的解释，在用户界面上以正确的格式显示出文本、图形等内容。标识页面的文本字符串如 www.zucc.edu.cn（浙大城市学院主页）又被称为一个超链接（hyperlink），浏览器一般通过加入下划线或者特殊颜色进行区分。

11.2.2 web 页面文档的表示

在 web 这个资源库中，可获得的超媒体文档被称为网页，对于组织或者个人的主网页称为主页（homepage）。由于网页可以包含许多项，所以它的格式必须被谨慎地定义，从而使得浏览器能够解释网页的内容。浏览器必须能够区别那些任意的文本、图形以及链接到其他网页的指针。更为重要的是，网页的作者应该能够描绘该通用文档的外观（如各项的排列次序）。为了达到上述目的，每一个包含超媒体文档的网页都采用一个标准的表示方式书写，该标准称为超文本标记语言（Hyper Text Markup Language，HTML）。

每个 HTML 文档分为两个主要部分：头部和主体。头部包含了文档的标题等信息，而主体则包含文档的大部分内容。

HTML 标签为文档提供结构提示和格式提示。这些标签用于指定一个动作或格式。当这些标签成双出现时，分别表示启动和结束动作。

例如，HTML 文档以标签＜html＞开始，＜/html＞结束。标签＜head＞与＜/head＞间是头部，而标签＜body＞与＜/body＞间为主体。在头部，标签＜title＞与＜/title＞间是形成文档标题的文本。例如：

＜html＞
＜head＞＜title＞ 这是我的第一个主页＜/title＞＜/head＞
＜body＞ 就业工作总结
＜hr＞
＜a href＝http://www.zucc.edu.cn＞ 欢迎光临浙大城市学院 ＜/a＞
＜img src＝"demo.jpg"＞
＜/body＞＜/html＞

在这段最简单的 html 文档中，＜hr＞表示作一条横线，＜a href＝http://www.zucc.edu.cn＞表示在网页中插入一个超链接，并显示这个超链接的名字为"欢迎光临浙大城市学院"，＜img src＝"demo.jpg"＞表示在页面中插入一张图片，这张图片保存的位置与本 html 文件在同一个文件夹下面。用记事本编辑上述文本并保存为"范例.html"，然后用 IE 浏览器访问，访问的页面显示如图 11.2 所示。html 语言的规范相当丰富，读者可以自己参阅相关的文献。

11.2.3 统一资源定位符 URL

如前所述，Internet 上大量的网页以及其他资源存放在不同的主机上，如何才能让客户机正确地找到所需的资源呢？ URL 解决了这个问题。要区分所有访问的资源，有三个要素是必要的，即资源位置（所在主机的 IP 地址或域名）、该资源的唯一名称、访问该资源所需的协议。URL 的格式如下：

协议：//站点地址/名称

例如 http://www.zucc.edu.cn/student.php，其中：协议是 http，站点地址是 www.zucc.edu.cn，student.php 是要访问的动态网页文件。再例如：http://www.zju.edu.cn/rcpy/yjsjy/yjsjy.htm，其中：http 是协议，站点地址是 www.zju.edu.cn，而 rcpy/yjsjy 是文件在主机主目录的相对位置（此项须通过设置 web 服务器的虚拟目录），yjsjy.htm 表示在

图 11.2　一个 html 页面的范例

相对位置下的页面文档。

　　协议部分除了 http 之外,还可以有 ftp(文件传输),file(本地文件),telnet(远程登录),mailto(发送电子邮件)等,其都可以直接在浏览器中输入 URL 而取得相应的服务器服务。

11.2.4　浏览器结构和功能

　　Web 浏览器具有一个比 web 服务器更为复杂的结构。服务器重复地执行一个简单的任务:等待浏览器打开一个连接并且请求一个指定的网页。随后服务器发送所请求的网页文件,关闭连接并且等待下一次的连接。浏览器处理文档的细节并进行显示。浏览器包含几个大型的软件组件,它们一起工作提供一个完整结果,而这个结果实际上是多个工作精巧的组织。

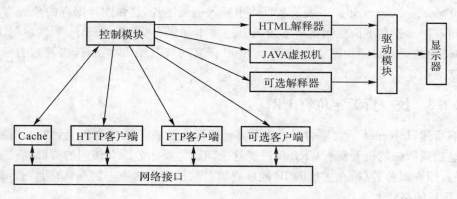

图 11.3　浏览器功能示意图

　　从概念上讲,浏览器由一组客户、一组解释器和一个管理它们的控制器组成。控制器形成了浏览器的中心部件,它解释鼠标点击与键盘输入,并且调用其他组件来执行用户指定的操作。例如,当用户键入一个 URL 时,控制器调用一个客户从所需文档所在的远程服务器上取回该文档,并且调用解释器向用户显示该文档。

每个解释器必须包含一个 HTML 解释器来显示文档。其他的解释器是可选的。HT-ML 解释器的输入由符合 HTML 语法的文档所组成,输出由位于用户显示器上的格式化文档组成。解释器通过将 HTML 规格转换成适合用户显示硬件的命令来处理版面细节。例如,如果碰到文档的头部标签,解释器则改变用于显示头部的文本大小。同样,如果碰到一个断行标签,解释器则输出一个新行。

除了 HTML 客户与 HTML 解释器外,浏览器还能包含可使浏览器执行额外任务的组件。例如,许多浏览器包含一个 FTP 客户,用来获取文件传输服务。一些浏览器也包含一个电子邮件客户,使浏览器能够收发电子邮件信息。浏览器自动调用了这些服务,而且用它来执行所需的任务。如果浏览器设计得好,它会对用户隐藏细节,使用户并不知道执行了一个可选服务。

11.2.5　关于 web 浏览器中的缓存

Web 浏览器绝大部分时候是用于查看远程页面的,很少会去查看本地页面。如果浏览器在不同时间频繁连接同一个远程主机的页面,每次都必须与该主机之间创建 TCP 连接,则会占用大量资源,这时如果能够把访问过的页面保存在本地,就可以大大节省网络开销。因此,浏览器使用缓存来改善文档的访问:浏览器将它所取回的每个网页放入本地磁盘的缓存中,当用户选择了某网页,浏览器在取回最新的版本前先检查磁盘缓存。如果缓存包含了该网页,那么浏览器直接从缓存中获得该网页。在缓存中保持网页可以显著地改善浏览器的运行性能,可以从磁盘中读取该网页且没有网络延迟。因此对于那些拥有一个缓慢的网络连接的用户来说,比如一些拨号上网的用户,缓存特别重要。但另一方面,缓存技术也有相应的弊端,尽管在速度上进行了大幅度的改善,但是在缓存中长期保留网页并不总是令人满意的。首先,缓存可能花费大量的磁盘空间。例如,假设用户访问了 10 个页面,每页都包含了五个大的图像,浏览器在本地磁盘的缓存中就需要存储带有 50 个图像的网页文档。其次,性能的改善只对用户重复查看某页面时才有帮助,然而,许多用户查找到某网页后就停止了浏览。例如,用户查看了 10 个网页后决定其中 9 页是不需要的,因此,在缓存中存储这 9 张网页不但改善不了性能,反而要浏览器耗费时间来将这些网页徒劳地写到磁盘上。

为了帮助用户控制浏览器如何处理缓存,许多浏览器允许用户调整缓存策略。用户可以设置缓存的时间限制,并由浏览器在时间限制到期后在缓存中删除那些保存的网页。如果用户请求缓存时间置零,浏览器将只在一次会话期间保持缓存,每当用户终止会话时浏览器将删除缓存。

11.2.6　在 web 页中嵌入图形图像

HTML 文档中不仅可以包含文本信息,而且可以包含图像,那么如何表示呢? 是不是像 word 文档一样作为一个对象直接插入 web 文档中呢? 实际上,图像等非文本信息或者数字相片等并不直接插入于文档之中。图像文件可以位于一个独立的地点,而文档只需包含指向该文件的引用。当浏览器遇上这些引用时,由浏览器去指定地点取得图像,并且将图像插入到所显示的文档中。

例如,HTML 用 IMG 标签来编码将引用指向外部的图像。例如,标签:

    <IMG SRC="zucc.jpg">

表明文件 zucc. jpg 中包含一个浏览器所要插入到文档中去的图像。在 IMG 标签中所列的文件与用于存储 web 网页的文件有所不同。图像文件不以文本文件格式存储,而且也不遵循 HTML 格式,每个图像文件包含与图像相对应的二进制数据。由于图像文件不包括任何格式信息,所以 IMG 标签包括附加的用于建议位置的参数。例如,当图像同其他项(例如,文本或者其他图像)一起出现时,可以使用关键字 ALIGN 用来指定图像是否需要与其他项对齐。例如:

　　　　Welcome to zucc. ＜IMG SRC＝"zucc. jpg" ALIGN＝middle＞
表示图片居中放置。

11.3　电子邮件应用协议

11.3.1　概　述

　　电子邮件是一种不必双方同时在线的 Internet 业务。它与普通邮件类似,发出的一方将邮件送出,邮局可以辗转传递,直至接收方的邮局,并最终到达收信人的邮箱;收信人可以定期或者不定期地打开他的邮箱查看邮件。这是一种自由宽松的通讯方式,受到人们的普遍欢迎。据报道,使用电子邮件可以使劳动生产率提高 30％以上。电子邮件不仅可以发送文字信息,而且可以附加声音和图像等。在有 Internet 的地方,已经很少有人会去邮局发信和电报了。

　　早期的电子邮件系统功能简单,内部结构也无统一标准,用户编辑好邮件后,须先退出编辑程序,然后调用文件传送程序才能送出邮件。1982 年,推出了简单邮件传送协议 SMTP,并成为正式标准。1984 年,CCITT 又制定了 X. 400 建议书,这是一个功能较强的电子邮件标准。由于 SMTP 只能传送 7 位的 ASCII 码邮件(主要是文字信息),这限制了多媒体信息的传输,因此 1993 年又提出了 Internet 邮件扩充标准 MIME(Multipurpose Internet Mail Extensions)。MIME 在邮件的头部说明了邮件包含的数据类型,如文本、声音、图像等。在 MIME 的模式下,邮件可以传送多媒体的信息。

　　一个完整的电子邮件系统应该包含三部分:即用户代理 UA、邮件服务器(包括发送和接收的邮件服务器)、电子邮件协议(常用的有 SMTP,POP3,IMAP),图 11.4 表示了这种

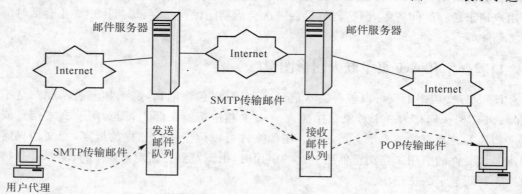

图 11.4　电子邮件系统的原理结构

关系。

　　用户代理是邮件服务器与用户操作之间的人机接口界面，一般认为它就是在 PC 机中运行的能够进行收发电子邮件的程序，如微软公司出品的 outlook、国内有名的电子邮件客户端 foxmail 等。此外，一些网络服务商（如网易）为大家提供了免费信箱，并可以直接通过 web 程序界面收发电子邮件。

　　一个优秀的用户代理程序可以使用户方便地进行账户管理（例如多账户）、收发邮件、阅读邮件、转发、群发、内容搜索、打印等。foxmail 还提供了远程管理功能，即通过接收的邮件头信息对邮件服务器上的邮件进行处理（而不必下载整个邮件）。

　　邮件服务器相当于投信人的邮箱，它要负责接收、发送、暂存客户的邮件，并对邮件的发送和传递状况进行反馈报告。对一个用户而言，邮件服务器需要两个，一个发送，另一个接收。这只是功能上的概念，实际上，一台物理上的服务器可以同时承担这两个功能。

　　一封电子邮件发送和接收的完整过程如下：

　　（1）发信人使用用户代理（如 foxmail）编辑需要发送的邮件，用户代理调用 SMTP 协议，将邮件发送到相应的 SMTP 服务器上（这个服务器需要用户设置指定）；

　　（2）发送端的 SMTP 服务器将邮件放入缓存队列，并调用 SMTP 客户进程与邮件目的端主机建立 TCP 连接，将邮件发送到目的端邮件服务器中；

　　（3）目的端邮件服务器接收到邮件后，将邮件放入相应用户的邮箱（实际上是逻辑上的一个分区）中，等待收件人来收取；

　　（4）收信人通过本地用户代理，调用 POP3 协议将邮件从目的端邮件服务器上取回。

　　从上述发收邮件的过程来看，用户可以实现离线操作，因为邮件实际上保存在邮件服务器中，用户可以随时在不同地点接收自己的邮件。

11.3.2　电子邮件地址与邮件格式

　　电子邮件地址的格式为 name@mailserver，其中 mailserver 表示为用户提供 e-mail 服务的计算机的域名，在这台服务器上运行邮件协议，前面的 name 表示用户在这台服务器上的用户名。邮件服务器域名必须在整个 Internet 上唯一，用户名又必须在服务器上唯一，从而保证 Internet 上所有的电子邮件地址不重复。

　　SMTP 电子邮件信息的格式很简单。信息由 ASCII 文本组成，包括两个部分，中间用一个空行分隔。第一部分是一个头部（header），包括有关发送方、接收方、发送日期和内容格式。第二部分是正文（body）。有些关键字在电子邮件头部是必须的，另一些是可选的。例如，每个头部必须包含以 To 开头的行，说明一个接收方的列表。这行中 To 和随后的冒号之后的内容包含了一个或多个电子邮件地址，每个地址对应一个接收方。电子邮件软件在电子邮件的头部放置一个以 From 开头的行，其后跟随的是发送方的电子邮件地址。一个典型的电子邮件如下例所示：

　　From：isda06@ujn.edu.cn

　　To：yhchen@ujn.edu.cn

　　Cc：liuhz@zucc.edu.cn

　　Reply-to：isda06@ujn.edu.cn

　　Subject：ISDA'06 — final call for papers

Date：Mon，8 May 2006 16：24：35 ＋0800

Dear authors，
Welcome to submit papers.
Secretary of ISDA'06
电子邮件中各关键字的含义如下：
From：发送方地址；
To：接收方地址；
Cc：抄送地址；
Date：信息发送日期；
Subject：信息主题；
Reply-To：回复地址（当借用他人地址发送邮件时，希望对方回复地址仍回复到自己信箱中，此时回复地址和发送方地址不同，但一般情况下与发送地址相同）。
头部的行由关键字和冒号开始，头部和正文由空行分隔。

11.3.3　简单邮件传输协议 SMTP

SMTP 规定了在两个相互通信的 SMTP 进程两端（即邮件发出服务器和接收服务器）该如何交换信息。SMTP 采用 C/S 方式，SMTP 客户负责发送邮件的进程，SMTP 服务器负责接收邮件的进程。SMTP 协议规定了 14 条命令和 21 条应答信息，每条命令都是 4 个字母；每一种应答信息一般也只有一行信息，并由一个 3 位数字的代码开始。SMTP 通信的过程如下所述：

1. 通过 SMTP 建立连接

发信端用户代理首先将邮件送至邮件缓存，SMTP 客户端每隔一定时间就对邮件缓存扫描一次，如果发现邮件，就通过 TCP 的 25 端口与邮件目的地址主机的 SMTP 服务器建立起 TCP 连接，对方的 SMTP 服务器发出"220 Service Ready"，客户端则发出 HELO 命令，并附上发送方的主机名。SMTP 服务器端如果能接收邮件，则以"250 OK"回答，否则回答"421 Service not available"。如果暂时在两端不能建立起 TCP 连接，发送端则等待一段时间后再尝试连接。

2. 传送邮件

建立起 TCP 连接后，SMTP 客户端开始传送邮件，以 MAIL 命令开始，例如 MAIL FROM pangwy@zju. edu. cn，当 SMTP 服务器准备好接收邮件时，就回答"250 OK"；否则发回出错代码和描述。准备工作完成后，客户端先检查目的邮件地址的合法性，通过发出 RCPT TO：lingp@163. com 的信息，询问接收地址是否正确，目的端服务器返回"250 OK"就表示用户合法；否则返回"550 No such user here"，表示用户不存在，则客户端放弃投递。如果 RCPT 进行顺利，则通过 DATA 命令开始正式发送邮件内容，邮件发送完毕后，SMTP 服务器在此反馈"250 OK"。最后客户端发送 QUIT 命令结束传送。

要指出的是，虽然 SMTP 采用 TCP 可靠连接，但并不能完全保证不丢失邮件，SMTP 也没有相应的可靠确认反馈给发信人。但一般情况下，SMTP 的可靠性还是很高的。

11.3.4　邮件收取协议

现在常用的邮件收取协议有两个,即邮局协议第三版 POP3 和 Internet 报文存取协议 IMAP。POP 协议最初公布于 1984 年,是一个功能比较简单的协议,大多数邮件服务器都支持它,它的工作方式也是 C/S 方式:在用户代理一方运行的是 POP 客户端程序,而在邮件服务器中运行 POP 服务器程序。我们在设置 foxmail 时填写的收取邮件服务器,即是 POP 服务器地址(由 ISP 提供)。POP 服务器要求用户输入口令后才能将邮件传递给用户代理。早期的 POP 协议是只要用户从服务器上收取了一次邮件后就将信件删除,这对于那些需要多次从不同地方收取邮件的用户来说显得很不方便。因此,POP3 协议作了改进,允许收取后的邮件还可以继续保留在服务器上。

新一代的邮件收取协议是 IMAP,现在的版本是 1996 年公布的 IMAP4,它采取的也是 C/S 方式,但与 POP 协议有很大的不同。它的特点是用户代理在自己的计算机上通过 IMAP 客户程序与邮件服务器上的 IMAP 服务程序建立起 TCP 连接以后,就可以直接在自己的 PC 机上操作自己的邮箱,就好像在本地操作一样,而不需要下载到本机后操作。因此 IMAP 协议可以称之为一个在线协议。用户可以随时看到自己邮件头信息,如果需要,再收取到本地,还可以根据自己的需要在邮箱中创建自己的个性文件夹。IMAP 还允许用户只读取邮件一部分(例如,只读取正文,而暂不读附件),这样为用户处理邮件带来了很大的方便,同时还节省了本地硬盘空间和信道带宽。

11.3.5　多用途互联网邮件扩充 MIME

最初的 Internet 电子邮件系统被设计为只能处理文本,信息的正文被限制为可打印的 ASCII 字符。后业,一些研究人员修改了这种模式,允许用电子邮件传送任意的数据(如二进制程序或图片),其方法是将数据编码为文本形式,放在邮件的消息中发送。在接收方,消息正文被抽取出来,转换回二进制形式。例如,一种方法是使用十六进制表示,将二进制数据中每 4 位作为一个单元映射到 0 到 9 及 A 到 F 中的一个字符,然后在电子邮件信息中发送这个字符序列,由接收方将这些字符翻译回二进制。

为了协调和统一发送二进制数据而发明的多种编码方案,IETF 发明了 MIME,即多用途互联网邮件扩充(Multipurpose Internet Mail Extension)。MIME 并不指定一种二进制数据的编码标准,而是允许发送方和接收方选择方便的编码方法。在使用 MIME 时,发送方在头部包含一些附加行说明信息遵循 MIME 格式,并在主体中增加一些附加行说明数据类型和编码。除了在发送方和接收方之间提供一致的编码方式外,MIME 还允许发送方将信息分成几个部分,并对每个部分指定不同的编码方法。这样,用户就可以在同一个信息中既发送普通文本又附加一个图像了。当接收者查看消息时,电子邮件系统显示出文本消息,然后询问用户如何处理附加的图像。当用户决定了如何处理附件时,MIME 软件自动解码附加的数据。为了透明地编码和解码,MIME 在电子邮件头部增加了两行:一行用来声明使用 MIME 生成信息,另一行说明 MIME 信息是如何包含在正文中的。例如,头部的行:

　　　　MIME-Version:1.0

　　　　Content-Type:Multipart/Mixed;Boundary=Mime_ separator

说明了信息是使用 MIME 版本 1.0 生成的,并且包含多个部分,多种编码格式的信息,由

Mime_ separator 的行划分正文信息的每个部分。

当 MIME 用来发送标准文本信息时,格式如下:

MIME-Version:1.0

Content-Type:text/plain

MIME 的主要优点在于它很灵活,这种标准并不规定所有的发送方和接收方必须使用单一的编码方式。取而代之的是,MIME 允许使用任何时候发明的新的编码方式。发送方和接收方只要能同意一种编码方式及对该编码方式使用同一名字,就可以使用传统的电子邮件进行通信了。

MIME 与早期的电子邮件系统是兼容的,而且传送信息的电子邮件系统不需要理解正文或 MIME 头部行所使用的编码,这些信息可以完全像任何电子邮件信息一样对待。早期邮件系统传送头部信息而不解释它们,并将正文当作单个文本块一样对待。

11.4　文件传输协议 FTP

11.4.1　概　述

文件传送协议(File Transfer Protocol,FTP),是一个用于在主机间通过网络传送文件的协议。在 Internet 早期阶段,FTP 的通信量占了整个 Internet 通信量的三分之一,到 1995 年以后,web 流量才超过了它。

11.4.2　FTP 的工作方式

FTP 使用两个并行的 TCP 连接来传送文件,一个是控制连接,另一个用于文件传输。控制连接用于在客户主机和服务器主机之间发送控制信息,例如用户名和口令、改变远程目录的命令、取来或放回文件的命令。这种控制信息和数据分开传输的方式被称为带外(out-of-band)发送控制信息。

图 11.5 所示为 FTP 的两个并行连接的工作方式。

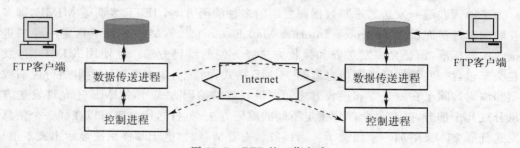

图 11.5　FTP 的工作方式

当用户启动与远程主机间的一个 FTP 会话时,FTP 客户首先发起建立一个与 FTP 服务器端口号 21 之间的控制 TCP 连接,然后经由该控制连接把用户名和口令发送给服务器。客户还通过控制连接把临时分配的数据端口号告知服务器,以便服务器发起建立一个从服务器端口号 20 到客户指定端口之间的数据 TCP 连接。为了便于绕过防火墙,较新的 FTP 版本允许客户告知服务器,改由客户来发起建立到服务器端口号 20 的数据 TCP 连接。用户执行的一些命令也由客户经由控制连接发送给服务器,例如改变远程目录的命令。当用户每次请求传送文件时(不论哪个方向),FTP 将在服务器端口号 20 上打开一个数据 TCP 连接。在数据连接上传送完本次请求需传送的文件之后,有可能关闭数据连接,直到再有文件传送请求时才重新打开。因此在 FTP 中,控制连接在整个用户会话期间一直打开着,而数据连接则有可能为每次文件传送请求重新建立一次(即数据连接是非持久的)。

11.4.3 常用的 FTP 命令和应答格式

FTP 命令是直观可读的,每个命令由 4 个大写的 ASCII 字符构成,有些命令带有可选的参数。用于分割连续命令或应答的是一个回车符和一个换行符。下面给出的是一些较为常见的命令:

(1)USER username:用于向服务器发送用户名。

(2)PASS password:用于服务器发送口令。

(3)LIST:用于请求服务器发回当前远程目录下所有文件的一个清单。该清单是通过数据连接而不是控制连接发送过来的。

(4)RETR filename:用于获取远程主机当前目录下的一个文件,与用户代理中的 get 命令相对应。

(5)STOR filename:用于存放远程主机当前目录下的一个文件,与用户代理中的 put 命令相对应。

从客户经由控制连接发送到服务器的 FTP 命令和用户向用户代理发出的命令之间一般存在一一对应关系。每个命令之后跟随的是从服务器发送到客户的应答。FTP 应答是一个 3 位数值,可能后跟一个可选的消息。下面列出了一些典型的应答以及可能后跟的消息:

(1)331 Username OK, password required

(2)125 Data connection already open, tranfer starting

(3)425 Car't open data connection

(4)452 Error writing

有兴趣的读者可以阅读 RFC 959 以了解更多的命令。作为下载的客户端软件有多种,常见的有 LEAPFTP,FXP 等,也可以直接使用 IE 浏览器登录。FTP 服务器端可以用微软的 IIS 建立,也可以用常见的软件如 Serv-U 建立。关于服务器的建设问题在后续章节中论述。

Windows XP 下自带了 FTP 客户程序,可以在命令窗口中键入 FTP 命令打开,键入 help 可以列出所有 FTP 命令(见图 11.6)。键入命令后面加一个"?",回车后可显示该命令的帮助信息。

11.4.4 远程登录协议 telnet

telnet 是一个简单的远程登录协议,用户使用 telnet 调用 TCP 协议连接到一个具有 telnet 服务的远程主机上,telnet 能将用户的键盘输入传递到远程主机上,同时将远程主机的消息返回到用户屏幕上,这样的操作就好像用户直接在远程主机上操作一样,从而可以共享远程主机上的许多程序和资源,而不必下载到本地硬盘上。例如我们熟知的 BBS 系统采

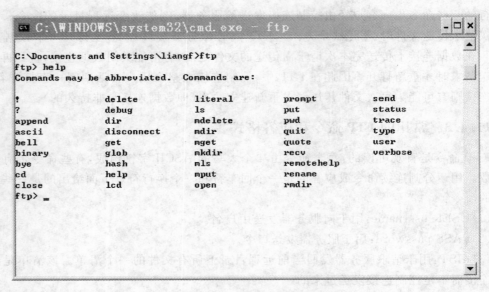

图 11.6 Window XP 下自带的 ftp 客户程序

用的就是 telnet 方式。

在早期,PC 机功能不强大,一些大型的程序或大量数据放置在为数不多的服务器上,telnet 很有用武之地。而现在,PC 机的功能日趋完善和强大,自己独立可以完成复杂的任务,telnet 的应用少了很多。telnet 协议不算复杂,它同样采取 C/S 方式,在本地主机中运行 telnet 客户程序,而在远程主机中运行 telnet 服务器进程。与 FTP 的连接类似,telnet 服务器中有一个主进程等待连接呼叫,而对于已经创建的连接产生一个从属进程来处理和客户端的数据交互。

telnet 屏蔽了不同操作系统的计算机之间的差异。例如,某些系统中断程序时使用 Ctrl+C 键,有的系统使用 ESC 键终止程序,telnet 中则统一用 Ctrl+C 键。telnet 定义了数据和命令应该怎样通过 Internet,这个定义的规范称之为网络虚拟终端 NVT(Network Virtual Terminal)。NVT 的工作分为两个层面,在客户端一方,将用户的键盘输入和命令转换为 NVT 规定格式,传递到 Internet 上,而在服务器一方,将 NVT 格式转换成服务器系统需要的格式。NVT 的格式定义很简单,所有数据来往都以 8 比特的字节为单位。例如,它定义了两字节的 CR-LF 作为标准的行结束控制符,当用户键入回车符时,telnet 客户端就将其转换为 CR-LF 后进行传输,而在服务器一端,则将 CR-LF 两字节转成本地机器的行结束标志。

Telnet 定义了多个命令来完成与服务器的交互,telnet 的基本命令主要如下:

(1)telnet:启动 telnet 程序;

(2)help:联机求助;

(3)open 10.13.21.88:后接 IP 地址或域名即可进行远程登录;

(4)close:正常结束远程会话,回到命令方式;

(5)display:显示工作参数;

(6)mode:进入行命令或字符方式;

（7）send：向远程主机传送特殊字符（键入 send? 可显示详细字符）；

（8）set：设置工作参数（键入 set? 可显示详细参数）；

（9）status：显示状态信息；

（10）toggle：改变工作参数（键入 toggle? 可显示详细参数）；

（11）quit：退出 telnet。

在 Windows XP 的命令窗口下键入 telnet 命令，就可以启动一个 windows XP 自带的 telnet 客户程序，键入 help 可以得到其命令说明（见图 11.7）。与对方主机连接后，就可以直接在命令窗口输入 telnet 基本命令了。

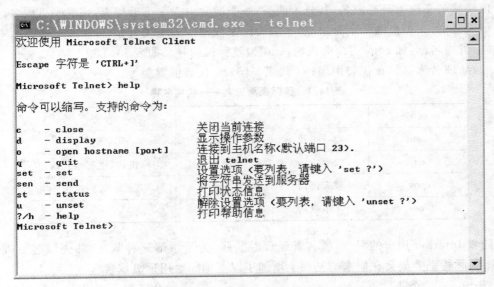

图 11.7　Windows XP 下的 telnet 客户程序

11.5　域名系统 DNS

11.5.1　域名机制

网络上主机通信必须指定双方机器的 IP 地址。IP 地址虽然能够唯一地标识网络上的计算机，但它是数字型的，对使用网络的人来说有不便记忆的缺点，因而在 Internet 中使用字符型的名字标识，将二进制的 IP 地址转换成字符型地址，即域名地址，简称域名（Domain Name）。

网络中命名资源（如客户机、服务器、路由器等）的管理集合构成域（Domain）。从逻辑上，所有域自上而下形成一个森林状结构，每个域都可包含多个主机和多个子域，树叶域通常对应于一台主机。每个域或子域都有其固有的域名。Internet 所采用的这种基于域的层次结构名字管理机制叫做域名系统（Domain Name System，DNS）。它一方面规定了域名语法以及域名管理特权的分派规则，另一方面描述了关于域名—IP 地址映射的具体实现。

1. 域名规则

域名系统将整个 Internet 视为一个由不同层次的域组成的集合体，即域名空间，并设定域名采用层次型命名法,从左到右,从小范围到大范围,表示主机所属的层次关系。不过,域名反映出的这种逻辑结构和其物理结构没有任何关系,也就是说,一台主机的完整域名和物理位置并没有直接的联系。

域名由字母、数字和连字符组成,开头和结尾必须是字母或数字,最长不超过 63 个字符,而且不区分大小写。完整的域名总长度不超过 255 个字符。在实际使用中,每个域名的长度一般小于 8 个字符。通常格式如下:

　　　　主机名. 机构名. 网络名. 顶层域名

例如:www. zucc. edu. cn 就是浙江大学城市学院 web 服务器的域名地址。

顶层域名又称为最高域名,其分为两类:一类通常由三个字母构成,一般为机构名,是国际顶级域名;另一类由两个字母组成,一般为国家或地区的地理名称。

(1)机构名称:如 com 为商业机构;edu 为教育机构等。如表 11.1 所示。

(2)地理名称:如 cn 代表中国;us 代表美国;ru 代表俄罗斯等。

表 11.1　国际顶级域名——机构名称

域名	含义	域名	含义
com	商业机构	net	网络组织
edu	教育机构	int	国际机构(主要指北约)
gov	政府部门	org	其他非营利组织
mil	军事机构		

随着 Internet 用户的激增,域名资源日益紧张,为了缓解这种状况,加强域名管理,Internet 国际特别委员会在原来的基础上增加了以下国际通用顶级域名:

.firm 公司、企业　　　　　　　　　　　.aero 用于航天工业

.store 商店、销售公司和企业　　　　　.coop 用于商业组织

.web 突出 WWW 活动的单位　　　　　.museum 用于博物馆

.arts 突出文化、娱乐活动的单位　　　　.biz 用于商业

.rec 突出消遣、娱乐活动的单位　　　　.name 用于个人

.info 提供信息服务的单位　　　　　　.pro 用于专业人士

.nom 个人

2. 中国的域名结构

中国的最高域名为 cn。二级域名分为类型域名和行政区域名两类。

(1)类型域名:这类域名共设有 6 个,分别是:ac. cn 适用于科研机构;com. cn 适用于工、商、金融等企业;edu. cn 适用于中国的教育机构;gov. cn 适用于中国的政府机构;net. cn 适用于提供互联网络服务的机构;org. cn 适用于非营利性的组织。

(2)行政区域名:这类域名共 34 个,适用于我国各省、自治区、直辖市以及特别行政区,如 bj. cn 代表北京市;sh. cn 代表上海市;zj. cn 代表浙江省等。

11.5.2　域名解析

IP 地址和域名相对应,域名是 IP 地址的字符表示,它与 IP 地址等效。Internet 中一台

计算机可以有多个用于不同目的的域名,但通常只能有一个 IP 地址(不含内网 IP 地址)。一台主机从一个地方移到另一个地方,当它属于不同的网络时,其 IP 地址必须更换,但是可以保留原来的域名。

将域名翻译为对应 IP 地址的过程称为域名解析(name resolution)。请求域名解析服务的软件称为域名解析器(name resolver),它运行在客户端,通常嵌套于其他应用程序之内,负责查询域名服务器,解释域名服务器的应答,并将查询到的有关信息返回给请求程序。

1. 域名服务器

运行域名和 IP 地址转换服务软件的计算机称为域名服务器(Domain Name Server,DNS),它负责管理、存放当前域的主机名和 IP 地址的数据库文件,以及下级子域的域名服务器信息。所有域名服务器数据库文件中的主机和 IP 地址集合组成一个有效的、可靠的、分布式域名——IP 地址映射系统。同域结构对应,域名服务器从逻辑上也成树状分布,每个域都有自己的域名服务器,最高层为根域名服务器,它通常包含了顶级域名服务器的信息。

2. 域名解析方式和解析过程

域名解析的方式有两种。一种是递归解析(recursive resolution),要求域名服务器系统一次性完成全部域名——IP 地址变换,即递归地由一个 DNS 服务器请求下一个 DNS 服务器,直到最后找到可以解析该域名的 DNS 服务器,这是目前较为常用的一种解析方式。另一种是迭代解析(iterative resolution),每次请求一个服务器,当本地 DNS 服务器不能获得查询答案时,就返回下一个 DNS 服务器的名字给客户端,利用客户端上的软件实现下一个 DNS 服务器的查找,依此类推,直至找到可以解析该域名的 DNS 服务器。二者的区别在于前者将复杂性和负担交给服务器软件,适用于域名请求不多的情况;后者将复杂性和负担交给解析器软件,适用于域名请求较多的环境。

总体来说,每当一个用户应用程序需要转换一个域名为 IP 地址时,它就成为 DNS 服务器系统的一个客户。客户首先向本地的 DNS 服务器发送请求,本地 DNS 服务器如果找到相应的地址,就发送一个应答信息,并将 IP 地址交给客户,应用程序便可以开始正式的通信过程。如果本地 DNS 服务器不能回答这个请求,就采取递归或迭代方式找到能解析该域名的 DNS 服务器,并解析出该地址。

例如,当主机 user1. zucc. edu. cn 的应用程序请求和主机 mail. cnnic. net. cn 通信时,图 11.8 和图 11.9 所示为两种方式的解析过程。

(1)递归解析方式

①用户 user1. zucc. edu. cn 程序向本地域名服务器发送解析"mail. cnnic. net. cn"的请求;

②本地域名服务器. zucc. edu. cn 未找到"mail. cnnic. net. cn"对应地址,向其上一级域名服务器. edu. cn 发送请求;

③. edu. cn 域名服务器也未找到"mail. cnnic. net. cn"对应地址,继续向上一级域名服务器. cn 发送请求;

④. cn 域名服务器找到. net. cn 域名服务器并将请求发送其上;

⑤. net. cn 域名服务器找到. cnni. edu. cn 域名服务器并将请求发送其上;

⑥. cnni. edu. cn 域名服务器找到"mail. cnnic. net. cn"对应地址,并返回上一级;

⑦~⑨按层次结构将结果一级级返回到本地域名服务器. zucc. edu. cn;

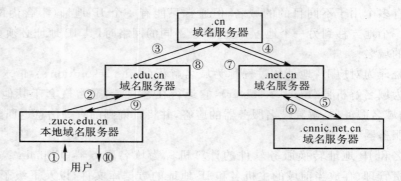

图 11.8　递归域名解析过程

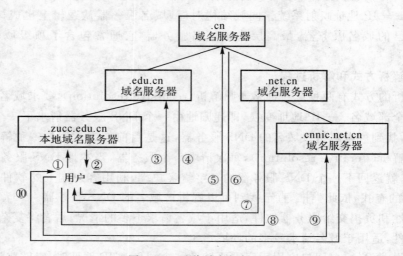

图 11.9　迭代域名解析过程

10本地域名服务器.zucc.edu.cn 将最终域名解析结果返回给用户应用程序。

（2）迭代解析方式

①用户 user1.csu.edu.cn 程序向本地域名服务器发送解析"mail.cnnic.net.cn"的请求；

②本地域名服务器.zucc.edu.cn 未找到"mail.cnnic.net.cn"对应地址，向客户返回其上一级域名服务器.edu.cn 地址；

③用户程序再向.edu.cn 域名服务器发送解析"mail.cnnic.net.cn"的请求；

④.edu.cn 域名服务器也未找到"mail.cnnic.net.cn"对应地址，向客户返回其上一级域名服务器.cn 地址；

⑤用户程序再向.cn 域名服务器发送解析"mail.cnnic.net.cn"的请求；

⑥.cn 域名服务器找到.net.cn 域名服务器相应地址，并返回给客户；

⑦用户程序继续向.net.cn 域名服务器发送解析"mail.cnnic.net.cn"的请求；

⑧.net.cn 域名服务器依然未找到"mail.cnnic.net.cn"对应地址，向客户返回其下一级域名服务器.cnnic.net.cn 地址；

⑨用户程序最后向.cnnic.net.cn 域名服务器发送解析"mail.cnnic.net.cn"的请求；

10.cnnic.net.cn 域名服务器找到相应地址，并将最终域名解析结果返回给用户应用程序。

3. 域名解析的效率

为了提高解析速度,域名解析服务提供了两方面的优化:复制和高速缓存。

复制是指在每个主机上保留一个本地域名服务器数据库的副本。由于不需要任何网络交互就能进行转换,复制使得本地主机上的域名转换非常快。同时,它也减轻了域名服务器的计算机负担,使服务器能为更多的计算机提供域名服务。

高速缓存是比复制更重要的优化技术,它可以使非本地域名解析的开销大大降低。网络中每个域名服务器都维护一个高速缓存器,由高速缓存器来存放用过的域名和从何处获得域名映射信息的记录。当客户机请求服务器转换一个域名时,服务器首先查找本地域名——IP 地址映射数据库,若无匹配地址则检查高速缓存中是否有该域名最近被解析过的记录,如果有就返回给客户机,如果没有再通过其他 DNS 服务器查询。为了保证解析的有效性和正确性,高速缓存中保存的域名信息记录设置有生存时间,这个时间由响应域名询问的服务器给出,超时的记录就将从缓存区中删除。

思考题

11-1　在 Windows 的 IE 浏览器中查看 Internet 的某一网页,打开"查看"菜单中的"源文件",看看该网页的 html 源文件。

11-2　尝试自己编写一个简单的 html 文件,并通过 IE 浏览。

11-3　看看你的 e-mail 邮箱的设置。

11-4　在 Windows 的命令窗口中键入 FTP 命令,查看一下有哪些 FTP 命令,试着使用 FTP 下载一个文件。

11-5　在 Windows 的命令窗口中键入 telnet 命令,查看一下有哪些 telnet 命令,试着使用 telnet 登录网络上另外一台电脑(需安装 telnet 服务)。

第 12 章　企业网络设计

现代企业网络技术由传统的局域网进入 Intranet 时代,企业网络的设计也更为规范。一个典型的企业网络被划分为 Extranet 和 Intranet 两部分。Intranet 部分又由核心层、分布层和接入层构成。在企业网络中与 Internet 直接连接的主机/路由器采用公网 IP 地址,其他主机则采用私网 IP 地址与之联系。主机用私网 IP 地址不能直接访问 Internet,可以采用 NAT 技术,将私网 IP 地址转换为公网 IP 地址,然后访问 Internet。NAT 可在防火墙实现。IP 地址可以采用 DHCP 技术自动分配。

通过本章的学习,以一个典型的企业网络方案为蓝本,了解企业网络的设计方法和 Intranet 的知识,了解公网 IP 和私网 IP 的分配,以及 NAT 和 DHCP 等方法。建议学时:1～2 学时。

12.1　Internet 和 Intranet 概述

通过第 7 章的学习,我们对于 Internet(因特网)有了较为深入的了解。而所谓 Intranet 就是把 Internet 技术应用于企业和机构内部的网络所形成的企业内部网络系统的通称,从这个意义上来讲,Internet 和 Intranet 只是范围大小上的不同,所用的技术是相通的。

Intranet 网是在传统的企业网(LAN)基础上,采用 Internet 的协议标准和技术来构筑或改建的。它可提供 web 信息服务以及连接数据库等其他应用服务。它既可以是独立并自成体系的内部网络,也可以与 Internet 相连接。连接至 Internet 时,可用"防火墙"与 Internet 网隔开,从而既有传统企业内部网的安全性,又有 Internet 网的开放性和灵活性。

Intranet 的重要特点是它的跨平台性,也就是说它兼容不同的网络结构和网络操作系统。而且由于 Intranet 是建立在 TCP/IP 网络协议上的以 web 服务器为核心的跨平台网络,故具备 Internet 的常规功能:WWW,FTP,e-mail,BBS 等。

由于采用的是 Internet 的成熟技术,Intranet 构造、安装、扩充都很简单。它的应用开发基于 web 服务器,为信息共享提供了很好的方式。用户端只需一个浏览器,就可共享 Intranet 上的各种信息和应用资源,因此企业的投资及培训费用大为降低,便于用户使用和系统维护。

12.2　企业网络设计概要

要完成一个好的企业网络设计,首先需要对用户的需求进行调研与分析,在进行充分的现场实地调研、收集第一手资料的基础上,选择网络拓扑结构,绘制网络拓扑图,确定网络详细设计,列出网络设备详细清单,制定网络建设实施工序和计划。

12.2.1　网络需求分析

需求分析是从软件工程学引入的概念,是关系一个网络系统成功与否最重要的步骤。如果网络系统应用需求及趋势分析做得透,网络方案就会"张弛有度",系统框架搭得好,网络工程实施及网络应用实施就相对容易得多;反之,如果网络需求分析没有得到足够的重视,用户的需求没有被充分地整理和分析,则"蠕动需求"(在建设过程中不断有新的需求提出)就会贯穿整个网络工程项目的始终,并破坏项目的实施计划和预算。

企业网络的需求分析一般包括需求调查、应用概要分析、详细需求分析、综合布线需求分析、网络可用性/可靠性需求分析和网络安全性需求分析六部分。

1. 需求调查

需求调研与分析的目的是从实际出发,通过现场实地调研,收集第一手资料。

企业网络设计的需求调查一般包括网络用户调查、网络应用调查和地理布局勘察三部分。

(1)网络用户调查

网络的设计实施人员与网络未来有代表性的直接用户进行交流(在旧网络改造项目中,这个环节尤其重要),重点了解用户对网络延迟及响应时间、网络可靠性/可用性、网络的可扩展性、网络安全性方面的具体需求。

(2)网络应用调查

网络应用调查应通过深入细致的调查和分析了解用户建设或改造网络的真正目的,整理用户目前已有的网络应用,帮助用户挖掘未来几年潜在的网络应用,确保网络设计具有一定的前瞻性。在企业中,用户对网络的应用需求一般包括内部办公自动化 OA 系统、人事档案、财务管理、生产管理、设备管理、考勤系统、文件共享、视频会议、实时监控等,有的企业还建立了自己的 MIS 系统或 ERP 系统。总之,随着企业信息化程度的提高,企业网络承担着企业从文件信息资源共享到 Internet/Intranet 信息服务和专用服务,从单一 ASCII 码数据流到音频(如 IP 电话)、视频(如 VOD 视频点播、视频会议、生产现场远程监控)等多媒体流传输的应用。只有对用户的实际网络应用需求进行细致的调查,并从中得出用户应用类型、数据量大小、数据重要程度、网络应用的安全性、可靠性、实时性要求等,才能据此设计出切合用户实际需要的网络系统。

(3)地理布局勘察

对建网单位的地理环境和人文布局进行实地勘察是确定网络规模、网络拓扑结构、综合布线设计与施工等工作不可或缺的环节。主要包括楼内调查、建筑群调查两部分,规模较大的企业网可能跨越多个园区甚至多个省市,还需进行区域调查。地理布局勘察完成后应绘制分层次的网络地理布局图。

2. 网络应用概要分析

在需求调查得到的第一手材料的基础上,归纳整理出对网络设计有重大影响的因素,进而使网络方案设计人员清楚这些应用需要一些什么样的服务器,什么样的网络设备,网络负载和流量如何平衡分配等。

一般而言,企业网的应用类型主要有 Internet 公共服务、企业数据库及企业数据资源系统、专有应用系统三种。后两种类型的应用对网络的实时性、可靠性要求较高。

3. 详细需求分析

网络的详细需求分析包括网络费用分析和网络总体需求分析两部分。

(1)网络费用分析

网络工程本身的费用主要包括以下几方面:

①网络设备硬件:交换机、路由器、防火墙、VPN 设备等;

②服务器等:服务器、海量存储设备、网络打印机等;

③网络基础设施:UPS 电源、机房设备及装修、综合布线系统等;

④软件:网络管理软件、网络操作系统、数据库、网络安全与防毒软件、应用系统软件等;

⑤远程通信线路及 ISP 带宽租用费用;

⑥系统集成费用、培训费用和网络维护费用。

(2)网络总体需求分析

网络总体需求分析主要包括网络数据负载分析、信息包流量及流向分析、信息流特征分析、拓扑结构分析和网络技术分析选择。

4. 综合布线需求分析

综合布线需求分析主要包括光缆选型布放分析、室内双绞线布线系统分析两部分。

5. 网络可用性/可靠性需求分析

网络可用性/可靠性需求要有相应的网络高可用性设计来保障,如采用双核心交换机、双链路、冗余电源、冗余模块等。但须充分考虑性价比,因为高冗余、高可靠性设计将会使网络投资费用迅速增长。

6. 网络安全性需求分析

当企业网对网络的安全性有较高要求时(如金融、保险、高科技企业),需要作详细的网络安全性需求分析,主要包括:

①分析存在的弱点、漏洞与不当的系统配置;

②分析网络系统,制定阻止外部攻击行为、防止内部职工违规操作的安全策略;

③划定网络安全边界,使企业网络系统和外界的网络系统能安全隔离;

④确保租用电路和无线链路的通信安全;

⑤分析如何监控企业的敏感信息;

⑥分析工作桌面系统安全。

12.2.2　企业网络设计思路

根据企业的规模和应用层次,即工作组级、部门级、园区级以至企业级,设计相对应的接入层、分布层、核心层和网间层(私有专网、VPN 或 Internet)。

这样分层设计的结构化企业的网络层次清晰,整个系统的运行和应用既有各自的相对独立性,又具有合理的数据流向,组成具有层次性和结构化特征的统一体。企业网的这种层次化结构设计有助于网络的升级扩展和分级管理。

12.2.3　一个典型企业网拓扑

图 12.1 所示为一个典型的企业网络拓扑图。从图中可以看出,企业网被防火墙划分为企业网外网 Extranet 和企业网内部 Intranet 两部分。

本章其他小节将围绕这个拓扑图,对企业网络设计进行较为详细的分析。

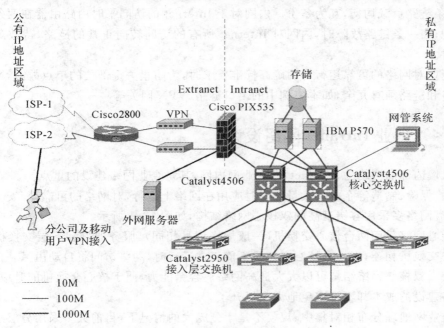

图 12.1　一个典型的企业网络拓扑图

12.3　企业网络与 Internet 的互联

企业网络一般通过 Extranet 实现 Intranet 与 Internet 的互联。Extranet 是位于防火墙外直接与 Internet 相连的区域,即企业网外网。

为保证企业 Intranet 的安全,一般在企业网的 Intranet 外需配备防火墙(FW),防火墙的主要作用是把 Internet 用户阻挡在墙外,使非授权的 Internet 用户无法进入企业内部 Intranet 网。

Extranet 位于 Internet 和 Intranet 中间,是一个"缓冲地带",它提供企业网对外交流的渠道,建立企业面向 Internet 的服务体系,包括 Web、DNS、DB、CA 认证、e-mail 等服务。

如图 12.1 所示,Web 等外网服务器通常放置在防火墙的 DMZ 区。DMZ 是英文"Demilitarized Zone"的缩写,中文名称为"隔离区",也称"非军事化区"。它是为了解决安装防火墙后外部网络不能访问内部网络服务器的问题而设立的一个非安全系统与安全系统之间的缓冲区,在这个区内可以放置一些必须公开的服务器设施,如企业 Web 服务器、FTP 服务器和论坛等。

具有一定规模的企业一般有外地的分支机构,这些分支机构需要和总部保持可靠的网络连接,企业的移动办公人员(如销售)也需要随时随地接入企业内部网络。目前,这种应用需求可以通过 VPN(虚拟专用网)解决。

为了保证 VPN 及 Internet 访问的正常进行,对网络出口可靠性/安全性要求高的企业可租用两条 ISP 线路,如图 12.1 所示。一条 100M 带宽的光纤链路连接 ISP1(如电信),另一条 10M 带宽的光纤链路连接 ISP2(如网通),这两条 ISP 链路终结于思科 2800 出口路由器上,两条链路负载均衡,互为备份。内网对于 Internet 的访问平时由路由器在两条链路间均衡分配,当一条链路故障时,内网对 Internet 所有的访问转向正常的链路,待故障排除后恢复正常。

在企业对网络的可靠运行有明确高标准要求时,为防止关键部位的单点故障,网络中的主要设备和链路须有冗余,如本案例中的出口链路、VPN 网关等。

12.4 企业 Intranet 网络设计

防火墙内部的网络为 Intranet,即企业网内网,其是企业网络建设的重点。

金融、保险、制造等企业有大量的实时应用在网络上运行,对网络的可靠性/安全性要求极高,这类网络多采用容错度高的双核心网络结构,如图 12.1 所示。

双核心网络采用两台核心交换机(一般规格型号相同),服务器群和下层交换机同时和两台核心交换机相连,当一台核心交换机不能正常运行时,网络访问将自动由另一台核心交换机完成。双核心网络结构可以大大提高网络的容错能力,便于核心交换机的升级和维护,但是网络建设的成本却不可避免地大大提升了。

在企业网地理分布相对集中、规模不是十分庞大的情况下,目前大多采用分层次的星形拓扑结构。若配置了双核心交换机,则为分层次的双星形拓扑结构(如图 12.1 例)。部分企业网络主干采用环形或网状拓扑结构。

企业网络多采用层次化的网络设计,层次化网络设计在网络组件的通信中引入了三个关键层的概念,这三个层次分别是:核心层(Core Layer)、分布层(Distribution Layer)和接入层(Access Layer)。

核心层为网络提供了骨干组件或高速交换组件,在纯粹的分层设计中,核心层只完成数据交换的特殊任务。

分布层是核心层和终端用户接入层的分界面,分布层网络组件完成数据包处理、过滤、寻址、策略增强和其他数据处理等任务。

接入层使终端用户能接入网络,同时完成优先级设定和带宽限制等优化网络资源的设置。

层次化网络设计的一个重要优点就是在现有技术投资下,任何规模的网络都能融进新的商务要求,便于网络的管理和扩充。出于网络设计的复杂性和规模,分层网络中使用的路由协议必须能将路内更新报文快速聚合,并且仅需为此付出较低的处理能力。多数新的路由协议都是为层次化拓扑所设计的,只需要较少的资源就能维护当前的网络路由表。

　　图 12.1 中拓扑图所示的方案是采用二级结构,只有接入层,没有分布层。这在企业网规模不大、地理分布较集中的情况下是可行的,可以有效地减少投资,减少设备维护工作量。在企业网规模较大、地理分布较分散的情况下,则需增加分布层,一般可以在每个厂区或每个办公楼内设置一台分布层交换机。

12.5　公网 IP 地址与私网 IP 地址

12.5.1　公网 IP 地址

　　公网 IP 地址需要向 ISP 申请,企业能够申请到的公网 IP 地址一般不多,需精心分配和使用。

　　企业网的 Extranet 部分需要使用公网 IP 地址。公网 IP 地址一般分为 4 段使用,一段用于外网服务器,如 web,e-mail 等;一段用于网络设备,如出口路由器等;一段用于 NAT 内网地址转换;一般还有一段地址保留用于测试和机动。

12.5.2　私网 IP 地址

　　Intranet 一般使用“专用”的 IP 地址,即私网 IP 地址。这是因为企业获得的公网 IP 地址段往往很小,远不足以使每个内网设备都拥有公网 IP 地址。标准(RFC 1597)把三个 IP 地址段划分为私网 Intranet IP 地址段,这些地址可以满足任何规模的企业和组织的应用,这三个地址段为

　　　　10.0.0.0 —— 10.255.255.255 (24 位,约 700 万个地址)
　　　　172.16.0.0 —— 172.31.255.255 (20 位,约 100 万个地址)
　　　　192.168.0.0 —— 192.168.255.255 (16 位,约 6.5 万多个地址)

Intranet 上可由路由器将这些私网 IP 地址集中管理,以避免网中可能发生的地址冲突。值得注意的是,那些不使用这些规定的 IP 地址的网络也必须使用相似的加密和过滤技术来进行谨慎的管理。如果在同一网段中出现两个具有相同的 IP 地址的主机,那么这两台主机都将无法正常工作。

　　Intranet 上的联网设备根据应用和地理位置划分为多个 VLAN,每个 VLAN 有自己的 IP 地址段,VLAN 之间可根据需要制定访问策略,如财务 VLAN 除少数 IP 地址外,一般的 IP 地址不允许对该 VLAN 进行访问。

12.5.3　NAT

　　联网设备不能直接以私网 IP 地址访问 Internet,首先须转换为公网 IP 地址。地址转换可通过代理服务器进行。目前,更多的企业网络通过 NAT 完成这种地址转换。如图 12.1 所示,NAT 地址转换在防火墙中进行。

　　网络地址转换 NAT 的全称是 Network Address Translation,它是一个 IETF 标准,允许一个机构以一个或一组地址出现在 Internet 上。

　　NAT 有三种类型:静态 NAT(Static NAT)、动态地址 NAT(Pooled NAT)、网络地址端口转换 NAPT(Port-Level NAT)。

　　静态 NAT 是设置起来最为简单和最容易实现的一种,内部网络中的主机被永久映射成外部网络中的某个公网 IP 地址,如通过静态 NAT 使 Intranet 内的一台服务器对外提供 web 服务。

　　动态地址 NAT 是在外部网络中定义了一系列的公网 IP 地址,采用动态分配的方法映射到内部网络,图 12.1 中所有 Intranet 私网 IP 地址的联网设备都可以通过动态地址 NAT 映射为公网 IP 地址后再访问 Internet。

　　NAPT 可以把不同私网 IP 地址映射到同一个公网 IP 地址的不同端口上,如将一个公网 IP 地址的 TCP 80 端口通过 NAPT 映射至 Intranet 的服务器 A 对外提供 web 服务,而将该公网 IP 地址的 TCP 25 端口和 110 端口通过 NAPT 映射至 Intranet 的服务器 B 对外提供 e-mail 服务。

12.5.4　DHCP

　　为便于 IP 地址的管理,简化用户的工作量,企业网 Intranet 中经常使用 DHCP 技术分配 IP 地址。

　　在早期的网络管理中,为网络内的计算机分配 IP 地址是网络管理员的一项复杂工作。由于同一网络中每台计算机都必须拥有一个独立的 IP 地址,以免由于 IP 地址重复而引起网络地址冲突,因此,分配 IP 地址对于一个较大的网络来说是一项非常繁杂的工作。

　　为解决这一问题,就产生了 DHCP 服务,DHCP 是 Dynamic Host Configuration Protocol 的缩写,它是使用在 TCP/IP 通信协议中,用来暂时指定某一台计算机 IP 地址的通信协议。

　　使用 DHCP 时必须在网络上有一台 DHCP 服务器,其他计算机作为 DHCP 客户端。当 DHCP 客户端程序发出一个广播信息,要求一个动态的 IP 地址时,DHCP 服务器会根据目前已经配置的 IP 地址给客户端提供一个可供使用的 IP 地址以及子网掩码、网关地址等 TCP/IP 配置。

　　通常,DHCP 用三种方式分配 IP 地址,分别如下:

　　(1)固定的 IP 地址:每一台计算机都有各自固定的 IP 地址,这个地址固定不变,除非网络架构改变,否则这些地址通常可以一直使用下去。

　　(2)动态分配:每当计算机需要存取网络资源时,DHCP 服务器才给予一个 IP 地址,但是当计算机离开网络时,这个 IP 地址便被释放,可供其他计算机使用。

　　(3)手动分配:由网络管理员以手工的方式指定联网计算机的 IP 地址,若 DHCP 配合 WINS 服务器使用,则计算机名称与 IP 地址的映射关系可以由 WINS 服务器来自动处理。

　　在较大的层次化网络中,DHCP 服务可以由三层交换机提供。

思考题

12-1　调查你所在学校校园网的拓扑结构。

12-2　在网上找到一个典型企业网络的设计范例,并加以分析。

第13章 企业网络服务器配置

建立企业网络时很重要的一个步骤是通过网络服务器为网络用户提供各类服务。本章介绍建立基于 Windows Server 2003 的企业网络服务器的配置技术,包括 DNS、Web、FTP 和 DHCP 服务器的配置等。

通过本章学习,读者可以了解 Windows Server 2003 环境下多种服务器的安装和配置方法,建议学时:自学。

13.1 Windows Server 2003 简介

Windows Server 2003(后面简称 Server 2003)是微软发布的最新一代网络操作系统,也是一般企业建立网络服务器的一个很好的选择。它根据不同的应用需求推出 4 个功能版本,用户可以根据自己的应用需求选用不同的版本。本章所介绍的网络服务是基于 Server 2003 企业版的。

Server 2003 的安装可以参照相关手册,它可以安装在个人计算机上,因此很容易自己安装并学习。由于其功能强大,在普通 PC 机上运行速度较慢,建议安装时采用双操作系统,即平时使用 Windows XP 系统,只在学习时才使用 Server 2003。在企业网中,Server 2003 一般安装在功能较强的服务器计算机上。

文件服务是局域网中最常用的服务之一,使用 Server 2003 可以在局域网中搭建文件服务器,使用户可以访问文件服务器上的共享资源,还可以通过设置用户对共享资源的访问权限来保证共享资源的安全,也可以在文件服务器上为用户提供私人使用空间。由于这是 Windows 传统服务,这里不作详细介绍。下面各节分别介绍 web,FTP,DNS 和 DHCP 服务器的安装和设置。

13.2 Web 服务器安装和配置

要建立自己的企业网站,需要在企业网中安装 web 服务器。Server 2003 中集成了 IIS (Internet Information Server)6.0 版,其中包括了 web 服务器、FTP 服务器、SMTP(电子邮件)服务、NNTP(新闻组)服务和 Internet 打印服务等多种服务。企业可使用 IIS 来主控和管理 Internet 或其 Intranet 上的网页、主控和管理 FTP 站点、使用网络新闻传输协议 (NNTP)和简单邮件传输协议(SMTP)传输新闻或邮件。IIS 6.0 可为单台 IIS 服务器或多台服务器上可能拥有的数千个网站实现性能、可靠性和安全性等方面的目标。

13.2.1　IIS 服务的安装

初次安装 Server 2003 时并没有默认安装 IIS,所以使用 IIS 时必须先安装 IIS。

(1) 通过"开始/控制面板/添加或删除程序"菜单命令,打开"添加或删除程序"窗口,单击窗口左侧的"添加/删除 Windows 组件"按钮,打开"Windows 组件向导"对话框,在"组件"列表框中选中"应用程序服务器"项,如图 13.1 所示。

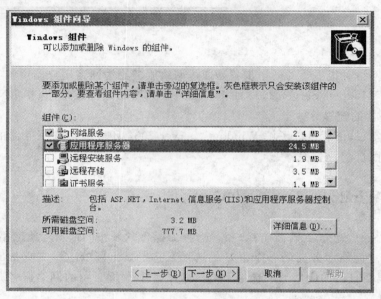

图 13.1　添加应用服务器对话框

(2) 单击"详细信息"按钮,打开"应用程序服务器"对话框,选中"Internet 信息服务

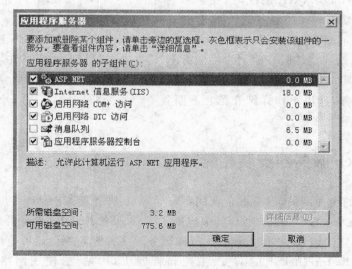

图 13.2　选择应用程序服务器组建对话框

(IIS)"项前面的复选框,如图 13.2 所示。

（3）单击"详细信息"按钮,打开"Internet 信息服务器(IIS)"对话框,除了系统已经选中的选项外,可以选中其他选项,如图 13.3 所示。

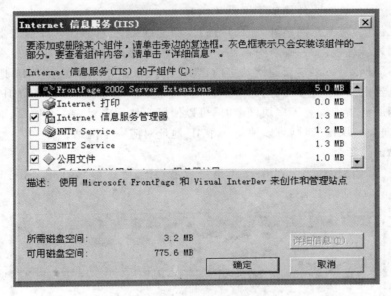

图 13.3　选择安装 Internet 信息服务器组件对话框

Internet 信息服务器(IIS)及其组建也可以通过"配置服务器向导"来完成。打开"配置服务器向导",选择"应用程序服务器",如图 13.4 所示。后面的过程可以按向导的指引完成。

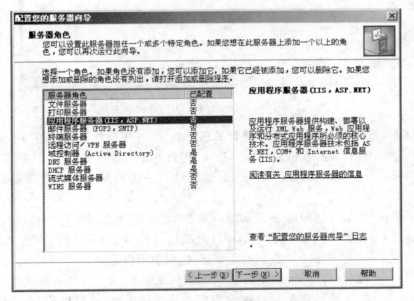

图 13.4　使用配置服务器向导配置应用程序服务器

13.2.2　建立新网站

安装了 web 服务器和配置了主目录文档之后就建立了一个网站,这个网站被称为默认网站,其主目录中存放的文件构成了网站的内容。

在实际工作中,除默认网站外,还可以通过"新建网站"操作在同一个服务器上为不同部门分别建立网站。这些网站独立运行,互不干扰。由于要通过不同的 IP 地址来访问同一台计算机上的不同网站,所以在新建网站之前,要先给这台计算机设置多个 IP 地址。这一项主要是在服务器中安装有多块网卡并分别指定其静态 IP 地址,或者将多个 IP 地址指向同一块网卡。当服务器中安装了多块网卡时,可以使每一块网卡对应一个网站;而如果是将多个 IP 地址指向同一块网卡,则可以使每一个 IP 地址对应一个网站。

新建网站的过程如下:

依次单击"开始/管理工具/Internet 信息服务(IIS)管理器",打开"Internet 信息服务(IIS)管理器"窗口(见图 13.5)。

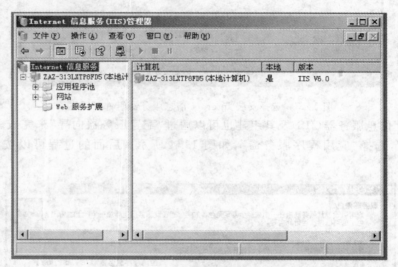

图 13.5　Internet 信息服务(IIS)管理器主界面

在左窗格中展开"ServerName(本地计算机)"目录,并用鼠标右键单击"网站"选项。在弹出的快捷菜单中执行"新建/网站"命令,打开"网站创建向导",单击"下一步"按钮进入"网站描述"对话框(见图 13.6),然后输入网站的描述。该描述是服务器管理员识别站点的标识。

单击"下一步"按钮,打开"IP 地址和端口设置"对话框(见图 13.7),可以输入该网站所使用的 IP 地址,并设置 TCP 端口号,默认 TCP 端口号为 80,一般不用修改。"此网站的主机头"是指你在 DNS 服务器中所登记的主机名,这里也可以不输。

单击"下一步"按钮,打开"网站主目录"对话框(见图 13.8),可输入事先已经建好的该站点主目录的路径。如果该网站是提供给用户随便访问的,那么可以使"允许匿名访问网站"复选框保持选中状态(默认就是选中状态),这样可以使任何用户都能连接到该 web 站点并且不需要任何身份验证。如果希望该站点作为一个比较安全的专用站点来使用,那么

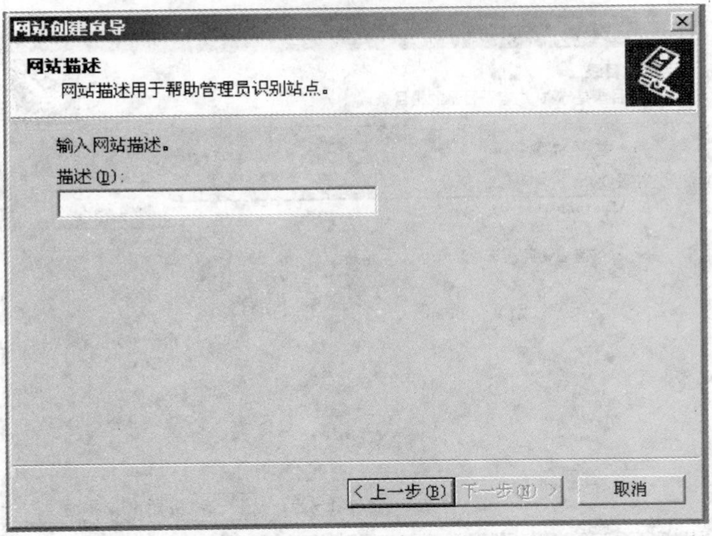

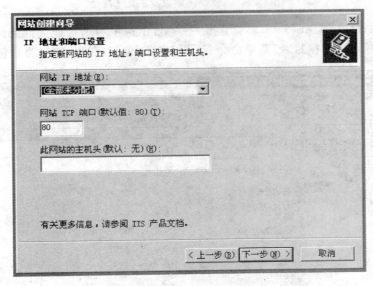

图 13.6　输入新建网站的名称

图 13.7　输入新建网站的 IP 地址和端口号及主机头

建议取消该选项，以禁止匿名访问。

单击"下一步"按钮，再单击"完成"按钮，就可结束新网站的创建了。

13.2.3　新建网站虚拟目录

新建网站是在一台计算机上通过多个不同的 IP 地址来访问不同的网站内容的。如果设置多个不同的 IP 地址有限制，则可以通过为网站建立虚拟目录实现通过一个 IP 地址来访问不同的网站内容。这样用户在访问不同的网站时，在 IP 地址后跟上不同虚拟目录名即可。

建立虚拟目录的具体步骤如下：

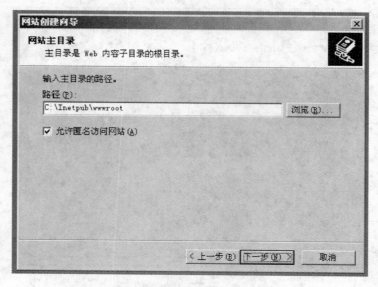

图 13.8　为新建网站设置主目录路径

（1）在"Internet 信息服务（IIS）管理器"控制台中选中右击你建立好的网站，在弹出菜单中依次选择"新建/虚拟目录"菜单命令（见图 13.9），就可以进入虚拟目录创建向导了。

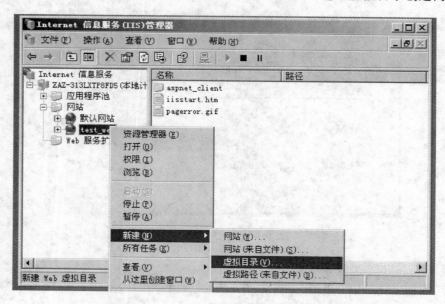

图 13.9　使用 Internet 信息服务（IIS）管理器新建虚拟目录

（2）按向导指示直至进入"虚拟目录别名"对话框，在此为虚拟目录提供一个简短的名称或别名（本例中采用 sub_test_web），以便在用户访问该虚拟目录时使用。

（3）单击"下一步"按钮，进入"网站内容目录"对话框，输入包含新网站点内容的目录路径，这个路径是指你想到网站上发布的内容所在的真实目录路径，如"c:\wmpub"。

（4）按向导指示在"虚拟目录访问权限"对话框（见图 13.10）中为虚拟目录设置访问权

限。默认选择是用户可以对该目录中的文件进行读取及运行脚本文件。出于安全考虑,最好不要选择"执行(如 ISAPI 应用程序或 CGI)"、"写入"(它将使用户可以改写虚拟目录中的内容)以及"浏览"(它将使用户可以查看到虚拟目录中的文件,这对安全性来说也是不利的)等选项。

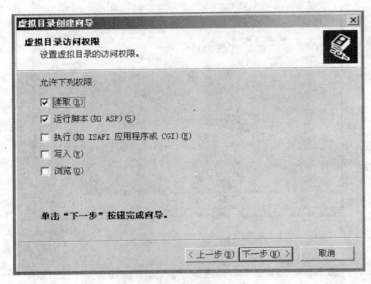

图 13.10　为虚拟目录设置访问权限

(5) 单击"下一步"按钮,最后单击"完成"按钮,结束创建网站虚拟目录。

这样,客户就可以在 Windows 的 IE 浏览器中通过形式为 http://www.zwu.edu/sub_test_web 的 URL 来访问 c:\wmpub 目录下的网站内容了。

13.2.4　Web 服务器属性的设置

在"Internet 信息服务(IIS)管理器"控制台中右击"test_web 网站",在弹出菜单中选择"属性",即可打开选中网站的属性设置窗口(见图 13.11)。在"网站"选项卡中的"连接超时"栏中输入时间,表示如果在这段时间内没有信息的传递,则断开此连接。

除此之外通常要设置的属性有

(1) "性能"选项卡:"带宽限制"项中可以设置限制网站使用的网络带宽;"网站连接"项中可以限制同时连接到你的 Web 服务器的数量,默认是不受限制。

(2) "主目录"选项卡:设置网站的主目录,也就是存放网站所有文件的位置。默认网站的主目录为本地路径"\inetpub\wwwroot"。

(3) "文档"选项卡(见图 13.12):当用户访问 web 站点但没有指定具体的目标文件时,IIS 会自动根据默认内容文档列表在网站主目录中查找默认文档。如果存在跟默认内容文档列表相对应的文档,则返回给用户该文档的内容。默认情况下,默认内容文档列表中存在有"default.htm","default.asp"和"index.htm"三个文档名称。如果由于特殊需要想使用其他文档名,则只需单击"添加"按钮将其添加进来即可。

(4) "目录安全性"选项卡:"身份验证和访问控制"中可以设置是否启用匿名访问。所谓匿名访问是指用户可使用统一的用户访问,用户访问 web 服务器时不需要输入用户名和密

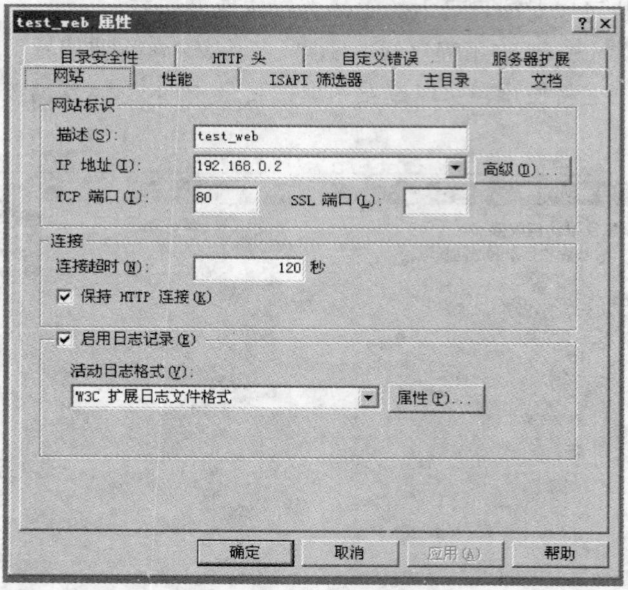

图 13.11 "网站"选项卡

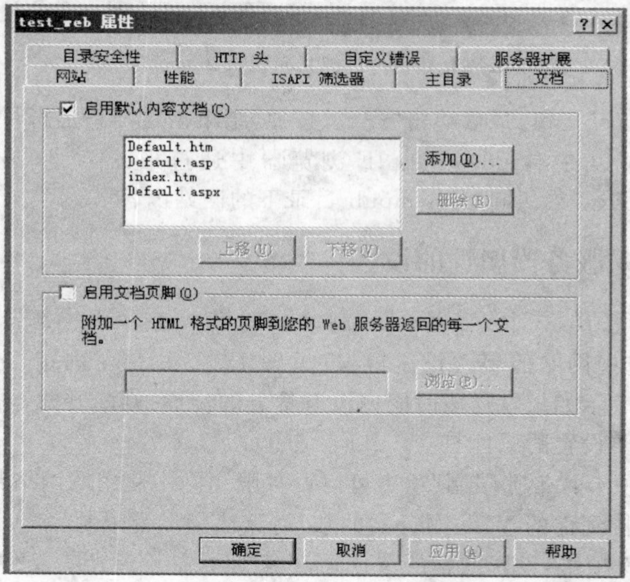

图 13.12 "文档"选项卡

码便允许访问,这方便了客户的访问。如果不允许匿名访问,用户访问 web 服务器时就必须输入用户名及密码才能访问,如果选中了"集成 Windows 身份验证"复选框,这里输入的用户名及密码就是在 Windows Server 2003 中设置的用户名及密码。对于内部使用的网站,一般不允许匿名访问,以提高系统的安全性。在"目录安全性"选项卡的"IP 地址和域名限制"中,单击"编辑"按钮,可以设置允许或拒绝对此资源访问的 IP 地址或域名。

13.3　FTP 服务器安装和配置

在 2003 Server 中可以通过 IIS 提供 FTP 服务,将该计算机设置为 FTP 服务器。

13.3.1　FTP 服务器的配置

打开"Internet 信息服务(IIS)管理器"控制台,双击计算机名展开可管理的服务,再展开"FTP 站点"项,选中"默认 FTP 站点"(见图 13.13),再右击"默认 FTP 站点",选择"属性",打开"默认 FTP 站点属性"对话框(见图 13.14)。

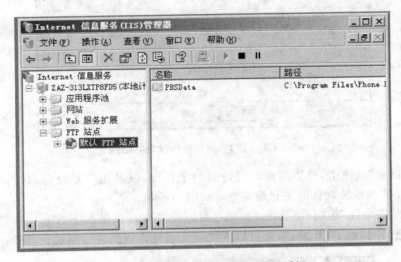

图 13.13　FTP 站点管理和配置对话框

通常可设置的属性如下:

(1)"FTP 站点"选项卡:默认 FTP 服务的 TCP 端口号为 21,而其默认的最大连接数为 100000 个,在此可保持默认设置。

(2)"安全账户"选项卡:设置匿名访问时使用的 Windows 账户。在登录到某台 FTP 服务器上时,首先要求提供用户名和口令以进行身份验证,只有通过身份验证后才能使用服务器所提供的有关服务,否则将无法使用这些服务。这样就要求用户必须事先在该 FTP 服务器上申请用户名和口令。现在许多公司、组织、大学或科研机构为了方便广大用户通过因特网获取他们向公众公开发布的各种信息,提供了一种匿名 FTP(Anonymous FTP)服务。如果用户访问的服务器提供这种匿名 FTP 服务,那么用户在不用事先申请用户名和口令的情况下就可以登录到该服务器上去访问或下载那些向公众开放的各种文件。访问匿名 FTP 服务器时,一般使用"Anonymous"作为用户名,而口令为自己的电子邮件地址或不填也可以。当然,匿名 FTP 服务在用户的使用权限方面是有一定限制的,通常只能下载向公众开放的那些文件,而不能对服务器中的文件进行修改或删除。通过设置匿名访问时所用的 Windows 账户,可以通过 Windows 对该账户访问权限的限制达到安全的目的。

(3)"消息"选项卡:设定用户正确登录/退出/服务器目前连接数已超过最大数时向用户返回的一条信息。

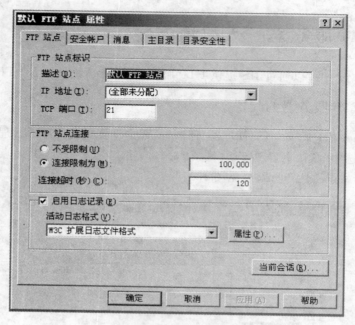

图 13.14　FTP 站点属性设置对话框

（4）"主目录"选项卡：设置用户可以访问的主目录，以及用户是否可以"读取"、"写入"或是"记录访问"。系统默认的主目录是 inetpub\ftproot。

（5）"目录安全性"选项卡（见图 13.15）：可以设置成默认情况下所有计算机被"授权访问"或是"拒绝访问"该 FTP 站点，并可以添加特殊被允许或拒绝访问的计算机。

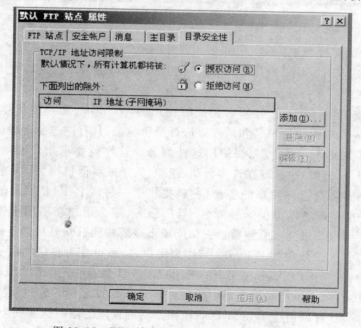

图 13.15　FTP 站点"目录安全性"选项卡的设置

13.3.2　新建 FTP 站点和虚拟目录

1. 新建 FTP 站点

在"Internet 信息服务(IIS)管理器"控制台中右击"FTP 站点"项,在弹出菜单中依次选择"新建/FTP 站点"(见图 13.16),就可以在同一个计算机中新建多个 FTP 站点。具体操作类似于新建网站。

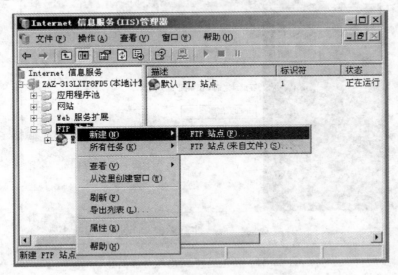

图 13.16　新建 FTP 站点对话框

2. 新建 FTP 虚拟目录

如果通过 FTP 上传的文件多了,使 FTP 服务器主目录所在盘空间不够,就需要设置虚拟目录。虚拟目录就是将其他目录以映射的方式虚拟到该 FTP 服务器的主目录下。这样,一个 FTP 服务器的主目录实质上就可以包括很多不同盘符、不同路径的目录,而不会受到所在盘空间的限制。当用户登录到主目录下时,还可以根据该账户的权限对它进行相应的操作,就像操作主目录下的子目录一样。如果用户被锁定在主目录下,这项功能将允许他们访问主目录之外的其他目录。

在"Internet 信息服务(IIS)管理器"控制台中选中右击你建立好的 FTP 站点,在弹出菜单中依次选择"新建/虚拟目录"菜单命令即可开始新建 FTP 虚拟目录。具体操作类似于新建网站虚拟目录,这里不再详述。

13.4　DNS 服务器的安装和配置

因特网上的 DNS 服务器只能将公网 IP 地址和域名之间相互解析,因此如果是采用私网 IP 的企业网的内部网站,就无法使用域名而必须直接通过难以记忆的 IP 地址访问。要解决这个问题,其实并不难,只要在企业网中建立一个 DNS 服务器,当内部用户要访问内部网站时就可以用容易记忆的域名了。

13.4.1 DNS 服务器的配置

DNS 服务器安装的具体操作与 IIS 服务的安装相同,可以通过"控制面板"或者"配置服务器向导"进行。这里我们不作详细介绍。DNS 服务器安装完成以后会自动打开"配置 DNS 服务器向导"对话框(见图 13.17),用户可以在该向导的指引下创建区域。

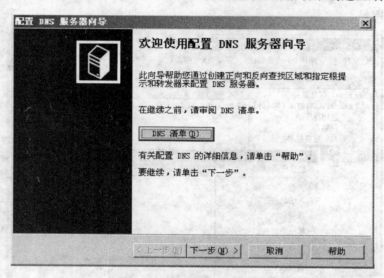

图 13.17　使用配置 DNS 服务器向导

单击"下一步"按钮,打开"选择配置操作"向导页(见图 13.18)。在默认情况下"创建正向查找区域"单选框处于选中状态,其适合小型网络使用。

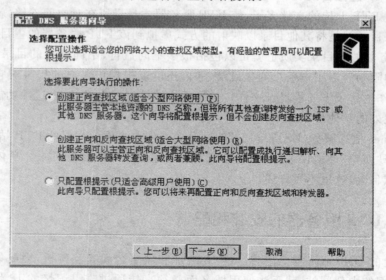

图 13.18　选择 DNS 服务器类型

单击下一步,打开"主服务器位置"向导页(见图 13.19),如果所部署的 DNS 服务器是网络中的第一台 DNS 服务器,则应该保持"这台服务器维护该区域"单选框的选中状态,将该 DNS 服务器作为主 DNS 服务器使用。

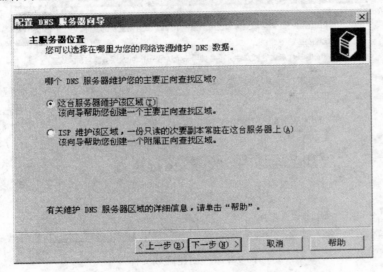

图 13.19　确定主服务器的位置

单击"下一步",打开"区域名称"向导页(见图 13.20),在"区域名称"编辑框中键入一个能反映企业信息的区域名称(如"mycompany.com")。

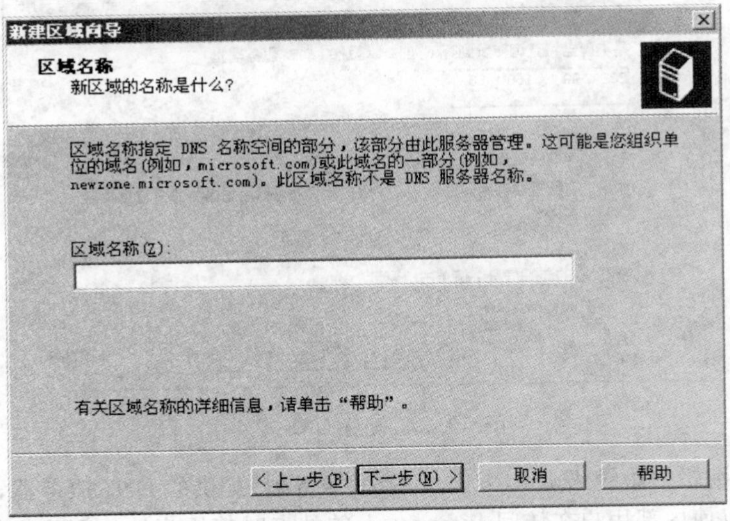

图 13.20　填写区域名称

单击"下一步",在打开的"区域文件"向导页(见图 13.21)中已经根据区域名称默认填入了一个文件名。该文件是一个 ASCII 文本文件,里面保存着该区域的信息,默认情况下保存在"windowssystem32dns"文件夹中。通常情况下保持默认值不变。

单击"下一步",在打开的"动态更新"向导页中指定该 DNS 区域能够接受的注册信息更新类型。允许动态更新可以让系统自动地在 DNS 中注册有关信息。单击"下一步",打开"转发器"向导页(见图 13.22)。

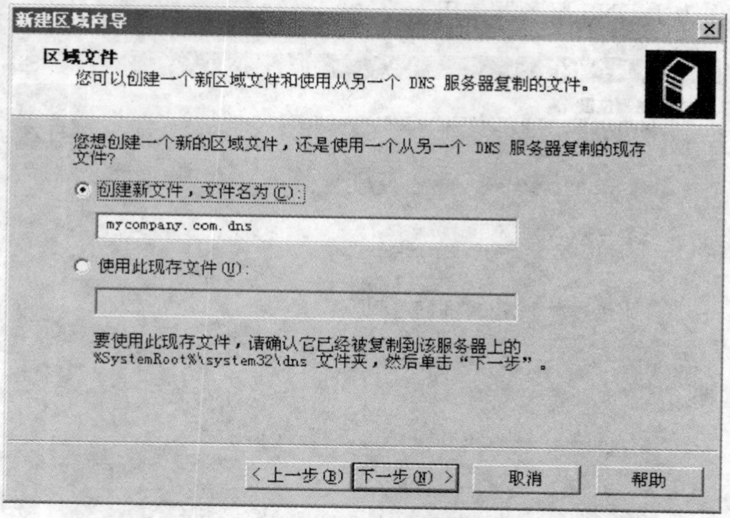

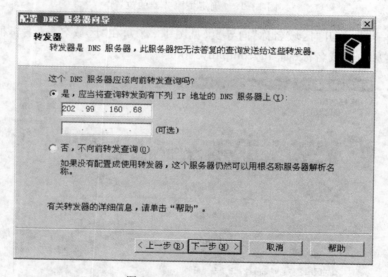

图 13.21　创建区域文件

图 13.22　配置 DNS 转发

　　在 IP 地址编辑框中键入 ISP(或上级 DNS 服务器)提供的 DNS 服务器,IP 地址通过配置"转发器"可以使内部用户在访问 Internet 上的站点时使用当地的 ISP 提供的 DNS 服务器进行域名解析。依次单击"完成/完成"按钮结束该区域的创建过程和 DNS 服务器的安装配置过程。

13.4.2　创建域名

　　我们可以在 DNS 服务器中为企业内部的网站创建一个域名(如"www.mycompany.com")。依次单击"开始"→"管理工具"→"DNS"菜单命令,打开"dnsmagt"控制台窗口(见图 13.23)。

　　在图 13.23 左窗格中依次展开"正向查找区域"目录。然后用鼠标右键单击刚创建的

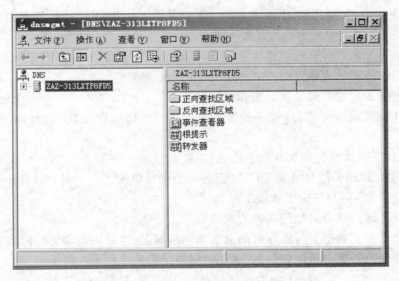

图 13.23　DNS 管理控制台

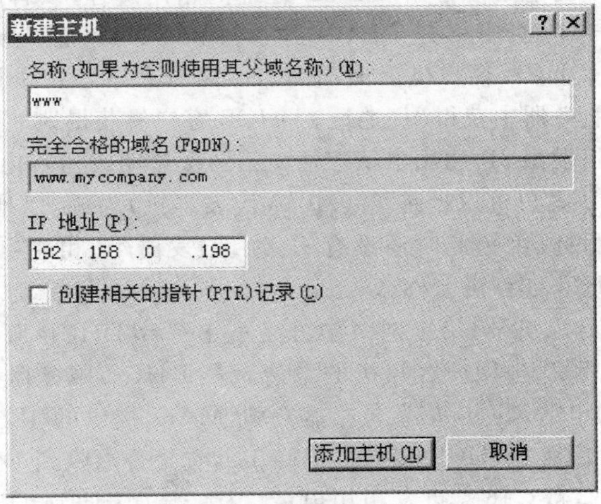

图 13.24　创建主机记录

"mycompany.com"区域,执行快捷菜单中的"新建主机"命令,打开"新建主机"对话框(见图 13.24)。在"名称"编辑框中键入域名,可以只键入"www",父域名会被自动加上,显示在下面"完全合格的域名"框中。在"IP 地址"编辑框中键入该主机的 IP 地址(如"192.168.0.198"),单击"添加主机"按钮,就完成了主机域名的记录。用户就可以通过这个域名访问该 www 服务器了。

13.5　DHCP 服务器的安装和配置

13.5.1　DHCP 服务简介

一台装有 Windows 操作系统的计算机,可用两种方式设置 IP 地址,一种方式是用户手工设置一个固定的、静态的 IP 地址；另一种方式是从一个 DHCP 服务器上自动地、动态地获得一个 IP 地址。手工配置具有如下缺点：

（1）在每一个客户计算机上都要手工输入 IP 地址等配置，配置工作量大。

（2）用户有可能输入错误的或者非法的 IP 地址。

（3）不正确的配置可能导致通信和网络问题。

（4）当计算机频繁移动时，有可能要频繁改变 IP 地址等设置，从而加大日常管理的开销。

采用 DHCP 自动配置则具有如下优点：

（1）IP 地址和相关信息可被 DHCP 服务器自动提供给每一个客户计算机，而不是在每台客户机上去配置它们，减少了管理工作量。

（2）保证了客户机总是使用正确的配置信息。

（3）消除了不正确配置可能导致的通信和网络问题（这是一个常见的网络问题）。

（4）可自动更新客户机配置信息，以反映网络结构的变化。

作为网络管理者，在实际工作中应尽量使用 DHCP，自动为客户计算机配置 TCP/IP，以减少管理工作量。同时也必须了解 DHCP 地址的租用过程，以解决使用 DHCP 过程中可能出现的问题。DHCP 的使用有 DHCP 服务器和 DHCP 客户机两种角色的计算机，DHCP 服务器负责为 DHCP 客户机提供 IP 地址，DHCP 客户机采用租用（只使用一段时间）的方式从 DHCP 服务器中获得 IP 地址。DHCP 客户机获得地址要经历以下 4 个阶段：

（1）DHCP 客户机发出 IP 租用申请广播。第一次启动或初始化 TCP/IP（重启计算机或更新失败）时，DHCP 客户机以地址 0.0.0.0（代表本机）为源，以地址 255.255.255.255（局域网广播地址）为目标（因为此时还没有 IP 地址）发出 IP 租用申请广播。广播信息包含客户机的 MAC 地址和计算机名称。

（2）所有的 DHCP 服务器（一个网络中可能不止一台 DHCP 服务器）通过 IP 租用提供（包含 IP 地址及租期）广播回应客户机的申请。若 DHCP 服务器有一个对应网段的 IP 地址，则响应客户机的申请。回应信息包括客户机 MAC、提供的 IP、子网掩码、租期、服务器 IP，并将发出的 IP 保留。DHCP 客户机等待 1 s，看是否能收到 DHCP 服务器的回应信息，若未收到，则在第 2,4,8,16 s 重发租用申请广播，若仍未收到 DHCP 服务器的回应信息，便随机使用 169.254.0.1～169.254.255.254 地址段中的一个地址，以后每隔 5 min 再试着发一次租用申请广播。

（3）DHCP 客户机对最先得到回应的一个 DHCP 服务器发出 IP 租用选择。DHCP 客户机选择第一个提供的广播响应（含服务器标识 IP）。其他的 DHCP 服务器则收回提供，可以给其他客户机使用。

（4）该 DHCP 服务器发回 IP 租用确认（包含被租用的 IP 地址及租期）或 IP 租用拒绝。客户机确认成功的租约（含 IP 及其他配置项），初始化 IP 配置。以上通信使用的是 UDP 端口号 67 和 68。DHCP 客户机在 1/2 租期时段将申请继续租用，如果申请被拒绝，则再在 3/4,7/8 租期时段申请继续租用；如果申请还是被拒绝，则租期到期时释放该 IP 地址，若此时没有接受其他 DHCP 服务器的租约，IP 地址将变为 169.254.0.0 网段中的一个随机地址。

13.5.2　DHCP 服务的配置

DHCP 服务的安装也可以通过"控制面板"中作为"Windows 组件"安装。具体过程不再详述。这里介绍其配置过程。依次单击"开始"→"管理工具"→"DHCP",可以打开"DHCP"控制台窗口(见图 13.25)。

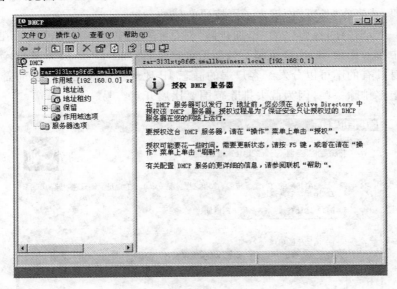

图 13.25　DHCP 控制台

在左窗格中用鼠标右键单击 DHCP 服务器名称,执行"新建作用域"命令,就进入了"新建作用域向导"。大多数网络都具有若干个子网,每个子网都需要自己的作用域,因此,DHCP 服务器通常管理多个作用域。选择名称和说明,以便对多个作用域进行区分。

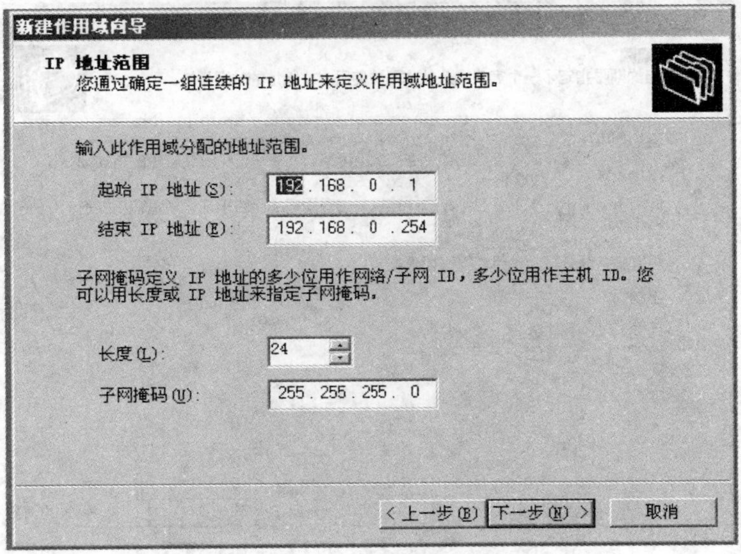

图 13.26　设置 IP 地址范围

　　在"新建作用域向导"的"作用域名"对话框的"名称"中,键入正创建的作用域的名称。在"描述"框中,键入说明文字(可选),单击"下一步"按钮,进入"IP 地址范围"对话框(见图 13.26),确定 DHCP 服务器应分发给客户端的 IP 地址范围。该向导可以使用所键入的 IP 地址来确定正确的子网掩码。正确的子网掩码会自动出现在"子网掩码"中。如果遇到特殊情况,即该子网上的客户端需要使用的子网掩码不是向导所提供的,就必须在"子网掩码"中键入子网掩码,或者在"长度"中键入子网掩码的位数。

　　单击"下一步"按钮,在弹出的"添加排除"对话框(见图 13.27)中可设置在上一步设置的地址范围中哪一小段 IP 地址范围不分配给客户机,例如 DHCP 服务器、默认网关和各种网络设备自身具有的不可以分发给客户端的静态 IP 地址。一般在排除当前需要排除的 IP 地址的基础上多排除一些,因为截去排除范围要比展开它容易一些。

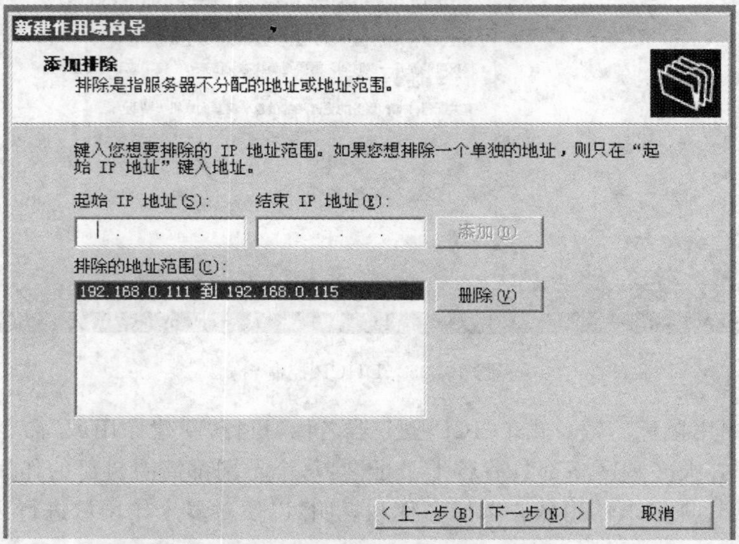

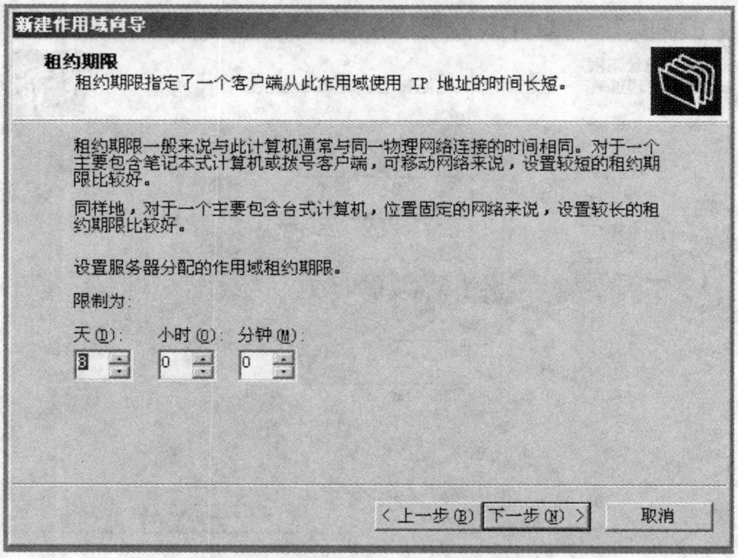

图 13.28　设置租约期限

　　单击"下一步"按钮,在弹出的"租约期限"对话框(见图 13.28)中可设置客户机从 DH-CP 服务器租用地址使用的时间长短,默认为 8 天。如果将该页的所有字段留空并单击"下一步",那么客户端将能够永久地从 DHCP 服务器获得 IP 地址。

　　单击"下一步"按钮,将弹出"配置 DHCP 选项"对话框,可以指定是否配置 DHCP 选项。如果不立刻配置则创建的作用域不会激活,也不能被使用。

　　默认选择是配置 DHCP 选项,在后续的步骤中需要配置路由器(默认网关)、域、DNS和 WIS 服务器等的相关信息,这里不作详述。

思考题

　　13-1　在你的电脑上安装 Server 2003。

　　13-2　在 Server 2003 中安装 web 服务器,并创建你的网站,将你的网站主页放入该服务器主目录中,并通过另一台计算机访问该主页。

　　13-3　在 Server 2003 中安装 FTP 服务器,并通过另一台计算机向该服务器上传、下载文件。

　　13-4　了解并尝试 DNS 和 DHCP 服务器的安装和配置过程。

第 14 章 网络管理

进入网络时代,电子政务、电子商务、网络教育、门户网站、网上银行等各种 Internet 应用在全世界范围内广泛开展起来。由于网络规模扩大、复杂性增加,如何能够监控和管理好网络的运行也就变得至关重要,随之而来的是对大量网络管理人才的需求。

通过本章的学习,了解网络管理的内容,包括其概念、功能和基本模型,了解 SNMP 协议和常用网络管理工具等。建议课时:2 学时。

14.1 网络管理的概念

一个网络无论大小,要能够正常运行,必须对网络设备参数进行正确配置,并可以随时监控网络设备的性能,对发生的故障进行维修,有时还要向使用者收费和保证网络不受病毒和黑客等侵犯。这些工作都属于网络管理的范畴。一般说来,网络管理是指对网络的运行状态进行监测和控制,使其能够有效、可靠、安全、经济地提供服务。网络管理简称网管。

一个大中型网络往往由地理位置不同的很多网络设备和主机组成(包括工作站、服务器、路由器、交换机、集线器等),因此其日常管理工作非常繁重,往往需要专业人员负责。例如学校和大型企业一般建立网管中心来负责校园网和企业网的管理。因特网等公共网络的管理则由各网络运营商在不同地理区域设立的国家、省、市级网管中心负责。

14.1.1 网络管理的功能

OSI 在 ISO/IEC 7498-4 文档中提出了网络管理标准的框架,并定义了网络管理最基本的五大功能域:配置管理、故障管理、性能管理、计费管理和安全管理。

1. 故障管理(Fault Management)

故障管理的目的是发现和排除网络故障,从而保证网络无故障无错误地运行。其典型功能包括:

(1)检测管理对象的故障现象,接收其故障报警,并作出响应;

(2)创建与维护差错日志,对差错日志进行分析;

(3)跟踪、辨认错误进行故障诊断,明确故障性质和解决方案;

(4)维修和排除对象故障,恢复正常网络服务;

(5)预测故障,通过预防性的日常维护能够保证互联网络中的设备正常运行。

2. 配置管理（Configuration Management）

配置管理负责网络的建立、业务的开展以及配置数据的维护等工作。网络的配置不仅发生在网络建设时，平时也要随着用户的增减、设备的维护或更新等网络的动态变化来调整。其典型功能包括：

（1）定义设备配置信息，包括设备的名称、参数、状态等信息；

（2）设置和修改设备配置信息；

（3）设置和修改设备间的关联信息，如路由信息等；

（4）启动和终止被管理设备的运行；

（5）检查配置信息的现状及其变化等。

3. 计费管理（Accounting Management）

计费管理的目的是记录用户对网络资源的使用情况，以控制和监测网络操作的费用和代价。对于商业化的网络，网络系统中的信息资源是有偿使用的。对于非商业化的网络，计费管理可用于统计网络线路的占用情况和不同资源的利用情况，以供决策参考，从而来改善网络运行质量。计费管理的典型功能主要包括：

（1）计算网络建设及其运营成本；

（2）记录和统计网络资源的利用情况，通过确定不同时期与时间段的资费标准合理分配资源；

（3）联机收集用户计费数据，计算用户通过网络传输信息的费用；

（4）收费账单管理等。

4. 性能管理（Performance Management）

性能管理通过对网络资源运行状况及通信效率等性能参数的监视和分析，优化网络服务质量（QoS）和网络运营效率。性能管理的典型功能包括：

（1）维护并检查系统状态日志；

（2）从管理对象中收集与性能有关的数据；

（3）对与性能相关的数据进行分析与统计；

（4）根据统计分析的数据判断网络性能，报告当前网络性能，产生性能警告；

（5）将当前统计数据的分析结果与历史模型进行比较，以便预测网络性能的变化趋势；

（6）形成并调整性能评价标准与性能参数标准值，根据实测值与标准值的差异来改变操作模式，调整网络管理对象的配置；

（7）实现对管理对象的控制，以保证网络性能达到设计要求等。

5. 安全管理（Security Management）

安全管理采用信息安全措施保护网络中的系统、数据以及业务。安全管理的典型功能主要包括：

（1）系统数据的保密性，即保护系统数据不被侵入者非法获取；

（2）用户账号管理，即建立合法的用户账号；

（3）用户授权，即防止非法侵入者在系统上发送错误信息；

（4）访问控制，即控制用户对系统资源的访问；

（5）对授权机制和关键字的加密/解密作业管理等。

14.1.2 网络管理系统模型

国际标准化组织(ISO)在 ISO/IEC7498-4 中定义并描述了开放系统互联(OSI)管理的术语和概念,提出了一个 OSI 网络管理的结构并描述了 OSI 网络管理应有的行为。通常对一个网络管理系统需要定义以下内容:

(1)系统的功能,即一个网络管理系统应具有哪些功能。

(2)网络资源的表示。这里的资源指网络中的硬件、软件以及所提供的服务等。一个网络管理系统要对资源进行管理,必须首先定义其在系统中的表示形式。

(3)网络管理信息的表示。网络管理系统对网络的管理主要靠系统中网络管理信息的传递来实现。网络管理系统必须考虑网络管理信息表示方式和传送的协议。

网络管理系统存在个体性差异。普遍来看,计算机网络管理系统基本上可以划分为以下四个部分(见图 14.1):

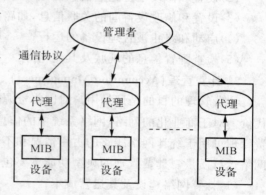

图 14.1 网络管理的基本模型

1. 管理者(Manager)

管理者是整个网络管理系统的核心,是实施管理的处理实体。网管系统中要求至少有一个管理者。管理者的关键构件是管理程序(运行期间称为管理进程),所以这里的管理者并非指操作者,即网络管理员(administrator),而是指实施管理的硬件和软件。通常在实行多级管理的网络中存在多个管理者。

2. 代理(Agent)

网络中存在许多被管设备(包括计算机、路由器、交换机等),在每一个被管设备中都要运行一个网管代理程序,以便和管理站中的管理程序进行通信。

3. 网络管理协议(Network Management Protocol)

通常网络管理站是管理的发起方(称为客户端),网络管理代理是管理的接受方(称为服务器)。两者之间的通信约定和规则称为网络管理协议。网络管理员在网络管理站上利用网络管理协议对被管设备进行管理。要实现对所有设备的统一管理,需要有一种通用的网络管理协议。

4. 管理信息库(Management Information Base,MIB)

被管对象中可供管理程序读写的控制状态信息统称为管理信息库。管理程序通过使用 MIB 中各个信息的值来管理网络。

14.2 简单网络管理协议 SNMP

在设计和构建网络管理系统时,一般都需要遵循两个原则:

(1)由管理信息带来的通信量不应明显地增加网络通信量;

(2)被管设备上的网络管理代理不应明显地增加系统的额外开销,不应削弱该设备的主要功能。

简单网络管理协议 SNMP(Simple Network Management Protocol)正是基于以上原则设计出来的,它最大的特点是简单性,其可伸缩性、扩展性、健壮性(robust)也得到广泛的认可。

SNMP(后来称为 SNMPv1)发布于 1988 年,主要是为基于 TCP/IP 的互联网设计的,现已成为网络管理方面事实上的标准。许多著名的网络管理系统,如 HP OpenView,IBM NetView,Microsoft Systems Management Suits(SMS)和 Novell Manage Wise 都是基于 SNMP 标准设计的。针对 SNMPv1 管理功能不完善和安全机制缺失的缺点,IETF 为 SNMP 的第二版做了大量工作,但由于涉及的方面无法取得一致,所以在 1993 年只发布了 SNMPv2 草案标准。1997 年 4 月,IETF 成立了 SNMPv3 工作组,并于 1998 年正式发布 SNMPv3。SNMPv3 的重点是安全、可管理的体系结构和远程配置。

图 14.2所示是使用 SNMP 的典型配置。整个系统由一个网络管理系统(Network Management System,NMS)和若干被管设备组成。网络管理系统通常运行在一台或多台工作站级的计算机上。管理进程和代理进程之间使用 SNMP 报文进行通信,SNMP 报文使用 UDP 用户数据报通过下层网络传输。

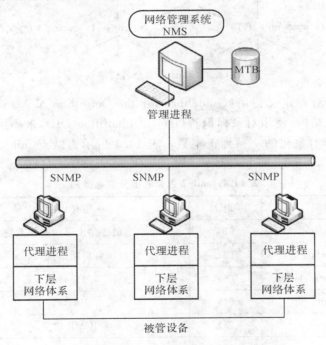

图 14.2　SNMP 的配置

SNMP 不是单一的协议,而是由三个协议组成的协议簇。三个组成部分分别是管理信息库 MIB、管理信息结构 SMI 及 SNMP 本身。

14.2.1　管理信息库 MIB

管理信息库 MIB 是一个网络中所有可能的被管对象的状态信息集合,只有在 MIB 中的信息才是网络管理的对象。

在 NMS 中所有被管对象在逻辑上被组织为树形结构,称为对象命名树(object naming tree),如图 14.3 所示。MIB 是其中的第六级对象结点,目前为第二版 MIB-II,其协议是 RFC 1213,结点表示为 mib-2。

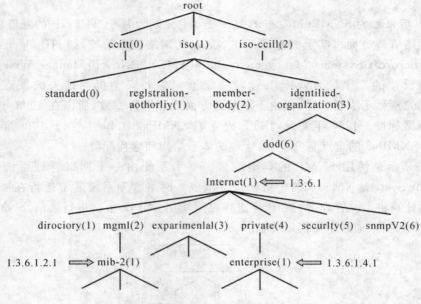

图 14.3　MIB 对象命名树举例

MIB 采用被管对象定义指南(Guidelines for the Definition of Managed Objects,GD-MO)来定义注册树结构,使用对象标识符(Object Identifier,OID)来参照一个单独的 MIB 对象。OID 是贯穿对象树的一系列正整数。表 14.1 所示为结点 mib-2 包含的部分信息类别。

表 14.1　mib-2 包含的部分信息类别

类别	OID	信息内容
system	(1)	主机或路由器的操作系统
interface	(2)	各种网络接口
address translation	(3)	地址转换
ip	(4)	IP 软件
icmp	(5)	ICMP 软件
tcp	(6)	TCP 软件
udp	(7)	UDP 软件

目前 IETF 已发布了 200 多个 MIB,IETF 和 ATM 论坛还定义了一些特殊用途的 MIB,一些网络设备生产商如 CISCO 公司也定义了自己的 MIB,其数量甚至超过了 IETF 之类组织公布的 MIB 数量。

MIB 包括多种类型,可分为

(1) 支持各种协议的 MIB,如 SNMPv2-MIB,IPv6-MIB 等;

(2) 用于各种硬件设备的 MIB,如 Printer-MIB,Bridge-MIB 等;

(3) 用于广域网接入链路的 MIB,如 ATM-MIB,SONET-MIB 等;

(4) 支持各种网络服务的 MIB,如 INTEGRATED-SERVICES-MIB,NETWORK-SERVICES-MIB 等;

(5) 企业制定的 MIB,如 Microsoft DHCP-MIB,CISCO-IPSEC-MIB 等。

14.2.2　SNMP 操作

网络管理系统可以通过轮询(polling-only)方式或基于中断(interrupt-based)方式的事件报告来获取被管对象的 MIB,并由此来判断网络设备及网络的运行状况,从而对网络中各种异常作出反应。

SNMP 采用的是面向自陷的轮询方式(trap-directed polling),这种网络管理执行方法是以上两种方法的结合,其更为有效。

网络管理器通过轮询被管设备的代理来收集 MIB,并在控制台上用图形或数字来显示数据,供网络管理员分析、管理。

同时,被管设备还可以在任何时候主动向网络管理器报告错误情况,这表示它可以捕捉异常事件(称为陷阱或 trap)。为了避免错误信息过多,一般给每个事件设定门限值,通过门限值来"过滤"错误事件。网络管理器要想获得更多的信息,可以继续查询该设备。

前面提到,SNMP 报文使用无连接的 UDP 数据报来传输,因此开销较小,但是其代价是不保证可靠交付。在轮询时,被管设备上运行的代理进程作为服务器端,使用熟知端口161 来收发报文;当被管设备发送 trap 报文时,网络管理器上运行的管理进程作为服务器端,使用熟知端口 162 来接收报文;在这两种情况下与熟知端口通信的客户端均使用临时端口。

SNMP 共定义了如表 14.2 所列的 5 种类型的协议数据单元。

表 14.2　SNMP 使用 5 种协议数据单元

PDU 名称	说　　明
get-request	由管理进程发给代理进程的请求命令,请求一个 MIB 变量
get-next-request	由管理进程发给代理进程的请求命令,要求在一个 MIB 树上检索下一个变量
get-response	由代理进程发给管理进程的响应,提供指定数据
set-request	由管理进程发给代理进程的请求命令,对一个或多个 MIB 变量进行设置
trap	由代理进程发给管理进程的报告,说明异常事件

14.2.3　管理信息结构 SMI

管理信息结构(Structure of Management Information,SMI)是 SNMP 的另一个重要组成部分,它为定义和构造 MIB 提供了一个通用标准框架,并规定了 MIB 中包含的所有被管对象的格式。

网络管理信息(Network Management Information,NMI)可以看做是对被管对象有关信息的收集,通常存在于 MIB 中。相关对象的收集定义为 MIB 模块,这些模块采用抽象语法记忆(ASN.1)定义的格式写成。ASN.1 采用人们阅读文档中使用的记法,以及同一信息在通信协议中使用的紧凑编码表示,这有效地避免了数据的二叉性。

14.3 SNMP 网络管理系统

SNMP 网络管理系统是基于客户/服务器模式实现的。运行在被管设备上的代理进程是服务器程序。运行在管理工作站上的管理进程则是客户程序,也就是我们常说的网络管理系统。

14.3.1 Windows XP 提供的 SNMP 服务网管代理程序的安装和配置

Windows XP 提供了实现 SNMP 服务的网管代理程序 snmp. exe 和 snmptrap. exe,但是在缺省情况下并未安装,需要手动安装。其步骤为

(1) 从"开始"菜单中单击"控制面板",打开"控制面板"窗口。

(2) 双击"添加/删除程序",出现"添加/删除程序"对话框。

(3) 单击"添加/删除 Windows 组件",出现"Windows 组件向导"。

(4) 双击"管理和监视工具",出现"管理和监视工具"对话框(见图 14.4)。

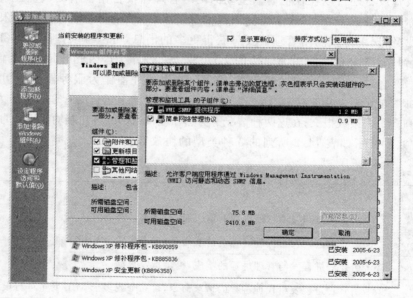

图 14.4 "管理和监视工具"对话框

(5) 选择"简单网络管理协议"选项,然后单击"确定"。

(6) 单击"下一步"。根据提示插入 Windows 安装光盘,待完成安装时单击"完成"。

安装成功后,在"控制面板"→"管理工具"→"服务"中可以看见 SNMP 服务已经启动,包括 SNMP Service 和 SNMP Trap Service,如图 14.5 所示。

双击"SNMP Service"可以对其属性进行配置,通常情况下使用系统默认的配置。"SNMP Trap Service"提供的是 trap(陷阱)服务,可以采用同样的方法进行配置。如图

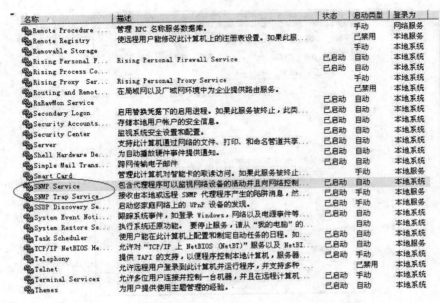

图 14.5　SNMP Service 和 SNMP Trap Service 服务

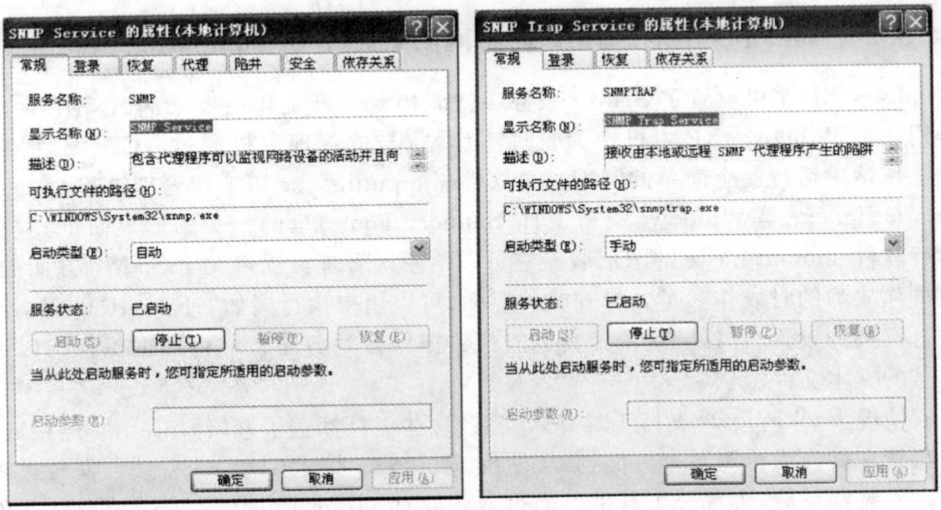

图 14.6　两种服务的配置

14.6 所示。

　　SNMP 服务基于 UDP 端口，这会给系统带来极大的安全隐患。因此，网络管理人员必须考虑针对 SNMP 攻击的防范。SNMPv1 中设置了"团体名称"（community）进行安全保护。实际上就是我们一般说的"查询密码"，发来的 SNMP 必须提供正确的 community 才能获得回复。

　　Community 的设置：打开"控制面板"→"管理工具"→"服务"；找到"SNMP Service"；单击右键打开"属性"面板中的"安全"选项卡，在配置界面中修改。为了进一步提高安全性，还可以配置只从某些安全主机上才允许 SNMP 查询，如图 14.7 所示。

图 14.7　SNMP 服务的安全设置

14.3.2　Windows 下的 SNMP 简易网络管理工具：snmputilg.exe

Windows XP 主机设置了 SNMP 服务后就能接受管理工作站发来的 SNMP 命令。我们同样用一个 Windows XP 主机作为管理工作站，与被管理主机通过 TCP/IP 网络连接。在管理工作站中运行一个简单的网管工具软件 snmputilg.exe 以实现管理进程。

snmputilg.exe 是 Windows 支持工具（Support Tools）里的一个图形界面工具，也是命令提示行软件 snmputil.exe 的图形版。它可以给系统管理员提供关于 SNMP 方面的信息，便于在排除故障的时候作参考。打开软件界面，可以用来执行诸如 GET，GET-NEXT 等操作或进行有关的设置。另外，这个工具也能将数据保存到剪贴板或将数据保存为以逗号为结束符号的文本文件。

缺省情况下，Windows 支持工具并未安装，这些工具涵盖了网络、Internet 连接、文件夹以及磁盘管理操作系统等各个方面，必须使用 Windows 安装 CD 手工安装。安装过程与上节相似。安装结束后，大部分工具可以通过双击\\Program Files\Support Tools 文件夹中的 exe 文件的方式直接启动，有些则必须使用命令提示符参数控制，输入某个工具的程序名称后再加上"/?"参数就可以获得其参数清单及其用途说明。打开\\Program Files\\Support Tools 文件夹，双击某工具自带的 hlp 文件或 doc 文件就可以查看其内容，同时还可以阅读 Support Tools 的帮助文档。

我们从"开始"菜单中选择"运行"，在弹出的编辑框中键入"snmputilg"后回车，这时会出现一个图形界面，如图 14.8 所示。

工具启动后，结点（node）编辑框中会显示默认的回送地址 127.0.0.1，表示管理对象就是本机，要访问其他计算机则输入其 IP 地址。团体（community）一项的默认值是 public，但可以根据要管理的对象的设置（见图 14.7）输入相应的值。在当前对象标识符（Current OID）中输入要访问的信息的 OID，也就是前文所述 MIBII 中各种信息分类存放树资源的一

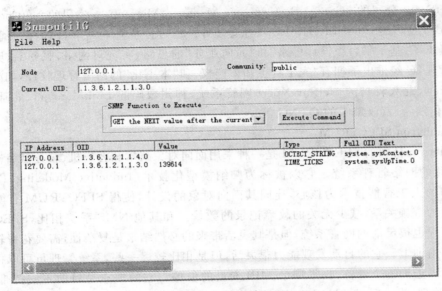

图 14.8 snmputilg 图形界面

个数字标识。注意图 14.8 中显示的值是 .1.3.6.1.2.1.1.3.0,其中第一个分隔符"."表示根 root,不可省略。注意,要想获得结果,必须确定 MIB 中 OID 所代表的对象在被管理设备中存在,而且是"可读"的。SNMP 可以执行的功能(SNMP Function to Execute)在下拉组合框中都已经列出:

GET the value of the current object identifier:得到当前对象 ID 标识的数值;

GET the NEXT value after the current object identifier (this is the default):得到紧接当前对象之后的下一个对象 ID 标识的数值(这是默认的);

GET the NEXT 20 values after the current object identifier:得到当前对象之后的 20 个对象 ID 标识的数值;

GET all values from object identifier down (WALK the tree):得到从当前对象往下的所有对象 ID 标识的数值;

WALK the tree from WINS values down:从 WINS 值往下漫游目录,也就是按顺序得到该节点下整个子树中所有节点对象 ID 标识的数值;

WALK the tree from DHCP values down:从 DHCP 值往下漫游目录;

WALK the tree from LANMAN values down:从 LANMAN 值往下漫游目录;

WALK the tree from MIB-II down (Internet MIB):从 MIB-II 往下漫游目录。

选择好之后,用鼠标点击"Execute Command"按钮就可以执行相关操作了。

14.3.3 商用网络管理系统

snmputilg.exe 只是一个简单的 SNMP 网络管理系统。但如果要在大型网络中进行复杂的网络管理操作,往往要选用功能完整的商用网络管理系统。目前市面上主流的商用网络管理系统主要包括 HP 公司的 HP Open View、Cisco 公司的 Cisco Works、IBM 公司的 Tivoli、CA 公司的 Unicenter、Cabletron 公司的 SPECTRUM、3com 公司的 Network Supervisor、NetScout 公司的 nGenius Performance Manager、Micromuse 公司的 NetCool 网管系统、Concord 公司的 Concord eHealth 软件套装等。通过分析企业需求,国内网络管理软件提供商提出了"基于平台级设计思路"和"面向业务"的思路,实现对网络、服务器、应用程序的综合管理,已经推出了拥有"完全自主知识产权"和"本土化"的网络管理软件,如游龙科技的 SiteView、北大青鸟的 NetSureXpert 网管系统、神州数码的 LinkManager、北邮的 FullView、亚信网管、武汉擎天的 QTNG 等。

1. Cabletron SPECTRUM

Cabletron 公司的 SPECTRUM 是一种采用面向对象技术和客户机/服务器结构的可扩展、智能化的网络管理系统。它以被称为归纳模型化技术(Inductive Modeling Technology,IMT)的人工智能技术为核心,连同其面向对象的设计,使得 SPECTRUM 有能力理解设备之间的依赖关系,减少无关的故障记录的数量。和其他 NMS 系统相比,SPECTRUM 是功能很强也很灵活的网管系统,但是其灵活带来的必然结果是复杂性,需要花费较长的时间在使用培训上。它的自动发现能力很灵活,但是相比较慢一些,系统管理员可以指定以什么样的间隔查询哪个设备、收集哪个 MIB 变量的值等。它的缺点是目前不支持带外(out-of-band)管理,没有联机帮助服务,第三方支持也很有限。

2. IBM Tivoli NetView

IBM Tivoli NetView 是 IBM 公司著名的网络管理软件,目前在金融领域,借助 IBM 主机在该领域的强大用户群体,该产品具有超过 50% 的市场份额,在其他行业,如电信、食品、医疗、旅游、政府、能源和制造业等也有众多用户。它比较适合网管方面有大规模投入、具备网管专家而且 IBM 设备较多的用户。Tivoli NetView 软件中包含一种全新的网络客户程序,这种基于 Java 的控制台允许网络管理员从网络中的任何位置访问 Tivoli NetView 数据,比以前的控制台具有更大的灵活性、可扩展性和直观性。它能实时监测 TCP/IP 网络,显示网络的拓扑结构,通过可用性评估和故障隔离来管理各种事件,并对网络中发生的故障进行报警,从而减少系统管理的管理难度和管理工作量。Tivoli NetView 采用可扩展、分布式的管理,减少了整体系统的维护费用,能够生成网络运行趋势和分析报告,并及时更新用于资产管理的设备清单,同时兼容多种厂家的设备并拥有全球数百个厂商的支持。

3. Cisco Works 2000

Cisco Works 2000 网络管理软件是为小型到中型网络或远程工作组开发的一套基于 web 的集成式网络配置和诊断工具。它将多种网络管理工具结合在一起,是一套综合、有效、功能强大的网络管理软件,可以提供远程配置、管理、监控、诊断 Cisco 1720 和 1721 的功能,能够对路由器、交换机、访问服务器等网络设备进行有效的管理,最多可以管理数百个节点。对于那些希望从单一的应用监控服务器来管理网络优化性能和提高网络工作效率的企业来说,Cisco Works 2000 是一种非常理想的解决方案。

4. CA 的 Unicenter

Computer Associates 是全球领先的电子商务软件公司,Unicenter 就是 CA 公司的一套网管产品。它的显著特点是功能丰富、界面较友好、功能比较细化。它提供了各种网络和系统管理功能,可以实现对整个网络架构的每一个细小细节(从简单的 PDA 到各种大型主机设备)的控制,并确保企业环境的可用性。从网络和系统管理角度来看,Unicenter 可以运用在 NT 到大型主机的所有平台上;从自动运行管理方面来看,它可以实现日常业务的系统化管理,确保各主要架构组件(web 服务器和应用服务器中间件)的性能和运转。从数据库管理角度来看,它还可以对业务逻辑进行管理,确保整个数据库范围的最佳服务。

5. HP OpenView

HP OpenView 网管软件 NNM(Network Node Manager)以其强大的功能、先进的技术、多平台适应性在全球网管领域得到了广泛的应用。NNM 以直观的图形方式提供了深入的网络视图。多层次映射图显示了哪些设备和网络分段工作正常,而哪些部分需要引起注意。当报警浏览器上显示出主要设备的故障事件时,NNM 功能强大的关联引擎就能够分析事件流并找到故障的根本原因。趋势分析、阈值和数据仓库等功能实现了防患于未然的网络管理。NNM 能够迅速地找到网络故障的根源,并协助网络管理人员进行网络增长的计划和网络变化的设计。NNM 的远程用户存取功能提供了从万维网的任何地点存取网络的灵活性。使用这些强大的功能,网络管理员就可以更加智能化地管理网络,提高网络正常运行时间并降低成本。该软件比较适合电信运营商、移动服务供应商、ISP、宽带服务供应商等网管方面有大规模投入、具备网管专家、而且 HP-UX 设备较多的用户。

14.3.4　网络管理系统的性能

选购商用网络管理系统需仔细比较其性能,并考虑其价格因素。一般来说,应该考虑的性能有以下几方面:

(1)拓扑结构和网络配置的自动发现

一个网络管理系统 NMS 应该能够发现网络中的节点以及它们的配置,包括一个特定的网络,或指定地址段的一组设备或特定的设备等。

(2)通知方法

NMS 应该提供灵活的通知/报告方法,它应该直接支持或通过编程接口来支持故障或错误的报告方法。这些方法可以是电子邮件、声音,或根据问题的严重程度显示报警屏幕等。

(3)智能化的监视

NMS 应该知道网络的结构及其内在的依赖关系,并且报告已知的问题。管理员应有能力向 NMS 加入智能工具,以帮助其智能化的监视。例如,NMS 可以告诉某位管理员邮件服务器的某个硬盘分区已经连续 30 分钟以上达到 90% 以上的使用率,或者某 DNS 服务器失效了。

(4)控制的程度

NMS 应该向用户提供很好的控制功能,其控制范围包括什么设备需要监视、每个设备的重要性、什么样的警报是关键的、对每个报警应采取怎样的动作。NMS 应该能灵活决定一个服务是否失效以及应采取什么步骤,应该能够在指定的时间间隔内开启或关闭对某个设备的探询,探询间隔也应该是可以修改的。

(5)灵活性

在最低限度下,任何网络管理解决方案都必须能适应客户的特殊需求,为此付出的延迟或努力应越少越好。它应该能适应主要业务的突然变化,能灵活地处理网络流量、事件数量和类型的突增,或者新增的网络资源,灵活性又称为自适应性。

（6）多厂商集成

不管 NMS 是否支持 SNMP，其应该能够管理来自不同厂商的网络设备。此外，NMS 还应该作为一种支持平台以运行第三方的应用软件包，支持专用产品的特殊监视。

（7）访问控制

为了允许管理人员设置用户的控制权限，灵活的访问/存取控制能力是必需的。

（8）体系结构问题

体系结构问题包括是否采用客户机/服务器模式、是否支持多线程（muitithread）、是否支持并发客户、支持的客户机数量是否有上限的限制、是否适合于大而复杂的环境、可运行于哪些硬件平台、有无分布操作的能力等。

（9）用户友好性和客户化

NMS 应该便于用户容易地了解全系统，以有组织的、简捷的方式显示信息，并允许用户剪裁他们的环境。NMS 还应该提供 MIB 浏览功能，以使用户能够看到某个设备支持的 MIB 对象，并能浏览或设置指定的 MIB 变量。

（10）编程接口

NMS 应该提供 API 接口以允许对 NMS 系统做灵活、方便地扩充，进而使用户程序可以访问所有存储于 NMS 中的信息，或向用户提供客户化的信息。NMS 还应该提供一个应用程序开发环境，它可运行于除其产品系统之外的其他系统之上。

思考题

14-1　简述网络管理的主要功能。

14-2　简单介绍 SNMP 的主要操作。

14-3　通过局域网连接两台运行 Windows XP 的电脑，在电脑上安装 SNMP 服务和 snmpuntilg 软件，看看你能通过 SNMP 查询哪些参数。

第 15 章　网络安全

计算机网络广泛应用于社会生活的各个领域,通过因特网实现了全球互联。在社会信息化、网络化给人们带来信息资源共享的便利的同时,也对信息资源的安全性提出了巨大的挑战,出现了严重的网络犯罪、黑客攻击、网络病毒等问题,并且由于网络传播信息的快捷性、网络规模的扩大和网络用户身份的隐蔽性也使这些问题难以防范。

通过本章的学习,了解网络安全的基本概念,网络攻击手段及其防范,以及数据加密技术和数字签名技术及其应用。建议课时:2 学时。

15.1　网络安全概述

进入 Internet 时代后,计算机网络中的不安全因素的种类繁多,危害性极强。下面以几个网络安全事件为例来说明。

事件一(网络黑客):1996 年,许多高层政府站点都受到非法侵入。8 月 17 日,美国司法部(DoJ)服务器被入侵,阿道夫·希特勒的画像成了美国的司法部长,纳粹党的党徽成了美国司法部徽章;9 月 18 日入侵者捕获了美国中央情报局(CIA)网站控制权,把欢迎标题改为"中央愚蠢局",并附带链接了在 Scandinavia 的一个黑客小组。

事件二(网络犯罪):非洲尼日利亚 Lago 的一名 14 岁中学生 Akin,现在已经能承担整个家庭的经济重担,而他赚钱的手段就是在互联网上窃取他人的信用卡密码。他经常使用窃来的信用卡账号购买高价电子产品,然后将其运到欧洲的某个安全的地方。就这样,Akin 在 14 岁就成为了一名百万富翁。不过,Akin 谈到,由于越来越多的尼日利亚人试图以此为生,很多美国网上商店都屏蔽掉了来自尼日利亚的订单。

事件三(网络病毒):2005 年 2 月 3 日,很多 MSN 的用户收到好友发来的文件,点击运行后,便会看到一只身穿三点式的烤鸡图片,接着便出现电脑死机等情况,这便是"MSN 性感鸡"病毒。短时间之内,我国国内有超过 1 万多的用户中招。

每年由网络安全问题带来的损失以十亿、百亿美元计,因此确保网络安全运行已经成为网络发展中一个非常重要的课题,网络安全也成为非常大的一个产业。全球网络安全人才供不应求,全民的网络安全意识亟须加强。

15.1.1　网络安全基本要素

评价一个网络是否安全并不是一个简单的事情。一般来说,可以从以下五个基本要素考查：

（1）机密性：指网络上的信息只可以被得到允许的用户访问，而不会泄露给未经允许的用户。

（2）完整性：指信息在存储或网络传输过程中只有得到允许的用户才能修改，不会被未授权用户建立、修改和删除，并且可以判别出信息是否被非法篡改。

（3）可用性：指得到允许的用户可以在需要的时候访问信息，不会因攻击者占用所有资源而被拒绝访问。

（4）可控性：指可以在允许范围内控制信息流向和使用方式。

（5）可审查性：对出现的网络安全问题提供调查的依据和手段。

15.1.2　网络安全威胁及其分类

网络安全威胁的手段可分为被动攻击和主动攻击两大类。

（1）被动攻击：攻击者并不干扰正常信息传递，而只是窃听、观察和分析用户传输的信息单元，以达到窃取信息的目的。

（2）主动攻击：攻击者会对某个连接中传输的数据单元进行各种非法处理，包括更改、删除、延迟、重放、伪造等，使用户数据遭受损失。

目前网络存在的威胁主要包括以下几个方面：

（1）非授权访问：未经允许使用网络资源。例如攻击者假冒合法用户登录系统，访问系统资源。

（2）信息泄漏或丢失：敏感数据在有意或无意中被泄漏出去。例如攻击者通过在网络上窃听过往数据，截获用户名、口令等机密信息。

（3）破坏数据完整性：以非法手段获得数据的使用权，对数据进行删除、修改、添加和重发等，以干扰用户正常使用或者获得非法利益。

（4）拒绝服务攻击 DoS（Denial of Service）：通过干扰系统的正常工作、占用系统资源等办法来破坏系统可用性，使合法用户不能获得服务。

（5）利用网络传播病毒：通过计算机网络传播计算机病毒。

15.1.3　黑客及其攻击类型

网络安全威胁主要来自人为攻击。黑客就是最具有代表性的一类攻击者。在人们眼中，黑客是一群聪明绝顶、精力充沛的神秘人群，他们一门心思地破译各种密码，以便偷偷地、未经允许地进入政府、企业或他人的计算机系统，窥视他人的隐私。简单地说，黑客就是非法入侵者的代名词。根据入侵目的不同，可以把黑客进一步划分为 hacker（侠客）和cracker（骇客）两类。

hacker 源于动词 hack，这个词在英语中有"乱砍、劈"之意，也有指"受雇于从事艰苦乏味的工作的文人"，引申为"干了一件非常漂亮的事"。在早期的麻省理工学院里，"hacker"还有"恶作剧"的意思，尤指那些手法巧妙、技术高明的恶作剧。hacker 一般入侵的目的是依靠自己掌握的知识帮助系统管理员找出系统中的漏洞并加以完善，我们称其为"侠客"。

cracker 就是"破坏者"的意思。这些人做的事情更多的是通过各种黑客技能破解商业软件、对系统进行攻击、恶意入侵别人的网站并造成损失。我们把他们称为"骇客"。骇客具有与侠客同样的本领,即便他们各自走上了不同的道路,但是所做的事情其实差不多,只不过出发点和目的不一样而已,这也是人们常常很难分清侠客与骇客的原因。

然而,不管是 hacker 还是 cracker,毕竟都是黑客,应该说他们之间并无绝对的界限,他们都是非法入侵者。实际上,无论是善意还是恶意的入侵,都有可能会给被入侵者造成损失。

一般说来,黑客攻击的主要手段有以下几种:

1. 恶意程序(rogue program)攻击

恶意程序攻击是利用一些事先编写好的非法程序,对用户数据进行攻击,以达到破坏和牟利的目的。这些程序包括:

(1)计算机病毒(computer virus)

计算机病毒是编制或插入在其他宿主程序中,以破坏计算机功能或者毁坏数据为目的,并能自我复制的一组计算机指令或者程序代码。就像生物病毒一样,计算机病毒有独特的复制能力。计算机病毒可以很快地蔓延,又常常难以根除。它们能把自身附着在各种类型的文件上。当文件被复制或从一个用户传送到另一个用户时,它们就随同文件一起蔓延开来。

分析计算机病毒,就不得不提到 1999 年 4 月 26 日中国台湾大同工学院咨询工程系学生陈盈豪制造的"CIH"病毒发作事件,该病毒能感染 Windows 95/98 中以 exe 为后缀的可执行文件,具有极大的破坏性。它会破坏计算机硬盘中所有信息,更为惊人的是它可以重写 BIOS 使之失效,其后果是使用户的计算机无法启动,唯一的解决方法是替换系统原有的 CMOS 芯片。CIH 可利用包括软盘、CD-ROM、Internet、FTP 下载、电子邮件在内所有可能的途径进行传播。该计算机病毒最初于 4 月 26 日发作,经多次改编变种后于每月 26 日发作,令许多用户谈"26"色变。CIH 在全球范围内造成了 2000 万～8000 万美元的损失,被公认为是有史以来最危险、破坏力最强的计算机病毒之一。

(2)计算机蠕虫(computer worm)

计算机蠕虫是能通过网络连接将自身的拷贝或部分拷贝传播到其他计算机系统中的一套程序。与计算机病毒不同,蠕虫不需要将其自身附着到宿主程序中。

蠕虫包括两种类型:主机蠕虫与网络蠕虫。主机蠕虫完全包含在其运行的计算机中,并且使用网络连接仅将其自身拷贝到其他计算机中,接着自我终止。因此,在任意给定的时刻,只有一个蠕虫的拷贝运行,这种蠕虫也称为"野兔"。网络蠕虫由许多部分组成,每一个部分在不同的机器上完成自身功能,并且使用网络来达到一些通信目的。网络蠕虫有一个主段,这个主段与其他段的工作相协调匹配。一般把网络蠕虫称为"章鱼"。

2003 年夏天,著名的计算机蠕虫"冲击波"爆发。该病毒运行时会不停地利用 IP 扫描技术寻找网络上系统为 Windows 2000 或 Windows XP 的计算机,并利用 DCOM RPC 缓冲区漏洞攻击该系统,一旦攻击成功,病毒体将会被传送到对方计算机中进行感染,使系统操作异常、不停重启甚至导致系统崩溃。为了达到自我保护的目的,该病毒还会对微软的一个升级网站进行拒绝服务攻击,导致该网站堵塞,使用户无法通过该网站来升级系统。当年该蠕虫在我国发作的时间恰为十一黄金周之后,导致全国大量机关企业的计算机系统崩溃,全球则有数十万台计算机被感染,造成 20 亿～100 亿美元的损失。

(3) 特洛伊木马(Trojan horse)

"特洛伊木马"简称"木马",据说这个名称来源于古希腊神话《木马屠城记》。在那个神话中,特洛伊木马表面上是"礼物",但实际上却藏匿了袭击特洛伊城的古希腊士兵。现在,特洛伊木马是指表面上看来是有用的软件、实际目的却是危害计算机安全并导致严重破坏的计算机程序。木马程序实际上是一个典型的远程控制软件,它本身并不具备危害性,但它是一柄双刃剑。在网络管理员手中,它是维护网络的利器;在黑客手中,就成为攻击他人的武器。

完整的木马程序一般由两个部分组成:服务器程序和控制器程序。我们所说的"中了木马"就是指在无意识的情况下安装了木马的服务器程序,这时拥有控制器程序的人就可以通过网络控制你的电脑,为所欲为,这时你电脑上的各种文件、程序,以及在你电脑上使用的账号、密码也就无安全性可言了。最近的特洛伊木马以电子邮件的附件形式出现,电子邮件声称是 Microsoft 安全更新程序,但实际上是一些试图禁用防病毒软件和防火墙软件的非法程序。

1997 年,曾有人编写了一个名为"AOL Passwd"的特洛伊木马程序,它可以显示 AOL(American On Line)的用户名和口令,造成数以万计的 AOL 账户失窃。

(4) 逻辑炸弹(logical bomb)

逻辑炸弹是指经过修改后在某种特定条件下触发,按某种特殊的方式运行的计算机程序。在不具备触发条件的情况下,逻辑炸弹深藏不露,系统运行情况良好,用户也感觉不到异常之处。但是,触发条件一旦被满足,逻辑炸弹就会"爆炸"。虽然它不能炸毁你的机器,但是可以严重破坏你的计算机里存储的重要数据,导致凝聚了你心血的研究、设计成果毁于一旦,甚至可能导致自动生产线的瘫痪等严重后果。

例如,有一个叫史约翰的工资表编程程序员,他获悉老板要解雇他。为了报复,他编写了一个"逻辑炸弹":在打印工资报表时判断工资表中是否有"史约翰"的名字。若有,则正常运行,否则就破坏硬盘数据。

有必要说明,前面所述的计算机病毒定义是狭义的。从广义上说,凡能够引起计算机故障,破坏计算机数据的程序统称为计算机病毒。依据此定义,逻辑炸弹和蠕虫也可称为计算机病毒。1994 年 2 月 18 日,我国正式颁布实施了《中华人民共和国计算机信息系统安全保护条例》,在《条例》第二十八条中明确指出:"计算机病毒,是指编制或者在计算机程序中插入的破坏计算机功能或者毁坏数据,影响计算机使用,并能自我复制的一组计算机指令或者程序代码。"此定义具有法律性、权威性。

2. 系统漏洞攻击

许多系统都有这样那样的安全漏洞(bugs),漏洞主要由软件缺陷、硬件缺陷、网络协议缺陷和人为损失等造成。漏洞的形成是不可避免的,再高明的程序员也会在程序中留下漏洞。黑客常通过以下方式,利用漏洞来完成攻击破坏。

(1) 缓冲区溢出攻击:在某些情况下,如果用户输入的数据长度超过应用程序给定的缓冲区,就会覆盖其他数据区,这就称作"缓冲区溢出"。黑客用精心编写的入侵代码使缓冲区溢出,然后告诉程序依据预设的方法处理缓冲区,并且完成指示,这样黑客就获取了程序的控制权。采用此手段可以造成被攻击主机死机或者获得非法的权限,如发送秘密文件到入侵者的电子邮件,也可以安装后门,获取系统管理员账号。

(2) 电子邮件系统漏洞攻击:1998 年 8 月 24 日,微软的 Hotmail Service 中的安全问题被发现,黑客利用这一安全漏洞发送包含 javascript 代码信息,当 Hotmail 用户看到信息时,内嵌的 javascript 代码要求用户重新登录进 Hotmail,如果输入了用户名和口令,则它们就被发送到恶意用户的手中。

(3)web 服务系统漏洞攻击:包括利用 web 服务器和浏览器的漏洞,获取管理员权限、用户口令及主机数据信息。

(4)内核系统攻击:内核(kernel)是操作系统最基本的部分。它是为众多应用程序提供对计算机硬件的安全访问的一部分软件,这种访问是有权限的,并且内核决定一个程序在什么时候对某部分硬件操作多长时间。黑客有时也利用系统内核的漏洞,修改已经存在于系统内可执行路径的木马程序,以增强隐蔽性。

3. 拒绝服务攻击(Denial of Service)

拒绝服务攻击通过对目标主机实施攻击以占用大量共享资源,使目标系统降低了资源的可用性,甚至暂时不能响应用户的服务请求;另外攻击者还破坏资源,造成系统瘫痪,使其他用户不能再使用这些资源,给正常用户和站点形象带来较大影响。拒绝服务攻击主要包括邮件炸弹、SYN 淹没攻击和过载攻击。其中邮件炸弹是用户反复收到大量无用的电子邮件,消耗大量的存储空间,造成邮箱溢出,不能再接受任何邮件,甚至导致系统溢出。SYN 淹没攻击通常是进行 IP 欺骗和其他攻击手段的前序步骤。过载攻击是使一个资源或服务处理大量的请求,导致其他用户的请求无法得到满足。例如,当用户发出的 URL 请求中包含有成千上万斜杠("/")时,web 服务器将花费大量的 CPU 时间来处理这个请求,这种攻击方法将使 web 服务器陷入一种不可访问的状态,从而对其他用户的请求拒绝服务。

4. 被动攻击

上面几类攻击都是攻击者主动访问网络资源,并对信息进行了某种改变,因此被称为主动攻击。与主动攻击不同,被动攻击主要是窃听、观察和分析用户传输的信息单元。由于通信协议的未知性,攻击者可能无法理解数据内容,但他可以通过通信量分析(traffic analysis),研究数据单元中控制部分和数据部分的结构特点,以达到窃取信息的目的。被动攻击的目的是收集信息而不是访问信息或干扰信息传输,数据的合法用户对这种活动一点也不会觉察到,因此被动攻击更具有隐蔽性。被动攻击包括嗅探、信息收集、口令攻击等攻击方法。

15.2　数据加密技术

数据加密技术是最基本的网络安全技术,加密技术亦即密码学,其主要是研究信息系统的安全保密,具体来说就是研究对信息传输采用何种秘密的变换以防止第三方对信息的窃取。它包括密码编码学和密码分析学两个分支。

15.2.1　数据加密算法

信息在公共网络如因特网上传输的过程中,很有可能被攻击者截获,因此往往需要将有保密性要求的信息在传输前加密。未加密的数据称为"明文",加密后的数据称为"密文"。加密的基本过程就是将明文按某种算法进行处理,使其成为不可解读的密文。接受者需要将密文转化回原来的明文,这个过程称为解密。

图 15.1 所示是数据加密的一般模式,其中的两个重要元素是算法和密钥。密钥通常是一串数字或字符。加密算法对明文与加密密钥进行计算,得到密文。解密者不能直接理解密文。只有获得正确的解密密钥,并使用解密算法对密文和解密密钥进行计算,才能算出原来的明文。

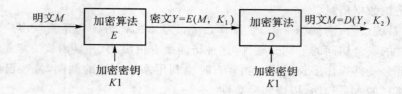

图 15.1 数据加密一般模式

从算法上分析,可以把数据加密技术分为以下三类:

1. 对称型加密算法

对称式加密就是加密密钥与解密密钥相同(见图 15.1),也就是说使用单个密钥对数据进行加密或解密。这类算法的代表是在计算机专网系统中广泛使用的 DES(Data Encryption Standard,数字加密标准)算法。DES 被誉为世界上最早、最著名的对称密钥加密算法。它由 IBM 公司在 20 世纪 70 年代研发,经过标准筛选后,于 1976 年 11 月被美国政府采用,随后又被美国国家标准局和美国国家标准协会承认。DES 使用 56 位密钥对 64 位的数据块进行加密,其过程是对 64 位的数据块进行 16 轮编码。每轮编码使用一个不同的 48 位的"每轮"密钥,它是由 56 位的完整密钥得出的。

对称型算法的特点是计算量小、加密效率高。其缺点是必须将密钥通过某种保密途径传送给解密者,因此密钥管理困难,使用成本较高。此外该类算法保密性能较差。

以 DES 为例,虽然攻击者用软件进行解码需用很长时间,但用硬件解码速度非常快。1977 年,人们估计要耗资两千万美元才能建成一个专门计算机用于 DES 的解密,而且需要 12 个小时的破解才能得到结果。随着计算机硬件的速度越来越快,制造一台这样特殊的机器的花费已经降到了十万美元左右,破解速度也大大加快了。虽然用它来保护价值十亿美元的银行是不够保险,但是如果只用它来保护一台普通服务器,DES 确实是一种好的办法,因为黑客绝不会仅仅为了入侵一个服务器而花费那么大代价去破解 DES 密文。另外也可通过及时更换密钥保证其安全性。一般认为,采用 128 位的密钥并及时更换,是足够安全的。

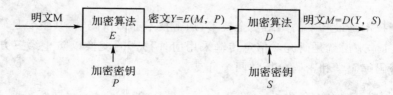

图 15.2 公共密钥算法

2. 不对称型加密算法

不对称型加密算法也称公用密钥算法,其加密密钥和解密密钥是不同的,它的特点是:

(1)一个用户有两个密钥,一个公用密钥(public key)是公开发布的,一个私有密钥(private key)则由用户自己保存。

(2)用公钥加密可以用私钥解密,用私钥加密可以用公钥解密(见图 15.2)。也就是说,假设有明文 M、公钥 P、私钥 S,则有

$$E(D(M,S),P) = E(D(M,P),S) = M$$

在加密时发送方用接受方的公钥加密明文,接受方则用自己的私钥解密。由于解密的密钥无需传送,因此较对称型加密更加安全。

在网络系统中得到应用的不对称加密算法有 RSA 算法和美国国家标准局提出的 DSA 算法(Digital Signature Algorithm,数字签名算法)。RSA 算法是现代密码算法,其是由 R. Rivest,A. Shamir 和 L. Adleman 于 1977 年在美国麻省理工学院开发的,并以这三位作者名字命名。

不对称算法的一个重要问题在于速度较对称算法慢得多。例如 RSA 无论是软件还是硬件实现,其最快的情况也要比 DES 慢上 100 倍。

15.2.2　不可逆加密算法与信息摘要

上节介绍的两类加密算法中加密和解密都是可逆的过程。还有一类算法是只能加密不可解密的,称为不可逆加密算法。其特征是加密过程不需要密钥,并且经过加密的数据无法被解密,只有对同样的输入数据经过同样的不可逆加密算法才能得到相同的加密数据。

计算机系统中的口令就是利用不可逆算法加密保存的。为了安全,系统中不保存用户口令的明文,而只保存密文。当输入正确的口令时,通过同样的算法可以得到相同的密文;而当输入不正确的口令时,则密文就不同。因此比较密文就可以验证口令是否正确,而无需解密。

不可逆加密算法中最著名的就是 MD5。MD5(Message-Digest Algorithm 5,信息—摘要算法 5)算法是 20 世纪 90 年代初由麻省理工学院计算机科学实验室和研发 RSA 算法的 R. Rivest 共同开发出来,并经 MD2,MD3 和 MD4 发展而来的。MD5 算法将任意长度的大容量信息"压缩"为 128 位的信息摘要(见图 15.3)。

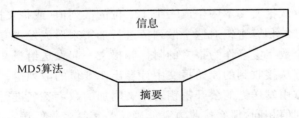

图 15.3　MD5 信息摘要算法

MD5 是一种 hash 函数,又称杂凑函数。它是一种不可逆函数,也就是说不能由信息摘要反向计算出原来的信息。此外,不同信息的摘要是不同的,也就是说原始信息即使只更动一个字母,对应的压缩信息也会变为截然不同。

信息摘要主要用于信息完整性验证。例如,当我们下载一个文件时,可以同时下载其 MD5 摘要,通过对下载来的文件重新计算 MD5 摘要并与下载来的 MD5 摘要进行比较,可以判断文件是否完整。

15.2.3 数字签名技术

信息安全的一个重要问题是如何证明信息是来自真正的发送者而不是攻击者。数字签名技术就是解决这一问题的。ISO 对数字签名的定义:数字签名是附加在数据单元上的一些数据,或是对数据单元所做的密码交换,这种数据或变换允许数据单元的接收者用以确认数据单元的来源和数据单元的完整性,并保护数据,防止被他人所伪造。数字签名技术作为计算机数据安全的一项重要安全机制,主要用来实现抵赖性服务,从而保证通信双方的利益。数字签名是对现实生活中笔迹签名的模拟,因此数字签名应具有以下性质:

(1)能够验证签名产生者的身份,以及产生签名的日期和时间;

(2)能用于证实被签消息的内容;

(3)数字签名可由第三方验证,从而能够解决通信双方的争议。

目前主要应用的是基于非对称密钥密码体制的数字签名,包括 RSA,ElGamal,DSS/DSA 等。其原理如图 15.4 所示:发送者使用自己的私有密钥对明文加密,并将密文传递给接受者;接收方则用发送者的公用密钥解读数字签名,并将解读结果与另行传递来的明文进行比较;如果二者相同,则说明该明文是发送者发出的。

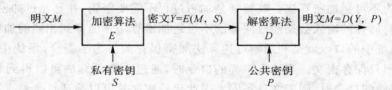

图 15.4　数字签名基本算法

为了减少计算量,数字签名可以采用对明文的摘要而非明文进行加密。常用的数字签名算法如下:

1. RSA 数字签名

RSA 数字签名的整个过程如图 15.5 所示。具体步骤如下:

(1)报文的发送方从报文文本中生成一个 128 位的散列值(或报文摘要);

(2)发送方用自己的私有密钥对这个散列值进行加密来形成发送方的数字签名;

(3)发送方将这个数字签名作为报文的附件和报文一起发送给报文的接收方;

(4)报文的接收方从接收到的原始报文中计算出 128 位的散列值;

(5)报文的接收方用发送方的公开密钥对报文附加的数字签名进行解密;

(6)如果两个散列值相同,那么接收方就能确认数字签名是发送方的。

2. 数字签名算法 DSA

DSA(Digital Signature Algorithm,数字签名算法)是 Schnorr 和 ElGamal 签名算法的变种,被我国国家标准化研究院和国家安全局共同认定作为 DSS(Digital Signature Standard,数字签名标准)。DSA 也是公开密钥算法,它不能用作加密,只用作数字签名。DSA 的算法安全强度和速度都不如 RSA。

3. 椭圆曲线数字签名算法 ECDSA

椭圆曲线加密系统(Elliptical Curved DSA,ECDSA)是一种运用 RSA 和 DSA 来实施数字签名的方法。椭圆曲线数字签名具有与 RSA 数字签名和 DSA 数字签名基本上相同的

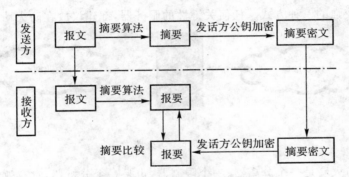

图 15.5　RSA 数字签名及检验过程

功能,但实施起来更有效,因为椭圆曲线数字签名在生成签名和进行验证时要比 RSA 和 DSA 来得快。

15.2.4　公共密钥基础结构 PKI

前面介绍的不对称加密算法和数字签名都用到公共密钥,那么公共密钥又是如何发布的? 其安全性又是如何得到保证呢? 答案是一种全新的安全机制——公共密钥基础结构(Public Key Infrastructure,PKI)。

PKI 体系包括证书认证中心(Certificate Authority,CA)、数字证书库、公匙备份库、恢复系统、证书作废系统、应用接口(API)等五大系统,其中 CA 是 PKI 安全体系的核心,因此这一体系又被称为 PKI/CA 架构。

CA 是负责产生、分配并管理数字证书的可信赖的第三方权威机构。其通常采用多层次的分级结构,上级 CA 负责签发和管理下级认证中心的证书,最下一级的认证中心直接面向最终用户。

数字证书又叫“数字身份证”、“数字 ID”,它是 PKI 的核心元素,由认证机构服务者所签发,它是数字签名的技术基础保障;它是包含公开密钥拥有者以及公开密钥相关信息的一种电子文件,可以用来证明数字证书持有者的真实身份。

15.3　网络安全技术

15.3.1　防火墙技术

防火墙原本是汽车中一个部件的名称。在汽车中,利用防火墙把乘客和引擎隔开,汽车引擎一旦着火,防火墙不但能保护乘客安全,同时还能让司机继续控制引擎。在计算机网络中,防火墙是指一种将内部网和公众访问网(如 Internet)分开的方法,它实际上是一种网络安全保障手段,是在网络通信时执行的一种访问控制尺度,其主要目标就是通过控制进出一个网络的权限,并迫使所有的连接都经过这样的检查,防止一个需要保护的网络遭外界因素的干扰和破坏。它能有效地控制内部网络和外部网络之间的访问及数据传送,从而达到保护内部网络的信息不受外部非授权用户的访问和过滤不良信息的目的。在 Internet 上的 web 网站中,超过三分之一的 web 网站都是由某种形式的防火墙加以保护,这是对黑客防范最严、安全性较强的一种方式。任何关键性的服务器，都建议放在防火墙之后。

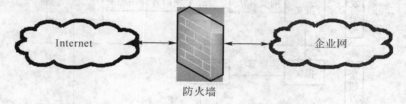

图 15.6　防火墙

　　在逻辑上，防火墙是一个分离器、一个限制器，也是一个分析器，它有效地监视了内部网络和 Internet 之间的任何活动，保证了内部网络的安全；在物理实现上，防火墙可以是位于网络特殊位置的一组硬件设备——路由器、计算机或其他特制的硬件设备，也可以是运行在一个进行网络互连的路由器上实现的一套软件，或者是硬件和软件的结合体。

　　根据防火墙所采用的技术不同，我们可以将它分为四种基本类型：包过滤型、网络地址转换 NAT 型、代理服务器型、状态监测型及复合型。

1. 包过滤防火墙(IP Filting Firewall)

　　包过滤是在网络层中对数据包实施有选择的通过，依据系统事先设定好的过滤逻辑，检查数据流中的每个数据包，根据数据包的源地址、目标地址以及包所使用端口确定是否允许该类数据包通过。例如包过滤式的防火墙会检查所有通过信息包里的 IP 地址，并按照系统管理员所给定的过滤规则过滤信息包。如果防火墙设定某一 IP 为危险的话，从这个地址而来的所有信息都会被防火墙屏蔽掉。

2. 网络地址 NAT 防火墙(Network Address Translate Firewall)

　　当受保护网连到 Internet 上时，受保护网用户若要访问 Internet，必须使用一个公网 IP 地址。网络地址转换器就是在防火墙上装一个公网 IP 地址集。当内部某一用户要访问 Internet 时，防火墙从地址集中选一个未分配的公网 IP 地址分配给该用户，该用户即可使用这个地址进行通信。同时，对于内部的某些服务器如 web 服务器，网络地址转换器允许为其分配一个固定的公网 IP 地址。外部网络的用户就可通过防火墙来访问内部的服务器。这种技术既缓解了少量的 IP 地址和大量的主机之间的矛盾，又对外隐藏了内部主机的 IP 地址，提高了安全性。

3. 代理服务器防火墙(Proxy Server Firewall)

　　代理服务器通常也称为应用级防火墙，防火墙内外的计算机系统应用层的连接通过代理服务器作为中介完成，也就是说双方不直接访问，而是分别访问代理服务器，由代理服务器代理访问对方。这样便成功地实现了防火墙内外计算机系统的隔离。代理服务是设置在 Internet 防火墙网关上的应用，是在网管员允许下或拒绝的特定的应用程度或者特定服务，同时，还可应用于实施较强的数据流监控、过滤、记录和报告等功能。一般情况下可应用于特定的互联网服务，如超文本传输(HTTP)、远程文件传输(FTP)等。代理服务器通常拥有高速缓存，缓存中存有用户经常访问站点的内容，当下一个用户要访问同样的站点时，服务器就用不着重复地去抓同样的内容，既节约了时间也节约了网络资源。

4. 状态监视器(Stateful Inspection Firewall)

　　监测型防火墙是新一代的产品，这一技术实际上已经超越了最初的防火墙定义。监测型防火墙能够对各层的数据进行主动的、实时的监测,在对这些数据加以分析的基础上,监测型防火墙能够有效地判断出各层中的非法侵入。同时,这种检测型防火墙产品一般还带有分布式探测器,这些探测器安置在各种应用服务器和其他网络的节点之中,不仅能够检测来自网络外部的攻击,同时对来自内部的恶意破坏也有极强的防范作用。状态监视器的配置非常复杂,而且会降低网络的速度。

5. 复合型防火墙(Hybrid Firewall)

复合型防火墙就是某几种防火墙技术的复合体,对各种类型防火墙取长补短,综合应用,从而起到较强的网络安全保障作用。

目前防火墙已经在 Internet 上得到了广泛的应用,而且由于防火墙不限于 TCP/IP 协议的特点,也使其在 Internet 之外同样具有生命力。有必要指出,虽然防火墙可以对网络威胁起到很好的防范作用,但它并不是解决网络安全问题的万能药方,而只是网络安全政策和策略中的一个组成部分。防火墙也有其局限性,比如:防火墙不能防范恶意的内部用户、不能防范不通过它的连接、不能防范病毒等。

15.3.2　用户识别和验证技术

用户识别和验证是防止主动攻击的重要技术,它对于开放环境中的各种信息系统的安全性有重要的作用。其主要目的包括:

(1)验证信息的发送者是真实而非冒充的,称为实体认证,也叫身份认证,包括信源、信宿等的认证和识别。

(2)验证信息的完整性,称为消息认证,也叫信息认证,验证数据在传送或者存储过程中未被篡改、重放或者延迟等。

从安全性的角度考虑,在外部系统访问内部服务器时,通常采用认证技术(Authentication)。电子签名认证属于加密认证技术,它采用电子证书的方式(Digital Certification)来保证第三方所使用电子签名内容的正确性。

15.3.3　访问控制技术

网络访问控制 NAC(Network Access Control)是最有前途的安全技术之一,这是一种软件技术和硬件技术的混合体,可根据客户系统符合策略的情况对其访问网络能力进行动态控制。例如,进行用户身份认证,对口令加密、更新和鉴别,设置用户访问目录和文件的权限,控制网络设备配置的权限等等。

15.3.4　入侵检测技术

入侵检测技术 IDS(Intrusion Detection System)是近年来发展起来的一种主动保护自己免受黑客攻击的新型网络安全技术。入侵检测技术帮助系统对付网络攻击,扩展了系统管理员的安全管理能力,提高了信息安全基础结构的完整性。它从计算机网络系统中的若干关键点收集信息,并分析这些信息,看看网络中是否有违反安全策略的行为和遭到袭击的迹象。入侵检测被认为是防火墙之后的第二道安全闸门,它在不影响网络性能的情况下能对网络进行检测,从而提供对内部攻击、外部攻击和误操作等的实时保护。

根据检测对象的不同,入侵检测系统可分为主机型和网络型两类。

（1）主机型入侵检测。它是以系统日志、应用程序日志等作为数据源，当然也可以通过其他手段（如监督系统调用）从所在的主机收集信息进行分析。主机型入侵检测系统保护的一般是系统所在的主机。这种系统经常运行在被监测的主机之上，用以监测主机上正在运行的进程是否合法。

（2）网络型入侵检测。它的数据源是网络上的数据包。将一台主机网卡设为监听模式（promise mode），就可以接收所有本网段内的数据包，并进行判断。一般网络型入侵检测系统担负着保护整个网段的任务。

对各种事件进行分析，从中发现违反安全策略的行为是入侵检测系统的核心功能。从技术上看，入侵检测分为两类：一种基于标志（signature-based），对这种检测技术来说，首先要定义违背安全策略的事件的特征标志，如网络数据包的某些头信息，然后检测这类特征是否在所收集到的数据中出现。此方法非常类似于杀毒软件。另一种基于异常情况（anoma-ly-based），它首先定义一组系统"正常"情况的数值，如 CPU 利用率、内存利用率、文件校验和等（这类数据可以人为定义，也可以通过观察系统并用统计的办法得出），然后将系统运行时的数值与所定义的"正常"情况比较，得出是否有被攻击的迹象。这种检测方式的核心在于如何定义所谓的"正常"情况。

两种检测技术的方法和所得出的结论有非常大的差异。基于异常的检测技术的核心是维护一个知识库。对于已知的攻击，它可以详细、准确地报告出攻击类型，但是对未知攻击却效果有限，而且知识库必须不断更新。基于异常的检测技术则无法准确判别出攻击的手法，但它可以（至少在理论上可以）判别更广泛甚至未发觉的攻击。

入侵检测作为一种积极主动的安全防护技术，提供了对内部攻击、外部攻击和误操作的实时保护，在网络系统受到危害之前拦截并响应入侵。入侵检测系统面临的最主要挑战有两个：一个是虚警率太高，另一个是检测速度太慢。现有的入侵检测系统还有其他技术上的致命弱点。因此可以这样说，入侵检测产品仍具有较大的发展空间。从技术途径来讲，除了完善常规的、传统的技术（模式识别和完整性检测）外，还应重点加强统计分析的相关技术研究。

入侵检测并不能及时地发现所有入侵，因此即使拥有当前最强大的入侵检测系统，如果不及时修补网络中的安全漏洞的话，安全也无从谈起。

15.3.5　漏洞扫描技术

为了防止黑客利用各种网络安全漏洞来完成攻击，网络管理员必须及时了解系统中存在的安全漏洞，并采取相应的防范措施，从而降低系统的安全风险。漏洞扫描就是基于此目的发展起来的、自动检测远端或本地主机安全脆弱点的技术。其具体实现就是安全扫描程序，它的基本结构包括信息收集模块、漏洞库、分析模块及报告模块等。

根据工作模式，漏洞扫描分为主机漏洞扫描和网络漏洞扫描两类。它通常以三种形式出现：单一的扫描软件，安装在计算机或掌上电脑上；基于客户机（管理端）/服务器（扫描引擎）模式或浏览器/服务器模式，通常为安装在不同的计算机上的软件；也有将扫描引擎做成硬件或其他安全产品的组件的。在匹配原理上，目前漏洞扫描大都采用基于规则的匹配技术，即通过对网络系统安全漏洞、黑客攻击案例和网络系统安全配置的分析，形成一套标准安全漏洞的特征库，在此基础上进一步形成相应的匹配规则，由扫描器自动完成扫描分析工作。

15.3.6　反病毒技术

计算机病毒的危害不言而喻，人类面临这一世界性的公害采取了许多行之有效的措施，主要分为两种：①加强教育和立法，从产生病毒源头上杜绝病毒；②加强反病毒技术的研究，从技术上解决病毒传播和发作。以下主要从原理上剖析各种反病毒技术。

1. 软件反病毒技术

计算机病毒具有寄生性，在静态时储存于磁盘、硬盘、光盘等辅存和 CMOS 中，激活后则驻留在内存中。利用这个特性反病毒软件手工、自动或定时对这些病毒场所进行查毒杀毒。

软件反病毒技术的优点是：不需要额外的硬件投资，使用简单方便可靠，不限制操作系统，升级方便。缺点是：必须实时更新病毒库，属于"亡羊补牢"型，对未知病毒没有防护功能。

2. 实时反病毒技术

实时反病毒技术是通过带防病毒功能 BIOS 芯片的主板、插在系统主板上的防病毒卡或实时防病毒软件环境，实时监控系统的运行，对类似病毒的行为及时提出警告。其实时性和对未知病毒的预报功能大受用户的欢迎。实时反病毒技术一向为反病毒界所看好，被认为是比较彻底的反病毒解决方案。

实时反病毒技术的优点是：对未知病毒有防范功能，由于硬件级别高于任何软件，所以特别有效和可靠。缺点是：升级困难，只能查出病毒，而不具有杀毒功能。为了获得其卓越的优点，克服其缺点，目前出现的软件实时防毒系统以及在网络中十分流行的病毒防火墙其实质也是实时防毒系统在操作系统和网络环境下的应用。

3. CPU 反病毒技术

CPU 反病毒技术是一种软、硬件结合的反病毒技术，主要针对黑客常使用的缓冲区溢出型病毒攻击。其原理是在内存页面的数据区设置某些标志，当 CPU 读取数据时检测到含有这些标志的内存页面时就拒绝执行该内存区的可执行指令，以防止溢出的恶意代码被误执行。使用 CPU 防毒技术，除支持防毒功能的 CPU 外还应使用支持此技术的操作系统和应用软件。

CPU 防毒技术的优点是：高效、可靠，无须升级，对任何利用缓冲区溢出漏洞的病毒均有效。缺点是：存在硬件和软件的兼容性问题，且不可能在短期内解决，只对利用缓冲区溢出漏洞的病毒有效，对其他病毒无效。

4. 全方位立体网络防毒技术

全方位立体网络防毒技术是将传统意义的防病毒战线从单机延伸到网络接入的边缘设备，从软件扩展到硬件，即从防火墙、IDS 到接入交换机。从计算机安全发展的角度讲，从软件到硬件的转变是在长期病毒和反病毒技术较量中的新探索，也是计算机安全技术面对病毒网络化后的必然趋势。

一套完善的立体网络防病毒系统应由以下部件组成：

（1）文件服务器防病毒系统（File Server Protection）：用于文件服务器的防病毒组件；

（2）桌面防病毒系统（Desktop Protection）：用于工作站的防病毒组件；

（3）电子邮件防病毒系统（E-mail Protection）：用于电子邮件系统的防病毒组件；

（4）Internet 网关防病毒系统（Internet Gateway Protection）：用于因特网出口的防病毒组件；

（5）无线网络防病毒系统（Wireless Protection）：用于无线网络设备连接到防病毒组件；

（6）防病毒控制中心（Management Control Center）：用于以上防病毒组件的代码、病毒库的自动更新和加强。

以上组件缺一不可，方能构成一套完善立体网络防病毒系统。

思考题

15-1　网络安全的基本要素有哪些？

15-2　网络安全威胁有哪些？

15-3　如果你要传递的信息既需要加密又需要数字签名，应该如何做？

15-4　列举几种网络安全技术，并简单介绍。

第16章 虚拟专用网(VPN)和多协议标签交换(MPLS)

伴随着 Internet 的迅速发展,越来越多的企业开始通过 Internet 进行通信,虚拟专用网(VPN)技术也随之被广泛应用。VPN 主要基于隧道协议和 IPsec 等安全技术,而多协议标签交换(MPLS)提供了实现 VPN 的一种新方式。

通过本章的学习,了解 VPN 的概念,了解基于隧道协议的 VPN 技术,了解 MPLS 技术及其应用。建议学时:2学时。

16.1 VPN

企业要连接处于不同地理区域的两个 Intranet,一般都要通过在公共网络租用专线实现。这个专线可以是物理层的,例如在光缆中的一根光纤,也可以是数据链路层的一个虚拟的数据链路,如在广域网一章中,我们介绍过的可以在帧中继(frame relay)与 ATM 等公共数据网络中租用的固定虚拟线路(Permanent Virtual Circuit,PVC)。近年来,随着 Internet 的广泛应用与发展,可以在 Internet 上使用 IP 机制仿真出一个专用的广域网,完全实现与 PVC 相同的功能,而价格却降低将近一半。这种新技术被叫做虚拟专用网(Virtual Private Network,VPN)。

16.1.1 VPN 的概念

什么是 VPN? VPN 是基于公共通信网络的专用网络。

如图 16.1(a)所示,某个企业的两个 Intranet(专用网络)由于位于不同地理位置,只能通过 Internet(公共网络)连接。由于 Intranet 内的计算机采用私网 IP 地址,Intranet 1 中的计算机不能直接与 Intranet 2 中的计算机通信。采用 VPN 技术,如图 16.1(b)所示,相当于在 Internet 上开了个隧道,使两个 Intranet 直接连接,就好像属于在同一个 Intranet 上一样,其中所有计算机都可以直接通信而无需公网 IP 地址。

根据 VPN 所起的作用,可以将 VPN 分为三类:VPDN,Intranet VPN 和 Extranet VPN。

1. VPDN(Virtual Private Dial Network)

VPDN 通常用于出差在外或在家的雇员个别访问企业内部网络。用户在企业外部通过拨号网络(电话)连接访问服务器 NAS(Network Access Server),NAS 对用户进行身份

(a) 不使用VPN技术，两个Intranet不能直接通信

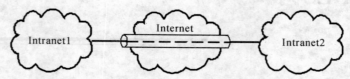

(b) 使用VPN技术，两个Intranet被直接连接在一起

图 16.1　VPN 技术

验证,确定是否为合法用户,如果是就启动 VPDN 功能使用户可以与企业内网连接。

2. Intranet VPN

Intranet VPN 用于将企业在各地分支机构的内网连到企业总部的内网,构成一个跨越 Internet 的 Intranet,以便企业内部的资源共享、文件传递等。

3. Extranet VPN

Extranet VPN 用于将企业的供应商或商业合作伙伴的内网通过 Internet 和企业内网连接,使之像 Extranet 一样能方便访问内网,并可以设置特定的访问控制表 ACL(Access Control List),根据访问者的身份、网络地址等参数来确定他所相应的访问权限,根据访问权限对他开放部分资源而非全部资源。

16.1.2　VPN 的功能

下面列出对 VPN 的主要功能要求:

1. VPN 的安全性

VPN 的数据传送是直接通过公用的 Internet 的,因此必须保证传输数据的安全性,要求具备如下安全功能:

(1)加密数据。以保证通过公网传输的信息即使被他人截获也不会被泄露。

(2)信息认证和身份认证。保证信息的完整性、合法性,并能鉴别用户的身份。

(3)提供访问控制。不同的用户有不同的访问权限。

2. VPN 的服务质量(QoS)

用户和业务对 VPN 的 QoS 的要求差别较大:移动办公用户需要提供广泛的连接和覆盖性;拥有众多分支机构的 VPN 网络则要求网络能提供良好的稳定性;主要传输视频和多媒体信息的 VPN 则对网络时延及误码率等提出要求。可是 Internet 本身却不提供 QoS 的保证,例如:在流量高峰时引起网络阻塞,产生网络瓶颈,使实时性要求高的数据得不到及时发送;而在流量低谷时又造成大量的网络带宽空闲。因此 VPN 要能通过流量预测与流量控制策略满足分级的 QoS 要求。

3. VPN 的可扩充性和灵活性

VPN 必须要便于扩充,可以方便增加新的节点。VPN 还必须具有灵活性,能够支持通过 Intranet 和 Extranet 的任何类型的数据流,支持多种类型的传输媒介,可以满足同时传输语音、图像和数据等新应用对高质量传输以及带宽增加的需求。

4. VPN 的可管理性

VPN 要求从用户角度和运营商角度都可方便地进行管理和维护。从用户角度,要求企业能将其网络管理功能从局域网无缝地延伸到公用网,甚至是客户和合作伙伴的网络。VPN 管理的目标是:减小网络风险,具有高扩展性、经济性、高可靠性等优点。VPN 管理包括安全管理、设备管理、配置管理、访问控制列表管理、QoS 管理等内容。

16.2　基于隧道协议的 VPN

图 16.1(b)所示的隧道在实际的 VPN 中可以构建在数据链路层、网络层或应用层,它是通过隧道协议实现的。

16.2.1　基于数据链路层隧道的 VPN

VPDN 中远程用户通过拨号网络与企业网建立连接。VPDN 通常采用基于数据链路层隧道的 VPN。所谓数据链路层隧道是先在远程用户和企业网络间采用 PPP 协议建立点对点的连接,然后把所有数据包加密后都封装在 PPP 的帧中传输。

PPP 协议主要是设计用来通过拨号或专线方式建立点对点连接发送数据。PPP 包括以下三个部分:

(1)在串行通信线路上组帧的方法。既支持数据为 8 位和无奇偶校验的异步模式,又支持面向比特的同步链接。

(2)建立、配置、测试和拆除数据链路的链路控制协议 LCP(Link Control Protocol)。它允许通信双方进行协商,以确定不同的选项。

(3)支持不同网络层协议的网络控制协议 NCP(Network Control Protocol)。

PPP 将每个被传送的数据报都被封装在 PPP 帧内,到达接收方之后再取出。数据报在放入 PPP 帧前可以进行加密和压缩,并在取出后再解密和解压缩。

图 16.2 所示是 PPP 的帧结构。

8 bit	16 bit	24 bit	40 bit	长度可变	16~32 bit
Flag	Address	Control	Protocol	Information	FCS

图 16.2　PPP 的帧结构

(1)标志(Flag):表示帧的起始或结束,由二进制序列 01111110 构成。

(2)地址(Address):标准广播地址 11111111。

(3)控制(Control):二进制序列 00000011。

(4)协议(Protocol):用于识别帧的 Information 字段封装的协议。

(5)信息(Information):0 或更多 8 位字节,用于携带信息,包含 Protocol 字段中指定的协议数据报。

(6)帧校验序列(FCS):通常为 16 位,也可以通过预先协商采用 32 位来提高差错检测效果。

为实现 VPN,基于 PPP 协议,提出了多种数据链路层隧道协议,又叫第二层隧道协议,常用的有 PPTP,L2F,L2TP 等。

1. PPTP(Point-to-Point Tunneling Protocol)协议

Microsoft 和 3com 公司等在 PPP 协议的基础上开发了 PPTP,它已被集成于 Windows 9.X/NT/2000 上。PPP 支持多种网络协议,先把 IP,IPX,AppleTalk 或 NetBEUI 的数据包封装在 PPP 包中,再将整个报文封装在 PPTP 隧道协议包中,最后再嵌入 IP 报文中进行传输。PPTP 提供流量控制,减少拥塞的可能性,避免由包丢弃而引发包重传的数量。

设计 PPTP 协议的目的是为了满足出差员工异地办公的需要。PPTP 定义了一种 PPP 分组的运载方法,它通过使用扩展的 GRE 封装,将 PPP 分组在 IP 网上传输,即 PPTP 协议在一个已存在的 IP 连接上进行 PPP 会话,只要网络层是连通的,就可以运行 PPTP 协议。PPTP 在逻辑上延伸了 PPP 会话,但保留了 PPP 协议的鉴别和授权机制和多协议封装的特征。

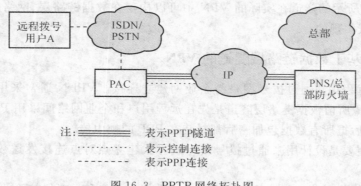

图 16.3　PPTP 网络拓扑图

如图 16.3 所示,在 PPTP 访问集中器 PAC 和网络服务器 PNS 之间有两条平行的通道:一条控制连接,另一条是 PPTP 隧道(PPTP 协议将控制包和数据包分开)。在传送任何 PPTP 分组之前,必须在 PAC 和 PNS 之间建立一条 TCP 控制连接用于建立、维护、关闭会话以及连接控制本身;在<PAC,PNS>对之间可以形成一条或多条 PPTP 隧道,通过使用隧道 ID 来区分。隧道中数据包部分先封装在 PPP 协议中,然后 PPP 分组通过 GRE 封装形成 PPTP 分组,最终作为标准 IP 分组的数据部分被发送,如图 16.4 所示。因此 PPTP 可以支持所有的主流协议,包括 IP,IPX,NetBEUI 等。

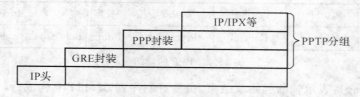

图 16.4　PPTP 协议图

PPTP 协议数据传输过程可概括为:先由客户通过 PPP 协议拨号连接到 ISP,然后通过 PPTP 协议在客户端 PAC 与目的 VPN 中心网络服务器 PNS 之间开通一个专用 VPN 隧道,把客户的数据传输过去。此外,在一条隧道中,同时可以封装多条用户会话,他们通过 GRE 封装中的密钥字段进行隧道复用/分用,并使用 GRE 头中的序列号和确认号对隧道中的会话进行流量控制。

2. L2F(Layer 2 Forwarding)协议

L2F 隧道协议是由 Cisco 提出的,它支持多协议,但对于传输媒体却没有特殊要求,不像 PPTP 那样要求使用 IP 网络作为 PPTP 隧道的传输媒体,L2F 只要求传输媒体提供面向分组的点对点连接,如 IP 网/帧中继。

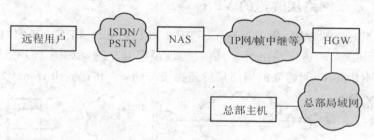

图 16.5　L2F 网络拓扑图

如图 16.5 所示,网络访问服务器 NAS 为用户提供临时的网络访问服务,具有 PPP 和 L2F 协议处理模块;本地网关 HGW 是 L2F 隧道终点,用于用户身份的鉴别和访问授权,能处理 PPP 分组和 L2F 封装。

L2F 用于对 PPP 分组或 SLIP 分组进行封装传输,L2F 封装如图 16.6 所示,其中 L2F 尾是可选的。

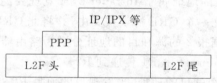

图 16.6　L2F 的帧格式

载荷分组被封装之后,并作为传输数据单元在传输媒体上进行发送,从而形成 L2F 隧道。L2F 对底层的传输媒体是不作具体要求的,它只要求媒体能提供点到点的链接。在 IP 网络上,L2F 分组将作为 UDP 协议的数据单元被封装传送。

3. L2TP(Layer 2 Tunneling Protocol)

Microsoft 和 Cisco 公司把 PPTP 协议和 L2F 协议的优点结合在一起,形成了 L2TP 协议。L2TP 协议能够支持传统的非 IP、私有 IP 地址,支持封装的 PPP 帧在 IP、X.25、帧中继或 ATM 等的网络上进行传送。

如图 16.7 所示,L2TP 中存在两种消息:控制消息和数据消息。控制消息用于隧道和会话连接的建立、维护以及传输控制;数据消息则用于封装 PPP 帧并在隧道上传输。控制消息的传输是可靠传输,并且支持对控制消息的流量控制和拥塞控制;而数据消息的传输是不可靠传输,若数据报文丢失,则不予重传,也不支持对数据消息的流量控制和拥塞控制。控制消息和数据消息共享相同的报文头。

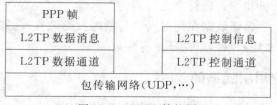

图 16.7　PPTP 协议图

PPTP/L2TP 对使用微软操作系统的用户来说很方便,因为微软已把它作为路由软件的一部分。PPTP/L2TP 支持其他网络协议,如 Novell 的 IPX,NetBEUI 和 Apple Talk 协议,还支持流量控制。它通过减少丢弃包来改善网络性能,这样可减少重传。

16.2.2　基于网络层隧道的 VPN

基于网络层隧道的 VPN 用于 Intranet VPN 和 Extranet VPN。我们以 GRE(Generic Routing Encapsulation,通用路由封装)协议为例说明其原理。如图 16.8 所示,一个 IP 报文通过路由器 R1 和 R2 间建立的网络层隧道由 Intranet 1 传递到 Intranet 2。

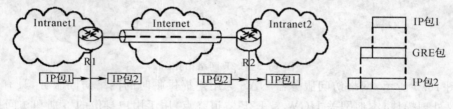

图 16.8　网络层 VPN 隧道技术

其具体过程如下:

(1)若 IP 数据报 1 的目的地址属于 Intranet 2,被发现要经过路由器 R1 和 R2 间的隧道,则在 R1 将此报文封装在一个 GRE 协议报文中,并将此 GRE 协议报文作为数据封装在新的 IP 数据报 2 中,IP 数据报 2 的源和目的地址分别为路由器 R1 和 R2 的公网 IP 地址。

(2)IP 数据报 2 通过 Internet 由 R1 传递到 R2。

(3)R2 检查 IP 数据报 2 的目的地址,当发现目的地是 R2,且协议类型为 GRE 时,系统剥掉此报文的 IP 报头,交给 GRE 协议模块处理;GRE 协议模块完成相应的处理后,剥掉 GRE 报头,得到 IP 数据报 1,再交由 IP 协议模块处理;IP 协议模块像对待一般数据报将 IP 数据报 1 继续传递给 Intranet2。

网络层隧道协议除 GRE 外,IPSec(Internet Protocol Security)协议因其安全性强的特点更受瞩目。

IPSec 是一个范围广泛、开放的虚拟专用网安全协议,由 IETF(Internet Engineer Task Force)制定和完善。它把几种安全技术结合在一起形成一个较为完整的体系,受到了众多厂商的关注和支持。IPSec 由 IP 认证头 AH(Authentication Header)、IP 安全载荷负载 ESP(Encapsulated Security Payload)和密钥管理协议组成。

IPSec 协议可以设置成在两种模式下运行:一种是隧道模式,另一种是传输模式。在隧道模式下,IPSec 把 IPv4 数据包封装在安全的 IP 帧中,由隧道的一端传递到另一端。

IPSec 从以下三个方面来保证数据的安全性:

(1)认证,用于对主机和端点进行身份鉴别。

(2)完整性检查,用于保证数据在通过网络传输时没有被修改。

(3)加密,加密 IP 地址和数据以保证私有性。

16.2.3　基于应用层隧道的 VPN

SOCKs v5,SSL 协议可以建立基于应用层隧道的 VPN。

1. SOCKs v5

SOCKs v5 是建立在 TCP 层上的安全协议,可用于为与特定 TCP 端口相连的应用建立特定的隧道,并可协同 IPSec,L2TP,PPTP 等一起使用。SOCKs 协议的优势在访问控制,因此适合用于安全性较高的虚拟专用网。

2. SSL VPN

安全套接字层(Secure Socket Layer,SSL)属于高层安全机制,广泛应用于 web 浏览程序和 web 服务器程序。在 SSL 中身份认证是基于证书的。

SSL VPN 技术帮助用户通过标准的 web 浏览器就可以访问重要的企业应用,这使得企业员工出差时不必再携带自己的笔记本电脑,仅仅通过一台接入了 Internet 的计算机就能访问企业资源,这为企业提高了效率,也带来了方便。

16.3　MPLS

多协议标签交换技术(Multi-Protocol Label Switching,MPLS)为实现 VPN 提供了一种新方法,但是 MPLS 本身并不是为 VPN 设计的,而是为了提高 IP 网络的转发效率。

传统的 IP 数据转发是基于逐跳式的,每个转发数据的路由器都要根据 IP 包头的目的地址查找路由表来获得下一跳的出口,这是个繁琐且效率低下的工作。当今的互联网应用需求日益增多,对带宽、时延的要求也越来越高。为了提高转发效率,各个路由器生产厂家做了大量的改进工作,但仍不能完全解决目前互联网所面临的问题。

MPLS 实际上是一种分类转发技术,它将具有相同转发处理方式(目的地相同、使用的转发路径相同、具有相同的服务等级等)的分组归为一类,这种类别就称为转发等价类 FEC(Forwarding Equivalence Class)。这个分类是在一个分组进入 MPLS 网络时进行的。每个 FEC 由一个标签(label)表征,标签是一个较短的、具有固定长度的数值。当一个分组在 MPLS 网络中传输时,它与其 FEC 标签一起发送,路由器直接根据标签转发分组,不再需要对每个分组的报头信息进行分析,从而大大提高了转发效率。

MPLS 中所谓的多协议是指它可以用于任何网络层协议,不过在 Internet 上,IP 成了唯一的网络层协议。

16.3.1　MPLS 的工作原理

MPLS 由标签交换路由器(LSR)、标签边缘路由器(LER)和标签分发协议(LDP)组成。

MPLS 网络中负责路由和分组转发的节点是 LSR。LSR 通过运行 LDP 实现转发等价类(FEC)与 IP 分组头的映射。位于 MPLS 网络边缘的 LSR 被叫做 LER,其中入口 LER 叫做 Ingress,出口 LER 叫做 Egress。

由于 MPLS 技术隔绝了标签分发机制与数据流的关系,因此,它的实现并不依赖于特定的数据链路层协议,它可支持多种物理层和链路层技术(IP/ATM、以太网、PPP、帧中继、光传输等)。

MPLS 的整个分组传输过程如下:在 MPLS 边缘的入口部分,LER 接收进入网络的分组并根据其特征划分成转发等价类 FEC,一般根据 IP 地址前缀或者主机地址来划分 FEC,属于相同 FEC 的分组在 MPLS 区域中将经过相同的路径(即 LSP)。LER 对到来的 FEC

分组分配一个短而定长的标签,然后从相应的接口转发出去。在 MPLS 区域内部,报文由 LSR 处理,并按一种新的交换机制进行处理,它作用于标签而非地址,即在 LSP 沿途的 LSR 上,都已建立了输入/输出标签的映射表(该表的元素叫下一跳标签转发条目,Next Hop Label Forwarding Entry,NHLFE)。对于接收到的标签分组,LSR 只需根据标签从表中找到相应的 NHLFE,并用新的标签来替换原来的标签,然后对标签分组进行转发,这个过程叫做输入标签映射 ILM(Incoming Label Map)。传送报文穿过网络到达另一边,随后,出口的标签边缘路由器移去标签,并将报文传给其目的网络。

其中,标签交换的工作流程如下:

(1)由传统路由协议(OSPF 等)和 LDP(标签分发协议)在 LSR 中建立路由表和标签映射表。MPLS 技术结合了 IP 路由选择的丰富性和帧中继或 ATM 的逐跳标签交换的简单性,以提供面向连接的转发与 IP 世界的无缝结合。在 MPLS 网络中的所有设备运行 IP 路由选择协议以在它们的控制面板上建立 IP 路由选择表。在能够支持 IP 转发的 MPLS 设备中,IP 路由选择表用来建立 IP 转发表,即转发信息库(FIB),而在支持标签转发的 MPLS 设备中,FIB 是不存在的。

在建立 FIB 后,MPLS 标签被分配到 FIB 内的每一项并且通过标签分配协议 LDP 传播到邻接 MPLS 设备。每一个 MPLS 设备使用它们自己的局部标签空间,不存在全局唯一标签的概念,这使得 MPLS 具有很好的健壮性和可扩展性。大多数的标签分配,局部的以及邻接设备产生的都被输入到一个称为标签信息库(LIB)的表中。MPLS 设备分配的每一个标签都作为它的标签转发信息库(LFIB)的输入标签,IP 的下一跳为一个特定的 IP 前缀分配的标签作为输出标签。输入输出标签构成了实现标签交换所使用的转发表 LFIB。

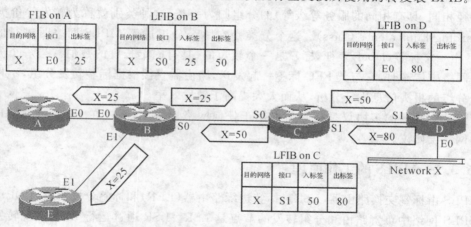

图 16.9   MPLS 的标签交换

如图 16.9 所示,所有 LSR 上都启动了 LDP 协议。以 LSR-B 为例,它已经通过路由协议获得网络 X 的路由了,一旦启动 LDP 协议,LSR-B 立即查找路由表,如果 X 网络的路由是由 IGP 路由协议学到的,则在 LIB 表中为通向 X 网络的路由生成一个本地标签 25,由于 LSR-B 和 LSR-A,LSR-C,LSR-E 形成了 LDP 邻居关系,所以下游 LSR-B 会主动给所有的邻居发送这个 X=25 的路由条目和标签的绑定。LSR-A,LSR-E,LSR-C 会把该路由条目和标签的绑定放置到本地的 LIB 表中,再结合本地的路由表,在 FIB 表中生成有关 X 网络的"网络地址→出标签"条目,在 LFIB 中生成有关 X 网络的"进标签→出标签"条目。所有的 LSR 上都如此操作。最终的结果使整个 MPLS 网络内部所有 LSR 上达到路由表、LIB 表、FIB 表、LFIB 表的动态平衡。

(2)在 MPLS 入口处的 LER 接收 IP 包,完成第三层功能,LER 通过分析 IP 包头的信息,按照它的目的地址和业务等级划分成转发等价类 FEC,实现 IP 包到 FEC 的映射。由于 FEC 就是定义了一组沿着同一条路径、有相同处理过程的数据包,LER 将输入的数据流映射到一条 LSP 上。最终 FEC 被转换成一个固定长度的标签,标签被粘贴在 IP 包头上。

对于每一个 FEC,LER 都建立一条独立的 LSP 穿过网络,到达目的地。数据包分配到一个 FEC 后,LER 就可以根据标签信息库(LIB)来为其生成一个标签。标签信息库将每一个 FEC 都映射到 LSP 下一跳的标签上。如果下一跳的链路是 ATM,则 MPLS 将使用 ATM VCC 里的 VCI 作为标签。

转发数据包时,LER 检查标签信息库中的 FEC,然后将数据包用 LSP 的标签封装,从标签信息库所规定的下一个接口发送出去。

(3)LSR 不再对分组进行第三层处理,只是根据分组上的标签通过交换单元进行转发。即在 MPLS 核心网络内部,在下一节点的路由器上,因为分组已经与 FEC 关联,所以没有必要再检查网络层的帧头。当一个带有标签的包到达 LSR 的时候,LSR 提取入局标签,同时以它作为索引在标签信息库中查找。当 LSR 找到相关信息后,取出出局的标签,并由出局标签代替入局标签,从标签信息库中所描述的下一跳接口送出数据包。

标签是局部有效的且表达了分组转发的全部行为。执行了标签绑定的数据包按照标签交换路径(LSP)来转发分组。通常 LSP 的建立使用如 OSPF,BGP 等常规的 IP 选路协议。另外 MPLS 可运行在任何链路层上,例如 ATM、帧中继或点到点(PPP)协议。

(4)在 MPLS 出口处的 LER 将分组中的标签去掉后继续进行转发。也就是说,当数据包要退出 MPLS 网络时,数据被解开封装,继续按照 IP 包的路由方式到达目的地。

图 16.10 所示的例子中给出了一个 MPLS 网络的路由表和标记信息表。

图 16.11 所示的例子中,LSR-A 接收到要去 X 网段的分组,由于 LSR-A 处在 MPLS 网络的边缘,作为 LER 必须查找 FIB 表,对接收到的 IP 包,作标签插入操作。对于 LSR-B,LSR-C 则纯粹是分析标签包,对包头的标签做转换,再转发标签包而已。数据到了 LSR-D,该 LER 边缘 LSR 会去掉标签包中的标签,再对恢复的 IP 包做转发。

16.3.2　MPLS 应用

MPLS 因其具有面向连接和开放结构而得到广泛应用。现在,在大型 ISP 网络中,MPLS 主要有流量工程、服务等级(CoS)、虚拟专网(VPN)三种应用。

1. 流量工程

随着网络资源需求的快速增长、IP 应用需求的扩大以及市场竞争日趋激烈等,流量工程成为 MPLS 的一个主要应用。因为 IP 选路时遵循最短路径原则,所以在传统的 IP 网上实现流量工程是十分困难的。传统 IP 网络一旦为一个 IP 包选择了一条路径,则不管这条链路是否拥塞,IP 包都会沿着这条路径传送,这样就造成整个网络在某处资源过度利用,而另外一些地方网络资源闲置不用。

在 MPLS 中,流量工程能够将业务流从由 IGP 计算得到的最短路径转移到网络中可能

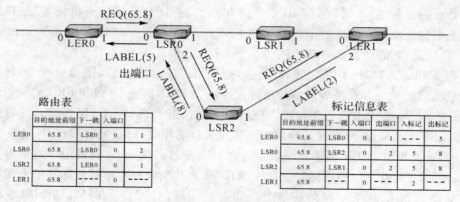

图 16.10　MPLS 网络的路由表和标记信息表

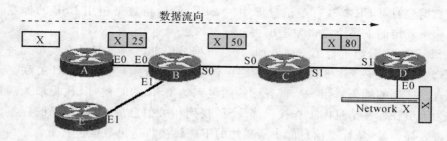

图 16.11　MPLS 的分组转发过程

的、无阻塞的物理路径上去,通过控制 IP 包在网络中所走过的路径,避免业务流向已经拥塞的节点,实现网络资源的合理利用。

　　MPLS 的流量管理机制主要包括路径选择、负载均衡、路径备份、故障恢复、路径优先级及碰撞等。

　　MPLS 非常适合于为大型 ISP 网络中的流量工程提供基础,其有以下原因:

　　(1)支持确定路径,可为每条 LSP 定义一条确定的物理路径。

　　(2)LSP 统计参数可用于网络规划和分析,以确定瓶颈,掌握中继线的使用情况。

　　(3)基于约束的路由使 LSP 能满足特定的需求。

　　(4)不依赖于特定的数据链路层协议,可支持多种物理层和链路层技术(IP/ATM、以太网、PPP、帧中继、光传输等),能够运行在基于分组的网络之上。

2. 服务等级

　　MPLS 的最重要的优势在于它能提供传统 IP 路由技术所不能支持的新业务,提供更高等级的基础服务和新的增值服务。Internet 上传输的业务流包括传统的文件传输、对延迟敏感的话音及视频业务等不同应用。为满足客户需求,ISP 不仅需要流量工程技术,也需要业务分级技术。MPLS 为处理不同类型业务提供了极大的灵活性,可为不同的客户提供不同业务。

　　MPLS 的 QoS 是由 LER 和 LSR 共同实现的:在 LER 上对 IP 包进行分类,将 IP 包的业务类型映射到 LSP 的服务等级上;在 LER 和 LSR 上同时进行带宽管理和业务量控制,从而保证每种业务的服务质量得到满足,改变了传统 IP 网"尽力而为"的状况。一般采用以下两种方法实现基于 MPLS 的服务等级转发。

(1)业务在流经特定的 LSP 时,根据 MPLS 报头中承载的优先级位在每个 LSR 的输出接口处排队。

(2)在一对边缘 LSR 间提供多条 LSP,每条 LSP 可通过流量工程提供不同的性能和带宽保证,如入口 LSR 可将一条 LSP 设置为高优先权,将另一条 LSP 设置为中等优先权。

3. VPN

为了给客户提供一个可行的 VPN 服务,ISP 要解决数据保密及 VPN 内专用 IP 地址重复使用问题。由于 MPLS 的转发是基于标签的值,并不依赖于分组报头内所包含的目的地址,因此有效地解决了这两个问题。

(1)MPLS 的标签堆栈机制使其具有灵活的隧道功能用于构建 VPN,通常采用两级标签结构,高一级标签用于指明数据流的路径,低一级的标签用于作为 VPN 的专网标识,指明数据流所属的 VPN。

(2)通过一组 LSP 为 VPN 内不同站点之间提供链接,通过带有标签的路由协议更新或标签分配协议分发路由信息。

(3)MPLS 的 VPN 识别器机制支持具有重叠专用地址空间的多个 VPN。

(4)每个入口 LSR 根据包的目的地址和 VPN 关系信息将业务分配到相应的 LSP 中。

16.3.3　MPLS VPN

通过 MPLS(Multiprotocol Label Switching,多协议标签交换)技术可以非常容易地实现基于 IP 技术的 VPN 业务,而且可以满足 VPN 可扩展性和管理的需求。利用 MPLS 构造的 VPN,通过配置,可将单一接入点形成多种 VPN,每种 VPN 代表不同的业务,使网络能以灵活方式传送不同类型的业务。MPLS VPN 能够满足用户对信息传输安全性、实时性、宽频带、方便性的需要,因此多用于大型网络建设。

MPLS VPN 的网络模型包含三个组成部分:客户边缘(Customer Edge,CE)设备可以是路由器或交换机,它位于客户端,提供到网络运营商的接入,但 CE 感知不到 VPN 的存在;运营商边缘(Provider Edge,PE)路由器同 CE 直接相连,主要维护与节点相关的转发表,与其他 PE 路由器交换 VPN 路由信息,使用 MPLS 网络中的标记交换路径(LSP)转发 VPN 业务,这就是 MPLS 网络中的标记边缘路由器(LER);运营商骨干路由器使用已建立的 LSP 对 VPN 数据进行透明转发,不维护与 VPN 有关的路由信息,这就是 MPLS 网络中的标记交换路由器(LSR)。

思考题

16-1　什么是 VPN? VPN 主要应用于什么地方?

16-2　自己查找关于 VPN 几种隧道协议的有关资料,并选择一种写一篇介绍性的短文。

16-3　什么是 MPLS? 它与 IP 网络相比优点是什么?

16-4　在网络上查查看有哪些支持 VPN 或 MPLS 的网络设备。

第 17 章　IPv6 基础

Internet 协议的第 4 版（IPv4）于 1981 年发布至今，经受了因特网从小型发展到全球性超大型网络的考验。而在此过程中其固有的一些缺陷也暴露出来，如地址枯竭、路由瓶颈、安全与服务质量不能保证等。因此 IP 设计者们提出了新一代的 Internet 协议——IPv6。

通过本章的学习，了解 IPv6 的报文结构、路由和邻居发现机制以及安全机制等。建议学时：1～2 学时。

17.1　IPv6 的报文结构

IPv6 数据报的报文与 IPv4 相同，也是由报头和数据组成的（见图 17.1）。

基本报头	扩展报头 1	……	扩展报头 N	数据

图 17.1　IPv6 数据报的报文结构

IPv6 是对 IPv4 的彻底改革而不是修补，主要体现在对数据报报头的改进，这也是 IPv6 重大改进的基础。IPv4 报头不定长且结构复杂，主机和路由器都难以提高处理效率。而 IPv6 的报头包括一个固定大小的基本报头和零个或多个扩展报头。只有基本报头是必须的，而所有扩展报头都是可选的。其思路是简化基本报头以降低处理复杂度，并使用扩展报头提高适应性和扩展性。虽然 IPv6 地址长度增加，但它的基本报头所包含的信息却比 IPv4 要少。图 17.2 所示为 IPv6 的基本报头结构。

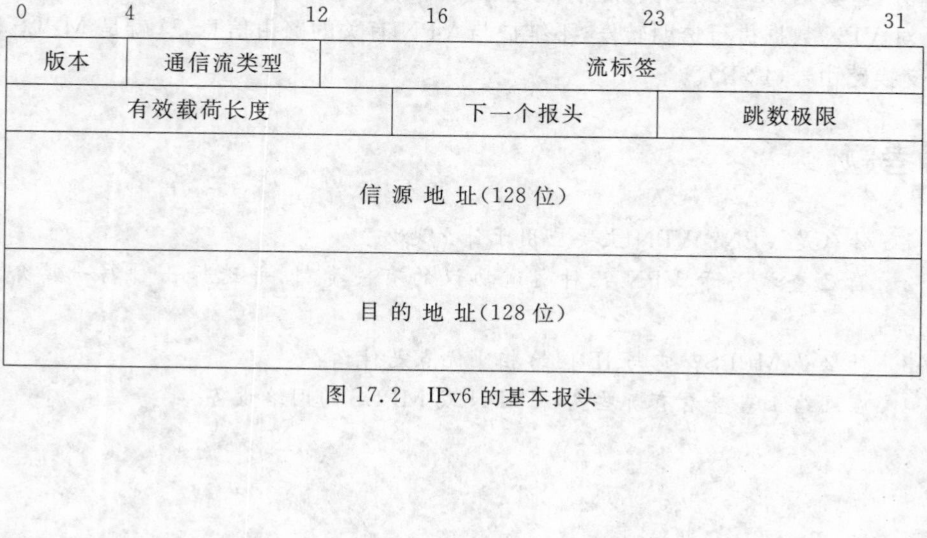

0	4	12	16	23	31

版本	通信流类型	流标签		
有效载荷长度		下一个报头		跳数极限
信 源 地 址（128 位）				
目 的 地 址（128 位）				

图 17.2　IPv6 的基本报头

IPv6 基本报头中各字段的含义如下：

1. 版本号

同 IPv4 一样，IPv6 的基本报头的前 4bit 表示的是版本号。在 IPv6 数据报文中该字段值总是 6。

2. 通信流类型

在 IPv6 中，通信流类型表示的是业务流的优先级。IPv6 的业务流分为两大类型，即受拥塞控制的业务流和不受拥塞控制的业务流。其中受拥塞控制的业务流又分为 0～7 级共 8 种级别，而 8～15 级则为不受拥塞控制的业务流。不受拥塞控制的业务流是指当网络拥塞时不能进行速率调整的业务流，例如对时延要求很严的实时话音。

3. 流标签

IPv6 通过使用 20bit 的流标签字段实现一种新的机制。该机制支持资源预定，并且允许路由器根据流标签将每一个数据报与一个给定的资源分配相联系，从而对不同流的数据报进行分别处理。

4. 有效载荷长度

该字段指示除 IP 基本报头外的 IP 数据包其余部分的长度，单位是字节。此字段占 16 位，因而 IP 数据报长度通常在 65535 字节以内。注意：如果有扩展报头，则扩展报头的长度也包含在有效载荷长度中。

5. 下一个报头

下一个报头字段定义了紧跟在 IPv6 报头后面的第一个扩展报头（如果存在）的类型，或者上层协议类型（无扩展头时）。

6. 跳数极限

该字段长度为 8bit，与 IPv4 的生存时间（Time To Live，TTL）字段基本相同。不同的是 IPv4 将 TTL 解释成最大跳数和最大传输时间的组合，而 IPv6 的跳数极限则定义为 IPv6 数据报所能经过的最大跳数。

7. 信源地址和目的地址

信源地址字段指明了源主机的 IPv6 地址，而目的地址则表示目的主机的 IPv6 地址。

IPv6 数据报的扩展报头用于单独存放可选的控制信息。当一个 IPv6 数据报中使用多个扩展报头时，这些扩展报头必须在 IPv6 基本报头后按照下面的顺序出现。

（1）逐跳选项报头：用来携带必须被沿着分组传输路径的每个节点所检查的优化信息；

（2）目的地选项报头：将被第一个目的地址处理的选项；

（3）路由报头：列出到分组目的地址途中要"访问"的中间节点；

（4）分片报头：当 IPv6 数据报大小超过网络 MTU 时，用于实现 IPv6 数据报的分段发送；

（5）授权报头：用于提供安全身份认证的机制；

（6）封装安全载荷报头：用于提供 IP 数据报的完整性和保密性的机制；

（7）目的地选项报头：指那些将仅被分组最终目的地处理的选项。

基本报头和扩展报头中都包括一个"下一个头"字段，通过此字段确定后面一个报头的类型。每个扩展报头的长度应为 8 的整数倍（以字节为单位），以保证下面的扩展报头或数据区也按 8 字节对齐。

17.2　IPv6 的地址

极大的地址空间是 IPv6 最令人瞩目的特征。IPv6 采用 128 位地址长度，比 IPv4 地址字段长得多，地球表面平均每平方米可以分配到超过 1 摩尔（6.02×10^{23}）地址，足够可以预见未来几十年内的使用。地址长度的增加，带来的并不仅仅是地址数量的增加，还给地址分配、自动配置等方面带来了质的提高。

17.2.1　IPv6 的地址表示方式

如果用 IPv4 中使用的点分十进制来表示 128 位的 IPv6 地址，则会包括 16 个十进制数，例如

118.156.140.230.100.255.255.230.0.0.0.17.128.15.10.240

为了使 IPv6 的地址表示更简洁且更易输入，IPv6 的设计者们在 RFC2373 中定义了三种格式的 IPv6 地址表示法，即冒号十六进制数表示法、压缩地址表示法及内嵌 IPv4 地址的 IPv6 地址表示法。此外还定义了 IPv6 地址前缀来表示一块 IPv6 地址空间。

1. 冒号十六进制表示法

这种表示法是把 128bit 的地址位按每 16bit 分开，每个 16bit 用 4 位十六进制数表示。这样一个 IPv6 地址只需用 8 个冒号十六进制数表示，例如

68:8C64:FFFF:FFFF:0:80:58:FFFF

显然用冒号十六进制数表示的 IPv6 地址要比点分十进制法表示所需的数字和分隔符都要少。因此用冒号十六进制数表示更有优势。

2. 压缩地址表示法

有时候，在某些 IPv6 的地址中，很可能包含了长串的 0。压缩地址表示法规定多个连 0 可以缩写，即一连串的 0 可以用一对冒号（::）代替。例如下述地址：

280:0:0:0:8:800:200C:417A	可表示成	280::8:800:200C:417A
0:0:0:0:0:0:0:1	可表示成	::1
0:0:0:0:0:0:0:0	可表示成	::

注意：一对冒号（::）在一个地址中只能出现一次，否则就无法确认（::）表示多少个连 0。例如下列地址表示是非法的：

::AAAA::1

3ff0:;1001:2004::1

3. 内嵌 IPv4 地址的 IPv6 地址表示法

在 IPv4 向 IPv6 过渡阶段，IPv4 地址和 IPv6 地址往往共存于网络环境中。内嵌 IPv4 地址的 IPv6 地址表示法其实就是过渡机制中使用的一种特殊表示方法。在这种表示方法中，IPv6 地址的第一部分使用十六进制表示，而 IPv4 地址部分则是十进制格式。表示形式为

x:x:x:x:x:x:d.d.d.d

其中 6 个 x 分别代表地址的 16bit，用十六进制表示，4 个 d 分别代表地址中的 8bit，用十进制表示。例如下面的地址表示：

0:0:0:0:0:0:130.1.168.10

0:0:0:0:0:0:FFFF:134.240.53.140

或者以压缩形式表示成：

::130.1.168.10

::FFFF:134.240.53.140

4. IPv6 地址前缀

与 IPv4 地址中的 CIDR 表示方法类似，IPv6 采用"IPv6 地址/前缀长度"的表示一块地址空间，例如：

24AB::BF50:0:0:0/60

表示该 IPv6 地址的前 60 位为地址前缀。IPv6 前缀和所表示的地址数量的对应关系如下：

IPv6 地址/XX 对应的地址数量是 2^{128-XX} 个地址。比如，/96 对应的地址数量为 2^{128-96} $=2^{32}$，约为 40 亿个。

17.2.2　IPv6 地址的类型

与 IPv4 地址相类似的是，IPv6 地址也有单播和组播类型，但是取消了广播类型，增加了任播类型。

1. 单播(unicast)地址

目的地址标识一个唯一的网络接口，这个接口可以属于一个主机或路由器。发送到一个单播地址的数据包将选择一条合适的路径到达该接口。

2. 组播(multicast)地址

目的地址标识一组网络接口(主机)。与 IPv4 类似，在 IPv6 中，组播地址也用特定的前缀来标识。图 17.3 所示为组播地址的结构。最高前 8 位为 1。标志字段长度为 4bit，目前只定义了最后一个比特(前三位必须置 0)，当该位设置为 0 时，表示当前的组播地址是由 IANA 所分配的一个永久分配地址；当该位设置为 1 时，表示当前的组播地址是一个临时组播地址。范围字段长度也是 4bit，该字段用来限制组播数据流在网络中发送的范围。

图 17.3　组播地址结构

组 ID 字段长度为 112 位，用来标识组播组，显然 112 位最多可以生成 2112 个组 ID。目前，在 IPv6 中，并没有将所有的 112 位都定义成组标识，而是建议仅使用该 112 位的最低 32 位组 ID，将剩余的 80 位都置 0，如图 17.4 所示。

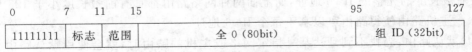

图 17.4　当前组播地址结构

3. 任播(anycast)地址

任播地址是 IPv6 特有的地址类型，与组播相同的是它也用来标识一组网络接口(主机)。与组播不同的是接收方只需要是一个组接口中的一个即可，通常路由器会将目标地址是任播地址的数据包发送给该组网络接口中距离本路由器最近的一个。例如移动用户上网,使用任播就可以根据所处地理位置的不同,而接入离用户最近的一个网关,从而使移动用户不用随地理位置改变而改变网络设置。

任播地址从单播地址空间中进行分配,使用单播地址的任何格式。仅看地址本身,节点是无法区分任播地址与单播地址的,所以节点必须使用明确的配置指明它是一个任播地址。目前,任播地址仅被用做目的地址,且仅分配给路由器。

17.2.3　IPv6 地址自动配置和移动支持

自动配置是 IPv6 的重要进步,分为无状态自动配置和有状态自动配置两种方式。一个节点只需要将自己链路层 IEEE-EUl64 地址作为主机号,结合 ISP 提供的本地网络号,就能够通过 IPv6 的自动配置得到唯一的 IPv6 地址,实现"即插即用"。

"即插即用"简化了网络管理和控制,使得移动 IPv6 比 IPv4 更容易实现和管理,同时移动 IPv6 还对代理联络和安全策略作了大量改进,邻居发现等新技术也给移动 IPv6 带来强有力的支持。

17.3　IPv6 路由

Internet 规模的增长也导致路由器的路由表迅速膨胀,路由效率特别是骨干网络路由效率急剧下降。IPv4 的地址归用户所有,这使得移动 IP 路由复杂,难以适应当今移动业务发展的需要。在 IPv4 地址枯竭之前,路由问题已经成为制约 Internet 效率和发展的瓶颈。与 IPv4 相比,IPv6 在许多路由协议上进行了改进。

17.3.1　IPv6 的路由类型

IPv6 节点使用本地 IPv6 路由表来决定如何转发数据包。在 IPv6 协议初始化时,节点创建 IPv6 路由中的默认选项,而其他表项则可以通过手工配置,或者在接收到包含在链路上前缀和路由信息的路由表公告报文时,添加到路由表中。IPv6 路由表中包含以下类型的路由:

(1)直连路由:这些路由是直接连接的子网的网络前缀,这些子网的前缀长度通常为64 位。

(2)远程路由:这些路由不直接连接,但通过其他路由器可以到达子网的网络前缀。远程网络路由可以是子网的网络前缀,也可以是一个地址空间的前缀。

(3)主机路由:主机路由是到达某一特定的 IPv6 地址的路由,其路由前缀是一个具有128 位前缀长度的完整的 IPv6 地址,而上面两种网络路由都具有前缀长度小于 128 位的路由前缀。主机路由使得路由可以基于每个 IPv6 地址。

(4)默认路由:当找不到到达某一指定网络或主机的路由时,就会使用默认路由。默认路由的前缀为::/0。

要确定使用路由表中的那个表项进行转发,IPv6 协议使用以下过程:

(1)对于路由表中的每一项,将网络前缀和目标地址中的相应位进行比较,作比较的位数由路由的前缀长度来确定。如果比较结果,所有位相同,则此路由和目标地址是相匹配的。

（2）确定一个包含所有匹配路由的列表,选择其中具有最大前缀长度的路由作为到达目标的最佳路由。如果有多个最长的匹配路由,则路由器通过最短距离来选择最佳路由。如果存在多个最长匹配和最短距离的路由表项,则 IPv6 协议可以选择其中的任何一个路由选项。

对于一个指定的目标地址,上述过程将按以下顺序来寻找匹配路由:

（1）匹配整个目标地址的主机路由;

（2）匹配目标地址的具有最长前缀长度的网络路由;

（3）默认路由。

路由确定过程的结果是在路由表中选择一个路由。用这个选定的路由来产生下一跳接口和地址。如果在源主机上的路由确定过程不能成功地找到一个路由,IPv6 协议就假定目标地址是本地可到达的。如果在路由器上的路由确定过程不能成功地找到一个路由,IPv6协议就向源主机发送一个 ICMPV6 目标不可到达的报文,通知源主机没有能够到达目标的路由,并丢弃该数据包。

17.3.2　IPv6 路由协议

路由协议是 IPv6 协议的核心。IPv6 的路由协议包括内部网关协议 RIPng,OSPFv3 以及外部网关协议 IDRP 等。

RIPng 是 IPv6 下的 RIP 协议。RIP 作为一种成熟的路由标准,在 Internet 中有着广泛的应用,特别是在一些中小型网络中。基于这种原因,同时考虑到 RIP 与 IPv6 的兼容性,IETF 对现有的 RIP 协议进行了改进,制定了 RIPng 协议。RIPng 并不是一个全新的协议,它是对 RIP 进行必要的改造以使其适应 IPv6 下的选路要求。因此,RIPng 的基本工作原理同 RIP 是一样的,其主要的变化在地址和报文格式方面,并且 RIPng 取消了对路由的认证。

IPv6 下的 OSPFv3 协议也保留了 IPv4 下基本的 OSPF 机制。但由于 IPv6 协议语义的变化,以及 IPv6 地址空间的增大,使 OSPFv3 协议与 IPv4 的 OSPF 协议存大很大的不同。

IPv6 域间路由最大的改进在于 IDRP 替代了 BGP-4。由于 BGP(Boundary Gmeway Protocol)对 32 位的 IPv4 优化程度相当高,很难为 IPv6 进行升级,因此 IPv6 所使用的外部网关协议以 IDRP(Inter Domain Routing Protocol,域间路由选择协议)为基础。

IDRP 和 BGP-4 的主要区别如下:

（1）BGP 报文通过 TCP 交换,IDRP 协议单元直接通过数据报服务来传递;

（2）BGP 是一个单地址族协议,IDRP 可以使用多种类型的地址;

（3）BGP 使用 16 位的自治系统编号,IDRP 使用变长前缀来标识一个域;

（4）BGP 描述的是路径所通过的自治系统编号的完整列表,而 IDRP 能对这个信息进行聚集。

17.3.3　ICMPv6 协议与邻居发现机制

IPv6 对 ICMP 作了大量改进,升级为 ICMPv6。ICMPv6 具备目前 ICMP 的基本功能,并综合了原 IPv4 中分属不同协议完成的功能。

组播收听者发现（MLD）功能用 ICMPv6 消息取代了 IPv4 所用的网际组管理协议

（IGMP）来管理组播成员资格，效率和安全性有了明显提高。

ICMPv6 实现更重要的新功能是邻居发现协议（NDP）。NDP 是 IPv6 协议的一个基本组成部分，用来管理同一链路上节点间的通信。NDP 取代了 IPv4 中使用的 ARP\ICMP 路由器发现和 ICMP 重定向报文。节点使用 NDP 来解析 IPv6 数据包将被转发到邻居节点的链路层地址，从而确定邻居节点的链路层地址什么时候发生改变，确定邻居节点是否仍然可以到达。

主机使用 NDP 来发现相邻的路由器，并自动配置地址、地址前缀、路由和其他配置参数。

路由器使用 NDP 邻居节点发现来公告自己的存在、主机的配置参数、路由和链路上的前缀，通知主机发往指定目标的数据包有一个更好的下一跳地址。

IPv6 的 NDP 包括以下部分：

（1）路由器发现：主机发现连接到链路上的本地路由器。该过程与 ICMPv4 的路由器发现过程是相同的。

（2）前缀发现：主机发现本地链路上目标节点的网络前缀。该过程类似于 ICMPv4 的地址掩码请求报文和地址掩码应答报文之间的交互过程。

（3）参数发现：主机发现附加的操作参数，包括链路 MTU 和向外发送的数据包的默认跳数限制。

（4）地址自动配置：无论状态地址配置服务器（如动态主机配置协议版本 6 服务器）存在与否，接口都会配置适当的 IP 地址。

（5）地址解析：节点把相邻节点的 IPv6 地址解析为它的链路层地址。这相当于 IPv4 的 ARP。

（6）确定下一跳：节点根据目标地址来确定数据包将转发到的邻居节点的 IPv6 地址。下一跳地址或者是目标地址，或是链路上的默认路由器地址。

（7）邻居节点不可到达检测：节点确定邻居节点的 IPv6 层是否不再接收数据包。

（8）重复地址检测：节点确定它想使用的 IPv6 地址是否已被邻居节点所使用。该过程相当于在 IPv4 中使用无偿 ARP 帧的过程。

17.4　IPv6 安全机制

现行 TCP/IP 协议体系结构没有安全性方面的考虑，用户鉴权和保密都是由上层协议来完成的，很多黑客攻击就是利用 IP 层这方面的不足。IPSec 协议族就是为在 IP 层实现安全性而设计的，IPv4 和 IPv6 都可以使用，所不同的是 IPSec 必须加以修改或改进才能应用在 IPv4 中，而 IPsec 是 IPv6 的重要组成部分，因此 IPv6 的所有应用从一开始就具有这些安全特性。IPSec 提供的安全服务包括：数据私有性、基于无连接的数据完整性、数据包来源认证、访问控制、抗数据重发攻击以及一定程度上的数据流量私有性等。在 IPv6 中，这些安全服务实际上是通过 IPSec 标准中的两个通信流安全协议来实现的：认证头和封装安全载荷。同时除安全协议外，还有一系列与 IPSec 相关的技术标准，如加密算法及实现数据完整性的哈希算法、密钥的交换标准 IKE 和安全关联 SA 等。

安全性一般认为有三个要求：用户身份认证、保密性和完整性。IPsec 的目标是实现前两个。RFC1826 定义了认证头部 AH(Authentication Header),RFC1827 定义了安全净载荷 ESP (Encrypted Security Payload)。前者提供认证机制,通过认证过程保证接受者得到的数据报来源是可靠的,而且在传输过程中没有被偷换。后者使用密钥技术保证只有合法的接收者才能读取数据报的内容。IPv6 使用扩展报头实现 AH 和 ESP。

17.5　IPv6 的过渡机制

尽管 IPv6 优势明显,但是由 IPv4 向 IPv6 的过渡十分缓慢,原因如下:

首先,目前 IPv4 通过采用 NAT,CIDR 等技术使 IP 地址数量足以应付一时之需。而几十年来在 IPv4 上软硬件的投入已经非常巨大,不可能短时期内废弃掉。

其次,IPv6 还没有形成规模,目前已有的节点和网络还依赖 IPv4 网络连接,IPv6 的优势无法体现,难以形成示范效应。

再次,IPv6 软硬件产品远不如 IPv4 丰富,相关资料和技术支持也比较缺乏。因此建设或升级到 IPv6 网络缺乏足够的吸引力。

最后,IPv6 本身也未完全成熟,尤其是过渡阶段其效率、安全等问题仍在研究,因此目前主要用于科研和教学网络,商用网络不可能冒风险采用不成熟的技术。

IPv6 距离大规模的商用要求还有一些差距,全面升级到 IPv6 将是长期缓慢的过程。过渡到 IPv6 所采用的机制、操作步骤和计划通称为 SIT(Simple Internet Transition,简单 Internet 过渡)。IETF 研究了多种过渡策略,大体分为三类,即双协议栈、隧道和地址转换。

1. 双协议栈(DuaI Stack)

节点同时具有 IPv4 和 IPv6 两个协议栈,两种协议按以下策略独立工作:

(1)如果目的地址是 IPv4 地址,则使用 IPv4 协议。

(2)如果目的地址是 IPv6 中的 IPv4 兼容地址,同样使用 IPv4 协议,将 IPv6 数据报当作载荷封装在 IPv4 数据报中。

(3)如果目的地址是非 IPv4 兼容的 IPv6 地址,则使用 IPv6 协议,可能需要隧道等机制完成传输。

(4)如果使用域名作为目标地址,经 DNS 服务器解析后,根据地址类型采取以上三种方式之一。

2. 隧道(Tunnel)

隧道就是将 IPv6 数据报作为载荷封装在 IPv4 数据报中,然后作为一般的 IPv4 数据报在 IPv4 网络中传输,到达目的节点后再恢复为原来的 IPv6 数据报。IPv6 孤岛通过这种逻辑链路构成了虚拟的纯 IPv6 互联网络。根据隧道两端节点的不同,隧道可分为以下四种类型:

(1)路由器—路由器隧道(Router-to-Router):连接两个被 IPv4 网络隔离的双协议栈路由器。

(2)主机—路由器隧道(Host-to-Router):将独立双协议栈主机连接到双协议栈路由器。

(3)路由器—主机隧道(Router-to-Host):与前一个隧道方向相反,用于将双协议栈路由器产生的数据报发送到双协议栈主机。

（4）主机—主机隧道（Host-to-Host）：与双协议栈方式相似，所不同的是只有在最接近数据链路层的部分才出现 IPv4 地址。

3. 地址翻译（Address Translation）

NAT 在 IPv4 网络中已经广泛应用，用于内部网（Intranet）和 Internet 的互联。SIT 的 NAT 与传统 NAT 不同的是：传统 NAT 内部网使用的是为 Intranet 保留的 IPv4 地址，而这里的 NAT 内部网使用的是 IPv6 地址。NAT 网关是双协议栈节点，充当两个网络两种协议间的翻译。

根据协议翻译发生的网络层次不同，可分为应用层翻译、网络层翻译和传输层翻译。IETF 定义的应用层翻译技术有 ALG（Application Level Gateway，应用层网关），BIA（Bump In the APl，APl 中碰撞）和 Sock64。网络层翻译技术主要有 NAT-PT（Network Address Translation—Protocol Translation，网络层地址转换——协议翻译），SIIT（Stateless IP/ICMP Translation，无状态 IP/ICMP 翻译），BIS（Bump In the Stack，协议栈中碰撞）。TRT（Transport Relay Translator，传输中继翻译）是传输层翻译技术。

思考题

17-1　IPv4 的不足之处主要有哪些？ IPv6 相对 IPv4 的改进体现在哪些方面？

17-2　与 IPv4 相比，IPv6 的报头有哪些改进？ 当同一个分组中包含 IPv6 基本报头、IPv6 扩展报头和高层报头时，请按顺序列出各报头的出现顺序。

17-3　IPv6 的地址类型有哪些？ 如何区分单播和组播地址？

17-4　下列哪一个 IPv6 地址是错误地址。

　　A. ::FFFF　　　　　B. ::1　　　　　C. ::1:FFFF　　　　　D. ::1::FFFF

17-5　为什么说 IPv6 较 IPv4 更安全？

17-6　已经提出并投入实施的 Internet 简单过渡机制（SIT）主要包括哪四个机制？

第 18 章　多媒体数据通信与 QoS 技术

从 IP 电话到网络视频，多媒体数据通信技术的迅速发展使因特网也可以提供电话和电视等服务，并通过 QoS 技术使电话/电视的质量接近电话网和有线电视网。

通过本章的学习，了解 TCP/IP 网络上的语音和视频传输技术以及相关的 QoS 技术。建议学时：1～2 学时。

18.1　IP 语音

IP 语音，即 IP 电话，也称为 VoIP(Voice over IP)，是基于 IP 协议的语音通信。

18.1.1　IP 电话的工作过程

从技术角度看，IP 电话的工作过程包括 5 个步骤：

(1)语音的数字化：如果用户使用的是计算机，那么数字化就在计算机里进行了；如果用户使用的是模拟电话，那么通过接入网将语音传到交换设备上，然后再对语音进行数字化。

(2)数据压缩：系统分析数字化后的信号，判断信号里包含的是语音、噪音还是语间空隙，然后丢掉噪音和语间空隙信号，将"纯净"的语音数字信号进行压缩。CODEC(编解码器)是这一过程的关键部件。

(3)数据打包：将压缩信号通过层层封装，最终放入 IP 包，通过 IP 网络传输。在收集语音数据的处理过程中需要一些存储时间(也称时间延迟)，因为在将语音数据发送到 IP 网络之前必须先收到一定数量的语音数据。此外，在对信号进行编码及压缩过程中，也需要一定的时间来对数据进行存储，从而也产生了一定的时间延迟。

(4)解包及解压缩：当每个包到达目的地终端时，要检查各包的序号并将其放到正确的位置，然后用一个解压缩算法来尽量恢复原始信号数据，并通过利用时间同步及时延处理技术来填充由发送端处理过程中而导致的空缺。

(5)语音恢复：由于 IP 网的 QoS 没有保障，在网络恶化的情况下，在传输过程中很大一部分包会被丢失或被延迟传送，这些丢弃、延迟和被破坏的包是导致话音质量下降的根本原因。由于 IP 电话业务是一种对时间敏感的业务，即实时性业务，不能使用重传机制，需要专用的检错和纠错机制来再造声音和填补空隙，这就需要接收端存储接收到的一定数量的语音数据，然后使用一种复杂的算法"猜测"丢失包的内容，产生新的语音信息，从而提高通信的质量。

18.1.2 IP 电话的技术分类

1. PC 到 PC

PC 到 PC 是通话双方同时利用计算机和 Modem 拨号上 IP 网(如 Internet)。适用软件有 IPhone、VoxPhone、NetMeeting、Mediaring Talk、Cool Talk 等，如图 18.1 所示。

图 18.1   PC 到 PC

2. PC 到电话

PC 到电话与"PC 到 PC"使用的技术比较相近，通话时一方利用 PC、Modem 和专用软件直接上网，通过媒体网关或 IP 电话网关拨到对方电话机上，如图 18.2 所示。支持这种功能的软件有 Net2Phone、IPhone 等。

图 18.2   PC 到电话

3. 电话到电话

这种类型又分为 3 种不同的应用形式。

(1) 通话双方都有 PC 与电话直接连接，用户不必直接操作 PC，但是只能进行单点的通话，没有标准的通信服务功能，如图 18.3 所示。

图 18.3   电话到电话方式 1

(2) 通话双方都不需要使用计算机，只需要各自配备上网账号和专用的 IP 电话设备(APlio、InfoTdk 等)，用来完成电话号码与 IP 地址的互译以及拨叫、通话等功能，如图 18.4 所示。

图 18.4   电话到电话方式 2

(3) IP 电话在媒体网关支持下的"电话到电话"方式，由服务提供商提供全套服务，通话双方不需增加任何软硬件设备，只需利用现有电话即可实现 IP 电话功能(单点对多点、多点对单点、普通拨号、随时通话等)，如图 18.5 所示。

图 18.5 电话到电话方式 3

目前,以上 3 种类型的 IP 电话在国内都已有应用,尽管性能不同,但不管如何分类,所有的 IP 电话都遵循一个宗旨——利用 IP 网络(包括 Internet)传送语音。

18.1.3 IP 电话基本网络协议

为了能使不同厂家的 IP 电话产品之间有良好的互联互通性,国际上的标准化组织都在积极参与并制定 IP 电话的标准。目前,参与 IP 电话技术标准开发和推广的组织已超过 20 家,其中最具影响力的主要有 4 家:国际电信联盟标准化部门(ITU-T)、欧洲电信标准协会(ETSI)、Internet 工程任务委员会(IETF)和国际多媒体电话会议协议(IMTC)。ITU-T 侧重电信标准,IMTC 侧重互操作性,IETF 侧重 IP 标准,ETSI 侧重商业实现,由于 IP 电话技术标准的开发涉及多个领域,这几家开发组织相互之间建立了比较良好的协作关系,而其他机构主要负责发展、充实、实现和推广这些标准。

网络协议是网络通信的基础,世界上提出的第一个 IP 电话协议是 H.323 协议。最初它是为会议电视系统开发的,后来被应用到了 IP 电话系统上,得到了世界上的广泛认可并加以深入开发。随着多媒体和 IP 电话业务的发展,多种 IP 电话协议相继产生,除了 H.323 协议外,又出现了 SIP 协议、NCS 协议、ASP 协议、SGCP 协议、RSGP 协议、IPDC 协议以及 MGCP 协议等。

18.2 网络视频与流媒体

随着流媒体技术的发展和成熟,网络视频已成为因特网上提供的一种非常重要的增值服务。

18.2.1 网络视频的特点

网络视频有如下几个特点:

(1)交互性:网络视频则具有强大的交互性,它允许用户向发送方要求发送指定的视频信息,并能控制播放过程,如开始、暂停、后退和快进等。

(2)实时性:网络视频的实时性主要体现在同步上,要求接收到的视、音频信息必须严格同步,不允许出现停顿的现象,否则会影响观看效果。但适当的时间延迟往往是允许的。

(3)集成性:网络视频的集成性表现在技术的集成性和媒体信息的集成性两个方面。技术的集成性是指将原来的电话、广播、电视、音像、多媒体等技术与计算机网络技术融为一体。媒体信息的集成性是指网络视频可以与包括音频、文字、动画等在内的数据信息集成,还能与一些附加的控制信息(如超级链接信息、脚本信息、特定应用信息等)集成。

(4)码率可变、突发性强:由于采用压缩技术,代表网络视频信息的数据流码率是随着不同的信息内容、所处的不同时间而不断变化的。

18.2.2　视频压缩技术

为了提高视频传输的实时性和效率,有必要对视频进行压缩编码。目前,ITU-T 和 ISO 已推出 H. 263X 系列和 MPEG-X 系列等视频编码标准。MPEG-1 主要是针对 1.5Mbps 以下数据传输率的数字存储介质(如 CD-ROM)运动图像及其伴音压缩编码的国际标准。MPEG-2 则针对标准数字电视和高清晰度电视在各种应用下的压缩方案和系统层的规范标准,编码速率从 3～100Mbps 可变,它们的制定为 VCD、DVD、数字电视和高清晰度电视等产业的飞速发展打下了牢固的基础。MPEG-4 主要基于第二代视音频编码技术,以视听媒体对象为基本单元,实现了数字视音频和图形合成应用、交互式多媒体的集成,目前已经广泛应用于流媒体服务领域。用 MPEG-X 系列标准压缩的视频图像质量比较好,但比特率高,当网络带宽较小时,会影响其实时性。而对于实时网络视频传输来说,实时性是第一位的,因此往往采用 H. 261,H. 263,H. 263＋等低比特率、图像质量较低的视频编码标准。其中 H. 263 是较为理想的视频编码标准,它可以提供时间、空间和信噪比三种分层编码模式,产生包括基本层和多个增强层的多速率视频序列来适应不同终端的需求。

18.2.3　流媒体技术概述

对 Windows 的流媒体播放器 Media Player,大家一定不会陌生。"流"(streaming)是近年在因特网上出现的新概念,目前尚无一个公认的明确定义,一般指通过 IP 网络传送媒体(如视频、音频)的技术总称,特指通过因特网将影视节目传送到 PC 机。"流媒体"实际上存在广义和狭义两种含义:广义上的流媒体是使音频和视频形成稳定和连续的传输流和回放流的一系列技术、方法和协议的总称,即"流媒体技术";而狭义上的流媒体是相对于传统的"下载—回放"(download-playback)方式而言的一种新的从因特网上获取音频和视频等流媒体数据的方式。流媒体方式支持多媒体数据流的实时传输和实时播放,即服务器端向客户机端发送稳定的和连续的多媒体流,客户机则一边接收数据一边以一个稳定的流回放,而不是等数据完全下载后再回放。

1. 流媒体的传输方式

目前,实现流传输主要有两种方法:顺序流传输和实时流传输。

(1)顺序流传输

顺序流传输就是顺序下载视频文件。由于标准的 HTTP 服务器可实现顺序流传输,不需要其他特殊协议,它经常被称为 HTTP 流传输。顺序流传输比较适合高质量的短片段,如片头、片尾和广告。视频文件是无损下载的,可以保证电影播放的质量。在下载文件的同时就可观看,但在给定时刻,用户只能观看已经下载的那部分,而不能跳到还未下载的部分。用户在观看前,必须经历延时,等待视频文件已下载一部分才可开始观看,对较慢的连接尤其如此。顺序流文件是放在标准 HTTP 或 FTP 服务器上,易于管理,基本上与防火墙无关。顺序流传输不适合长片段和有随机访问要求的视频,如讲座、演说与演示等。它也不支持现场广播,严格来说,它是一种点播技术。

(2)实时流传输

实时流传输保证媒体信号带宽与网络连接匹配,使媒体可被实时观看到。实时流传输总是实时传送,特别适合现场事件,也支持随机访问,用户可快进或后退以观看前面或后面

的内容。理论上，实时流一经播放就不会停止。但实际上，可能发生周期暂停，实时流传输
必须匹配连接带宽，这意味着在以调制解调器速率连接时图像质量较差，而且由于出错丢失
的信息被忽略掉，当网络拥挤或出现问题时，视频质量很差。实时流传输与 HTTP 流传输
不同，它需要专用的流媒体服务器，如 QuickTime 流服务器、Real Server 等。这些服务器允
许用户对媒体发送进行更多级别的控制，因而系统设置和管理比标准 HTTP 服务器更复
杂。实时流传输还需要特殊网络协议，如 RTSP（实时流协议）或 MMS（微软媒体服务器）。
这些协议在有防火墙时有时会出现问题，导致用户不能看到一些地点的实时内容。

2. 流媒体文件格式

与 18.2.2 节提到的视频压缩技术不同，流文件格式经过特殊编码，使其适合在网络上
边下载边播放，而不是等到下载完整个文件才能播放。文件中还必须加上一些附加信息，如
计时、压缩和版权信息。表 18.1 列举了常用的流文件类型。

表 18.1　常用流文件格式

文件格式扩展（Video/Audio）	媒体类型与名称
Asf	Advanced Streaming Format
Rm	Real Video/Audio 文件
Ra	Real Audio 文件
Rp	Real Pix 文件
Rt	Real Text 文件
Swf	Shock Wave Flash
Viv	Vivo Movie 文件

3. 流媒体技术原理

流传输的实现需要合适的传输协议。由于 TCP 需要较多的开销，故不太适合传输实时
数据。在流传输方案中，一般采用 HTTP/TCP 来传输控制信息，而用 RTP/UDP 来传输实
时声音数据。

流媒体工作过程（见图 18.6）：首先，用户选择某一流媒体服务后，web 浏览器与 web 服
务器之间使用 HTTP/TCP 交换控制信息，以便把需要传输的实时数据从原始信息中检索
出来。然后，客户机上的 web 浏览器启动 A/V Helper 程序，使用 HTTP 从 web 服务器检
索相关参数对 Helper 程序初始化。这些参数可能包括目录信息、A/V 数据的编码类型或

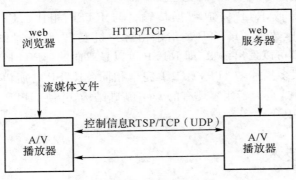

图 18.6　流媒体工作过程

与 A/V 检索相关的服务器地址等。最后 A/V Helper 程序及 A/V 服务器运行实时流协议（RTSP），以交换 A/V 传输所需的控制信息。与 CD 播放机或 VCR 所提供的功能相似，RTSP 提供了操纵播放、快进、快退、暂停及录制等命令的方法。A/V 服务器使用 RTP/UDP 协议将 A/V 数据传输给 A/V 客户程序（一般可认为客户程序等同于 Helper 程序），一旦 A/V 数据抵达客户端，A/V 客户程序即可播放输出。

18.2.4　流媒体的网络传输和控制协议

1. 实时传输协议 RTP 和 RTP 控制协议 RTCP

实时传输协议 RTP(Real-time Transport Protocol)是因特网上针对多媒体数据流的一种传输协议。RTP 控制协议 RTCP(Real-time Transport Control Protocol)是为 RTP 协议的所有参与者提供 QoS 反馈而设计的伴随协议。也就是说，RTP 是一个数据传输协议，而 RTCP 是一个控制协议。

RTP 被定义为在一对一或一对多的传输情况下工作，其目的是提供时间信息和实现流同步。RTP 通常使用 UDP 来传送数据，但 RTP 也可以在 TCP 或 ATM 等其他协议之上工作。当应用程序开始一个 RTP 会话时将使用两个端口：一个给 RTP，另一个给 RTCP。RTP 本身并不能为按顺序传送数据分组提供可靠的传送机制，也不提供流量控制或拥塞控制，它依靠 RTCP 提供这些服务。通常 RTP 算法并不作为一个独立的网络层来实现，而是作为应用程序代码的一部分。

2. 实时流协议 RTSP

实时流协议 RTSP(Real-Time Streaming Protocol)最早是由 RealNetworks 公司、Netscape Communications 公司和 Columbia 大学等联合提出的因特网草案。该草案于 1996 年 10 月被提交 IETF 的 MMUSIC 工作组进行标准化，1998 年 4 月被 IETF 正式采纳为标准 RFC2326。目前已有 50 多家著名的软硬件厂商宣布支持 RTSP。一些公司基于 RTSP 协议和相应技术已实现了一些系统，其中比较著名的有 RealNetworks 公司的 Realplayer，Microsoft 公司的 Netshow 等。该协议定义了应用程序如何有效地通过 IP 网络一对多传送多媒体数据。RTSP 是一个流媒体表示控制协议，用于控制具有实时特性的数据发送，但 RTSP 本身并不传输数据，而必须利用底层传输协议提供的服务。它提供对媒体流的类似于模拟式磁带录放机（VCR）的控制功能，如播放、暂停、快进等。也就是说，RTSP 对多媒体服务器实施网络远程控制。RTSP 中定义了控制中所用的消息、操作方法、状态码以及头域等，此外还描述了与 RTP 的交互操作。

RTSP 使用 TCP 或 RTP 完成数据传输。与 RTSP 相比，HTTP 传送 HTML，而 RTSP 传送的是多媒体数据。HTTP 的请求由客户机发出，服务器作出响应；使用 RTSP 时，客户机和服务器都可以发出请求，即 RTSP 可以是双向的。RTSP 制定时较多地参考了 HTTP/1.1，其中的很多描述与 HTTP/1.1 完全相同。RTSP 之所以特意使用与 HTTP/1.1 类似的语法和操作，是为了兼容现有的 web 基础结构，并使 HITP 的扩展机制在大多数情况下可以加到 RTSP 上。

18.3　QoS 技术

所谓 QoS，即服务质量(Quality of Service)，是指网络在传输数据流时要满足的一系列

服务请求,即 IP 在一个或多个网络传输过程中所表现的各种性能。QoS 这些性能可通过以下一系列可度量的参数来描述:

(1)业务可用性:用户与因特网业务之间连接的可靠性。

(2)延迟:也称为时延,指两个参照点之间发送和接收数据分组的时间间隔。

(3)延迟抖动(jitter):指在同一条路由上发送的一组数据流中每个数据分组的传输延迟之间的差异。

(4)吞吐量:网络中发送数据包的速率,可用平均速率或峰值速率表示。

(5)分组丢失率:在网络中传输数据分组时丢弃数据分组的最高比率。数据分组丢失一般是由网络拥塞引起的。

18.3.1　业务等级协定(SLA)

网络上不同的业务(包括数据、图像、多媒体及语音业务等)对网络 QoS 的要求不一样,不同的业务级别对 QoS 指标的要求也不一样。因此,需要一个可以在用户和运营商之间达成一种默契的桥梁。用户的业务可以定量地以节点延迟、可变延迟等指标来描述。而对于运营商,可以根据协议中所商定的这些量化指标,保证用户业务在运营网络中的性能,这个协议就是业务等级协议 SLA。

一般地说,SLA 定义了端到端的业务规程,它包括以下几个方面的内容:

(1)可用性:有保证的正常运行时间。

(2)提供的业务:提供业务级别的规程。

(3)服务保证:对每种级别,提供包括吞吐量、超额预定的处理等方面的保证。

(4)责任:违反合同条款的后果。

(5)定价:为每项具体的业务级别定制的价格。

业务等级协议的核心是运营商可以给最终用户提供的业务水平或级别。不同业务级别的业务可获得不同级别的质量保证。因此,SLA 的一个重要内容就是将业务映射到不同的业务等级上。例如,可以将现有业务大体分为三级,如表 18.2 所示。

表 18.2　业务等级的映射关系

业务等级	业务	优先级映射
1	非关键数据 类似目标的 Internet 没有最低的保证信息传输速率	尽力而为地传输 对性能没有很强的控制和管理
2	关键业务数据 VPN、电子商务 类似帧中继的 CIR,ATM 的 VBR	低分组丢失 控制的延迟和可变时延
3	实时应用 视频流、语音、电视会议	低延迟和可变延迟 低分组丢失率

18.3.2　QoS 技术细分

为了满足各种不同等级的业务需求,许多 QoS 的相关技术被开发出来。为了避免由于

QoS 的启动给 IP 网络带来不利的影响，端到端的思想是 QoS 设计的主要原则。"边缘节点相对复杂，网络核心相对简单"是 QoS 设计的中心主题，这需要多种 QoS 技术的互相协作，从而提供端到端的 QoS。

QoS 技术大体可以概括为以下两种基本类型：

(1)资源保留(集成业务)：网络资源根据应用对 QoS 的要求予以分配，并且服从于带宽的管理策略。

(2)优先级(区分业务)：网络业务被划分成不同的等级，并按照带宽管理策略的原则分配网络资源。

为了保障 QoS，对于要求特殊对待的业务，根据等级的划分给予优先分配网络资源。各种 QoS 可分别应用于不同的业务流，也可应用于流的集合，由此也可以划分 QoS 的类型。

(1)基于单个流：一个流被定义为两个应用(发送和接收)之间单独的单向数据流，通过传输协议、源地址、源端口号、目的地址和目的端口号来确认。

(2)基于集合流：一个集合流由两个或多个流组成。一般来说，属于同一个集合流的流都有一些相同的标识，这些标识可以是传输协议、源地址、源端口号、目的地址和目的端口号中的一部分，或是标记或优先级号，也有可能是一些确认信息。

现有的 QoS 协议和算法有很多，主流的包括下面三种：

(1)综合服务 IntServ(Integrated Service)：以标准的 RSVP 协议作为实现机制，虽然 RSVP 一般应用于单个流，但它也可用于对集合流的资源保留。

(2)区分业务协议 DiffServ(Differentiated Service)：提供一种简单的方法来对网络业务进行分类和排定优先级。

(3)多协议标签交换协议 MPLS(MultiProtocol Labeling Switching)：根据包头的标号，通过网络路由控制，为集成业务提供带宽管理。

这些 QoS 协议之间并不排斥，相反，它们之间互相补充得非常好。

18.3.3 综合服务 IntServ

IntServ 是基于资源保留的，以标准的 RSVP 协议作为实现机制的。IntServ 管理对象是流。一个流定义为从特定用户实体(如单个应用程序会话)发出的一连串数据包，它可以通过使用源和目的 IP 地址、端口号、协议号来区分。

综合服务的原理是对于每个需要进行 QoS 处理的数据流，通过一定的信令机制，在其经由的每一个路由器上进行资源预留，以实现端到端的 QoS 保证。首先该模型定义了一个作用于整个网络的要求集合，整个网络中的每个元素(子网或路由器)都能够实现这一要求集合。随后，通过一定的信令机制，将特定应用的服务等级要求通知其传输路径上所有网络元素，并将应用与各个网络元素之间进行各种资源预留与处理策略的设置。这样，在整条路径建立起来之后，这条路径上的所有网络元素都已经做好了为相应的数据流提供 QoS 保证的准备。

具体而言，综合服务需要所有路由器在控制路径上处理每个流的信令信息并维护每一个流的路径状态和资源预约状态，在数据路径上执行流的分类、调度和缓冲区管理。综合服务依靠资源预留协议逐节点地建立或拆除每个流的资源预留软状态；依靠接纳控制决定链路或网络节点是否有足够的资源满足 QoS 请求;依靠传输控制将 IP 分组分类成传输流,并根据每个流的状态对分组的传输实施 QoS 路由、传输调度等控制。InterServ 的架构如图 18.7 所示。

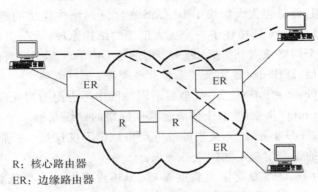

R:核心路由器
ER:边缘路由器

图 18.7 IntServ 的架构

目前,综合服务模型定义了三种业务类型,并且对这些业务类型对路由器的要求进行了描述。

(1)保证型业务(Guaranteed Service):该业务通过资源预留,为数据流的时延、带宽与丢包率提供绝对保证,包不会丢失,也不会超过指定的时延界限。

(2)控制负载型业务(Controlled Load Service):该业务提供相当于无负载网络的服务,大多数的包不会丢失,也不会发生排队时延,但是不提供定量的服务质量保证。

(3)尽力而为型业务(Best Effort):实际上就是传统的 Internet 所提供的业务,该业务不提供任何 QoS 保证。

综合服务通过在所有路由器控制路径上处理每个流的信令信息并维护每一个流的路径状态和资源预约状态,在数据路径上执行流的分类、调度和缓冲区管理来提供端到端的 QoS 保证。其缺点是可扩展性差,因为资源预留需要对大量的状态信息进行刷新与存储,复杂了网络核心路由器的功能。因此,当网络规模扩大时,综合服务模型将无法实现。综合服务模型通常应用于网络规模较小、业务质量要求较高的边缘网络,如企业网、园区网等。

18.3.4　区分业务 DiffServ

区分业务(Diffserv)是 IETF 提出的一种基于类的 QoS 解决方案。它采用"保持主干网的简单性,将复杂性推到网络边界"的设计原则,其目的是在传统的 IP 分组交换网上为用户提供较大力度的服务质量保证。

DiffServ 大大降低了信令的工作,而将重点放在集合的数据流以及适用于全网业务等级的一套"单跳行为(per hop behavior)"上,可以根据预先确定的规则对数据流进行分类,以便将多种应用数据流综合为有限的几种数据流等级。

IP QoS 的业务区分结构使用 IPv4 报头中的业务类型(ToS)字段,并将 8bit 的 ToS 字段重新命名,作为 DS 字段,其中 6bit 可供目前使用,其余 2bit 以备将来使用。该字段可以按照预先确定好的规则加以定义,使下行节点通过识别这个字段,获取足够的信息来处理到达输入端口的数据分组,并将它们正确地转发给下一跳的路由器。这里需要注意的是,在

IPv4 网中所定义的 ToS 字段与 DiffServ 中的 DS 字段不同。

DiffServ 充分考虑了 IP 网络本身网络灵活、可扩展性强的特点,将复杂的服务质量保证通过 DS 字段转换为先进的单跳行为,从而大大减少了信令的工作。因此,DiffServ 不但适合运营商环境使用,而且也大大加快了 IP QoS 在实际网络中应用的进程。另外,除去单个可信域的定义外,DiffServ 还描述了一个更大框架的结构原理,旨在供应商之间提供协议框架,这样可以使单个网络域向外扩展,进一步增加了 DiffServ 运营商环境中的可用性。

与 InterServ 类似,DiffServ 也定义了三种业务类型:

(1)尽力而为的(best effort)业务:类似目前因特网中尽力而为的业务。

(2)最优的(premium)业务:类似于传统运营商网络的专线业务。

(3)分等级的(tiered)业务:这一类别的业务严格地讲不仅仅是一种业务,而是一个大的类别,可以根据发展的需要定制不同的业务等级。

虽然 DiffServ 为 IP QoS 奠定了宝贵的基础,但还没有办法完全依靠自己来提供端到端的 QoS 结构。DiffServ 需要大量网络单元的协同运作才能向用户提供端到端的服务质量。

思考题

18-1 简述 IP 电话的工作过程。

18-2 与电视相比,网络视频有哪些特点?

18-3 什么是流媒体技术?为什么网络实时视频传输多采用流媒体技术?

18-4 什么是 QoS?它包括哪些性能?谈谈网络上不同业务流对 QoS 不同的要求。

第 19 章　下一代网络:NGN

下一代网络(Next Generation Network,NGN)是以软交换为核心、基于分组交换技术的综合开放的网络架构。它能够同时提供语音、数据、视频和多媒体等多种业务,被认为是GII(全球信息基础设施)的具体实施。NGN 代表了数据通信网络发展的方向,目前已正式进入规模化商用阶段。

通过本章的学习,了解介绍 NGN 的概念和技术框架。建议学时:1～2 学时。

19.1　NGN 的概念及其参考模型

2002 年世界电信业发生了两大变化:一是全球移动电话用户数超过固定电话用户数,二是全球数据业务量超过话音业务量。鉴于这样新的市场实际情况,电信市场进入微利时代:传统的固定电话业务的利润被压缩,而新的数据业务利润的增长速度却低于其业务成本的增长速度。换句话说,赚钱的固话业务被压缩,而不赚钱的数据业务在增长。运营商迫切需要一种既能降低运营成本又能迅速开发新业务的技术。在这种形势下,NGN 应运而生。

19.1.1　国内外 NGN 发展情况

1997 年美国提出下一代互联网(NGI)计划,后来变化为全球信息基础设施(GII)项目,即所谓信息高速公路。NGN 是网络界在此基础上提出的一个最新概念,也可以认为是 GII 概念的一个具体实施方案。广义上,NGN 涵盖了固定网、互联网、移动网、核心网、城域网、接入网等诸多内容,其主要目标在于推动网络融合和业务融合。

NGN 的标准由 ITU-T 制订。2004 年 1 月 7 日,美国最大的固网运营商 Verizon 公司宣布采用北电网络的 NGN 解决方案,全面启动其固网演变进程。英国电信(BT)也在 2004 年 6 月启动了总投资达 100 亿英镑的 21 世纪网络计划:用 10～15 年完成现有 PSTN 网络到 NGN 的整体迁移。此外,加拿大贝尔、Sprint、德国电信等运营商也纷纷启动了 NGN 的部署计划。

我国从 20 世纪 90 年代后期开始启动软交换技术的研究,正式参加了 ITU-TSG13 组的研究工作,并在软交换论坛(ISC,又称国际软交换协会,后又改名为 IPCC,即国际分组通信论坛)成立之初就参加到其中。在软交换技术的研究方面,我国基本上与国际保持同步。2005 年中国电信、网通、移动和联通四大运营商都先后结束了各自的 NGN 测试和试商用工作,并正式步入规模化商用阶段。

19.1.2　NGN 的定义

在 ITU-T 的 Y.2001 建议书中给出了 NGN 的标准定义：能够利用宽带和具有 QoS 机制的传输技术、可以提供电信业务的基于分组交换的网络。

在 ITU-T 相关规范中，NGN 可以用以下这些特性来进一步定义：

(1)基于分组的转发；

(2)控制功能和承载能力、呼叫/会话以及应用/业务相分离；

(3)业务提供与传输无关，具有开放的接口；

(4)提供广泛的业务、应用和基于业务构建模块（包括实时/流/非实时和多媒体业务）的机制；

(5)具备端到端 QoS（服务质量）的宽带能力；

(6)通过开放接口与传统网络互通；

(7)具有通用移动性，不管用户位置和所处的接入技术环境如何变化，都可提供通信和接入业务；

(8)用户可以通过不同的服务提供商接入；

(9)多样的认证方案；

(10)对同一业务用户能感受到统一的业务特征；

(11)固网/移动网之间的业务融合；

(12)与业务相关的功能独立于底层传输技术；

(13)支持多种"最后一公里"技术；

(14)满足所有的管制方面的要求，例如关于应急通信、安全、个人隐私、合法侦听等方面。

19.1.3　NGN 的能力

NGN 具有创造、开发和管理各种现有的或未来的业务（现有的或未知的）能力，这里包括不同媒体（音频、视频和视听的）、不同编码方案、不同类型（数据业务、会话型业务、单播业务、多播和广播业务、消息型业务）、实时和非实时、时延敏感型和非时延敏感型、不同带宽要求的业务等。在 NGN 中更加强调服务提供商给客户提供可能，使其可以自己定制业务。为此，NGN 中包含了业务相关的 API（应用编程接口）以支持业务的产生、提供和管理。

在 NGN 中，有功能实体控制策略、会话、媒体、资源、业务传递、安全等。功能实体可以分布在包括已有网络和新网络的网络结构中。这些功能实体在物理上是分布式的，它们之间通过开放接口通信。不同运营商的 NGN 之间以及 NGN 与现有的 PSTN（公用电话交换网）、ISDN（综合业务数字网）和 GSM（全球移动通信系统）等网络之间的互通是通过网关的方式来实现的。

NGN 要支持现有的和"NGN 专用的"终端设备。因此可以连接到 NGN 的终端包括模拟电话机、传真机、ISDN 电话机、蜂窝移动电话机、GPRS（通用分组无线业务）终端设备、SIP（会话起始协议）终端、基于 PC（个人计算机）的以太网话机、数字顶置盒、电缆调制解调器等。

NGN 的通用移动性保证向所有用户提供一致性的业务。无论什么类型的用户，也无论其采用什么接入技术,都将被视为统一的实体。

NGN 的关键技术包括软交换、高速路由/交换技术、大容量光传送技术和宽带接入技术,其中以软交换技术最为核心。具体来说,NGN 采用软交换技术实现端到端业务的交换;采用 IP 技术承载各种业务,实现三网融合;采用 IPv6 技术解决地址问题,提高网络整体吞吐量;采用多协议标签交换实现 IP 层和多种链路层协议(ATM/FR、PPP、以太网、SDH、光波)相结合;采用光传输网和光交换网络解决传输和高宽带交换问题;采用宽带接入手段解决"最后一公里"的用户接入问题。

19.1.4 NGN 的参考模型

ITU-T 2004 年提出了 NGN 的参考模型(见图 19.1)。其中 NGN 被垂直划分为业务层和传送层,而在这两个层面中,每种功能又都可以分别被映射到用户平面、控制平面或管理平面上。

图 19.1 ITU-TY2011 建议书定义的 NGN 基本模型

传送层负责信息在任何两个地理分离的通信实体间的传送,可提供用户—用户、用户—业务、业务—业务之间的连接。传送层可使用对应 OSI7 层模型 1~3 层的任何已有的分层网络技术的集合,如面向连接的电路交换(Connection-Oriented Circuit-Switched ,CO-CS)、面向连接的包交换(Connection-Oriented Packet-Switched,CO-PS)和无连接的包交换(Connectionless Packet-Switched,CLPS)技术等,其中优先考虑采用 IP 协议。

业务层包括了各种会话型和非会话型业务,如话音业务(如电话、传真等)、数据业务(如 web、电子邮件等)、视频业务(如电影、电视等)和几种业务的组合(如可视电话、游戏等多媒体服务)等。用户业务还可以按实时/非实时、单播/多播等分类。

业务层的用户平面提供传送业务相关数据的功能。业务层的控制平面提供控制业务资源和网络业务以实现用户业务和应用的功能,包括用户鉴权、用户标识、业务接入控制和应用服务器功能等。

传送层的用户平面提供传送数据功能,传送的数据本身可能是用户或是控制和管理信息。传送层的控制平面提供控制和管理传输资源以实现数据在终端实体间传送的功能。

业务层和传送层的管理平面的功能大致相似,区别主要是其管理对象的不同(业务资源和传输资源)。管理平面的管理功能包括差错管理、配置管理、计费管理、性能管理和安全管理等。

19.2　NGN 的实施：网络融合与演进

在"十一五"规划中，中国政府第一次提出了"三网合一"，就是将电信网、广电网、计算机网这三张传统的大网融合到一个平台上，统一为用户提供服务。NGN 的实施使"三网合一"成为可能。

19.2.1　三网现状

1. 公用交换电话网（Public Switched Telephone Network，PSTN）

三网中 PSTN 是发展历史最悠久（源自 1886 年贝尔发明电话）、覆盖范围最广（全世界各个角落）、渗透最深（几乎每家每户）的通信网络。PSTN 网络遵守国际电信联盟（International Telecommunications Union，ITU）制定的一系列技术规范和管理规定。ITU 对 PSTN 网络管理规定涉及电话交换局的分级管理、电话号码编码规则、国际长途计费、收费、结算等问题。我国 PSTN 电话网络由公用交换电话网运营商（如中国电信、中国网通）建设，分 C0～C5 六个级别的电话交换局，其中 C0 局是国际长途交换局，设在北京、上海、广州；C1 局为国内大区长途电话交换局，全国共设了 8 个；C2 局为省级长途电话交换局，一般设在省会城市；C3 局为市级长途电话交换局；C4 局一般为区县级电话交换局，有时也直接对用户提供电话业务；C5 局为本地（市话）业务电话交换局，一般每个地区设一个或多个，直接对用户提供电话业务。各局之间通过中继链路相连（一般采用光纤 SDH 技术）。在电话通信设施中占比重最大的是用户驻地网络，即从电话交换局到每个家庭用户的两芯铜线电缆。一般情况下，每个 C5 局覆盖范围不超过 5 千米，并在其覆盖范围内建设若干模块局，实际上接到每家每户的电话线通常是从模块局接入的。

2. 有线广播电视传输网（CATV）

有线广播电视传输网由国家、省、市三级传输网络构成。国家级传输网络由卫星和地面光纤网络组成，其节点包括国家有线电视传输中心和各省级有线电视传输中心，负责从国家广电总局向各省级有线电视网络中心传送多套电视节目和从各省级中心向国家中心回传的一套省级电视节目。省级传输网络则采用 SDH 传输技术，通过光纤形成覆盖全省的有线电视传输环网，其节点包括省级有线电视传输中心和各市级有线电视传输中心，负责从省级中心向市级中心传输多套有线电视节目和从各市级中心向省级中心回传一套有线电视节目。市级和城域有线电视配送网络多由光纤、微波、同轴电缆等组成，有条件的住宅小区采用光纤入小区、同轴电缆入户的方式。

3. 城域宽带 Internet 网络

城域宽带网络是最近几年才发展起来的。目前具有用户驻地网络资源的运营商主要有：①电信运营商，比如我国北方地区的中国网通和南方地区的中国电信，他们拥有从电信模块局到每家每户的铜线资源；②广播电视网络运营商，如中国有线广播电视传输网络，他们拥有到每家每户的同轴电缆资源。目前我国宽带城域网大多是由上述运营商提供，采用如下几种用户接入技术构成的。

（1）ADSL 接入：通过普通电话线，在不影响正常电话通信的同时传送数据。这种技术由电信运营商采用,在传输距离 5000 米范围内标准上行(从客户终端到局端)带宽为640Kbps,标准下行(从局端到客户端)带宽为 2Mbps。

(2)VDSL 接入:通过两芯电缆(如普通电话线)在传输距离 1300 米的范围内上下对称传输,带宽约为12Mbps。由于我国电话交换局覆盖范围一般为 5000 米,超出 VDSL 的传输距离,该技术尚未被广泛采用。

(3)Cable Modem 接入:通过同轴电缆进行数据传输。这种技术适合于广播电视网络运营商,可以为用户提供 5~30Mbps 的带宽。由于原来的有线电视网都是单向传送,采用该技术除了需要为每家上网用户安装 Cable Modem 之外,还需要对网络进行双向改造。

(4)以太网接入:由宽带网络运营商在城域范围内建设宽带主干网络,包括核心网络和汇聚层网络。核心层网络由核心层节点和连接核心层节点的链路组成,核心层链路一般采用光纤和千兆或者 10G(万兆)以太网技术;汇聚层网络包括汇聚层节点和连接汇聚层节点的链路,汇聚层网络通过核心层节点接入核心层网络。住宅小区一般通过光纤接到宽带主干网络的汇聚层节点,在小区中心设小区交换机,在小区内部采用光纤到楼,每栋住宅楼设楼头交换机,通过五类双绞线提供以太网口到户。

19.2.2　NGN 的三个发展阶段

要实现三网合一,并不是建立一个全新的 NGN 网络取代现有网络,而是对现有网络的融合。这里不仅要实现三个网络的连接,更要实现各种业务的融合。从现有网络到 NGN 是一个渐进演化的过程,可以分为三个重要的发展阶段:

第一阶段是在分组交换网络上仿真实现电路交换网的话音传送,即所谓 IP 电话(VoIP)。其典型协议是 H.323 协议。

第二阶段是以软交换技术为核心的重叠网策略,主要实现 IP 网和传统电路交换网结合的电话应用。其关键协议是 MGCP/H.248 协议。由于可以充分利用现有设备,目前国内正在实施以软交换为核心的 NGN 作为一种可行的过渡策略。

第三阶段是基于多媒体子系统(IMS)的固定/移动网络融合。其主要技术包括基于SIP 协议的会话控制和 Ipv6 等。IMS 是 NGN 的未来发展趋势。

19.3　NGN 的关键技术:软交换

要说明什么是软交换,我们先看看目前三网的连接是如何通过集成网关实现的。以实现 IP 电话和普通电话的通话为例,可以采用 IP 电话网关连接承载普通电话的电路交换网(SCN)和承载 IP 电话的 IP 计算机网(见图 19.2)。IP 电话网关不但要执行媒体格式转换,还要进行信令(控制信息)的转换,在 IP 网一侧执行 H.323 或 SIP 协议,在 SCN 一侧执行ISDN/PSTN 信令。除此之外,还要控制网关内部资源,为每个呼叫建立网关内部的话音通路。这种集成的网关结构集多种功能于一身,过于复杂,导致了可扩展性差且没有故障保障机制,因此对 IP 电话的大规模部署具有相当大的制约力。

软交换的出现就是为了解决上述问题,其关键是将传统的网关分解成三部分:媒体网关(MG)负责媒体格式变换以及 SCN 和 IP 两侧通路的连接;信令网关(SG)负责 SCN 信令的底层转换,即从 TDM 电路方式转换成 IP 网传送方式;软交换设备又称为呼叫代理或媒体

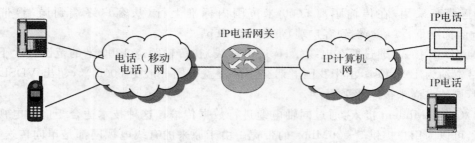

图 19.2　普通电话与 IP 电话的互通:连接电话网和计算机网

网关控制器,负责呼叫控制、资源分配、协议处理、路由、认证、计费等功能,同时可以向用户提供现有电路交换机所能提供的所有业务,并向第三方提供可编程能力。软交换是整个系统的控制者,是 SCN 和 IP 网协调的中心,它通过对各种网关(SG 和 MG)的控制来实现不同网络之间的业务层的融合。

图 19.3 所示为基于软交换的 NGN 网络体系结构。分成媒体接入层、传输服务层、控制层和业务应用层。

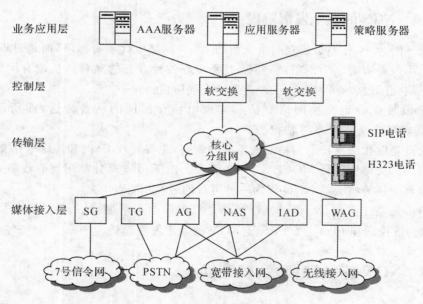

图 19.3　软交换网的网络结构

(1)媒体接入层:设有各种网关,用于实现异构网络到核心传输网以及异构网络之间的互连互通。其中媒体网关 TG 负责管理 PSTN 与分组数据网络之间的互通,以及不同媒体、信令的格式转换。信令网关 SG 负责提供 SS7 信令网络(SS7 链路)和分组数据网络之间的交换。接入网关 AG 负责宽带接入网和分组网络之间的交换。无线接入网关 WAG 负责移动通信网到分组数据网络的交换。

(2)传输层:提供各种信令和媒体流传输的通道。基于软交换技术的混合网络的传输网可以是 IP,ATM,或是其他任何类型的分组网络,但是更倾向使用 IP 分组网。

(3)控制层:主要由软交换设备组成,提供呼叫控制、连接控制和协议处理能力,并为业务应用层提供访问底层各种网络资源的开放式接口。IP 网络用于传统数据业务时没有呼叫连接的概念,但是用于电信业务时,通信双方还是需要先建立某种联系(如确定对方端口地址)。这种联系控制机制在 IP 网络中被称为会话控制,类似于电信中的呼叫控制。

(4)业务应用层:负责提供增值业务和管理功能。该层通过多种应用服务器提供执行、管理、生成业务的平台,并负责处理与控制层中软交换的信令接口。

19.3.1　IP 软交换的技术特点

1. 呼叫控制与承载分离

软交换技术的基本思想是把呼叫控制功能从媒体网关(传送层)中分离出来,通过服务器上的软件实现基本呼叫控制功能,使得呼叫控制功能与承载网络之间无过多的依存关系。这在当前多网并存的情况下,为实现承载层网络融合提供了有利条件。软交换实现的呼叫控制功能包括呼叫选路、管理控制、连接控制(建立/拆除会话)和信令互通(如从 No.7 到 IP)等。

2. 业务控制与呼叫控制分离

业务控制与呼叫控制分离使业务真正地从网络中独立出来,为缩短新业务的开发周期提供了良好的条件。业务控制与呼叫控制分离使软交换具备了灵活的业务提供方式,用户可以自行配置和定义自己的业务特征,不必关心承载业务的网络形式以及终端类型,真正实现"业务由用户编程实现"的设想。

3. 采用开放式业务接口(API)及标准协议

软交换把网络资源、网络能力封装起来,通过标准开放的业务接口与业务应用层相连。各功能实体(控制层设备和传送层设备)之间通过标准的协议进行连接与通信,使业务提供者自由地将传输业务与控制协议相结合,实现业务转移。这样,下一代网络中的功能部件就可以独立发展、扩容和升级,也使各运营商可以根据自己的需要,全部或部分地利用软交换体系的产品,设计适合自己的网络解决方案。

19.3.2　软交换的主要协议

IETF,ITU-T,ISC,IPCC 为软交换制定并不断完善系列标准协议,这里对主要协议进行简单介绍。

(1)SIP 协议(Session Initiation Protocol,会话初始协议)是 IETF 制定的多媒体通信系统框架协议之一,它是一个基于文本的应用层控制协议,独立于底层协议,用于建立、修改和终止 IP 网上的双方或多方多媒体通信,即多媒体业务域间采用 SIP 协议。SIP 是在 SMTP(简单邮件传送协议)和 HTTP(超文本传送协议)基础之上建立起来的。SIP 用来生成、修改和终结一个或多个参与者之间的会话。这些会话包括因特网多媒体会议、因特网(或任何 IP 网络)电话呼叫和多媒体发布。为了提供电话业务,SIP 还需要不同标准和协议的配合,例如,实时传输协议(RTP)、能够确保语音质量的 RSVP、能够提供目录服务的 LDAP、能够鉴权用户的 RADIUS,并实现与当前电话网络的信令互联等。

(2)BICC 协议(Bearer Independent Call Control protocol)解决了呼叫控制和承载控制分离的问题,使呼叫控制信令在各种网络上承载,包括 MTPSS7 网络、ATM 网络、IP 网络。BICC 可用于软交换设备间的通信。

（3）H.248/Megaco(Media Gateway Control Protocal)协议用于媒体网关控制器和媒体网关之间的通信，具体内容见下节。

（4）SIGTRAN 是 IETF 的一个工作组，其任务是建立一套在 IP 网络上传送 PSTN/ISDN 信令的协议，SIGTRAN 协议包括 SCTP，M2UA，M3UA，提供了和 SS7MTP 同样的功能，用于软交换和信令网关之间的通信。

（5）H.323 是一套在分组网上提供实时音频、视频和数据通信的标准，提供 VoIP 和多媒体应用，是具有电信网可管理性的 IP 电话体系。H.323 是 ITU-T 制定在各种网络上提供多媒体通信的系列协议 H.32x 的一部分。

19.4　媒体网关

媒体网关在 NGN 中扮演着重要的角色，如果说软交换是 NGN 的"神经"，应用层是 NGN 的"大脑"，那么媒体网关就是 NGN 的"四肢"，任何业务都需要媒体网关在软交换的控制下实现。在相关的标准（如 H.248/MGCP）中，媒体网关被定义为将一种网络中的媒体转换成另一种网络所要求的媒体格式的设备。媒体网关能够在电路交换网的承载通道和分组网的媒体流之间进行转换，可以处理音频、视频或 T.120，也具备处理这三者任意组合的能力，并且能够进行全双工的媒体翻译，可以演示视频/音频消息，实现其他 IVR 功能，同时还可以进行媒体会议等。

19.4.1　媒体网关的分类

从设备本身讲，媒体网关并没有一个明确的分类，因为媒体网关负责将各种用户或网络综合接入到核心网络，但并不是说任何一个媒体网关设备都要支持所有的接入功能。媒体网关同样要遵循开放性原则，未来的 NGN 中的媒体网关都要受到软交换系统的统一控制。根据媒体网关设备在网络中的位置，可以将其分为如下几类。

（1）中继媒体网关 TG：主要针对传统的 PSTN/ISDN 的中继媒体网关，负责 PSTN/ISDN 的 C4 或 C5 的汇接接入，将其接入到 ATM 或 IP 网络，主要实现 VoATM 或 VoIP 功能。

（2）接入媒体网关 AG：负责各种用户或接入网的综合接入，如直接将 PSTN/ISDN 用户、Ethernet 用户、ADSL 用户或 V5 用户接入。它一般放置在靠近用户的端局，具有拨号 Modem 数据业务分流的功能。

（3）小区或企业用媒体网关：放置在用户住宅小区或企业的媒体网关，主要解决用户话音和数据（主要指 Internet 数据）的综合接入，未来可能还会解决视频业务的接入。

19.4.2　媒体网关的主要功能

1. 用户或网络接入功能

媒体网关负责各种用户或各种接入网络的综合接入，如普通电话用户、ISDN 用户、ADSL 接入、以太网用户接入或 PSTN/ISDN 网络接入、V5 接入和 3G 网络接入等。总之，媒体网关设备是用户或用户网络接入核心媒体层的"接口网关"。

2. 接入核心媒体网络功能

媒体网关以宽带接入手段接入核心媒体网络。目前，接入核心媒体网络主要通过 ATM 或 IP 接入。ATM 是面向连接的第二层技术，具有可靠的业务质量（QoS）保证能力，IP 则是目前应用最广泛的第三层技术。

3. 媒体流的映射功能

在 NGN 中，任何业务数据都被抽象成媒体流，媒体流可以是话音、视频信息，也可以是综合的数据信息。由于用户接入和核心媒体之间的网络传送机制的不一致性，因而需要将一种媒体流映射成另一种网络要求的媒体流格式。

4. 受控操作功能

媒体网关受软交换的控制，它绝大部分的动作，特别是与业务相关的动作都是在软交换的控制下完成的，如：编码、压缩算法的选择，呼叫的建立、释放、中断，资源的分配和释放，特殊信号的检测和处理等。

5. 管理和统计功能

作为网络中的一员，媒体网关同样受到网管系统的统一管理，媒体网关也要向软交换或网管系统报告相关的统计信息。

思考题

19-1　什么是 NGN？NGN 的特性有哪些？

19-2　说明软交换网络的体系结构。

19-3　什么是媒体网关？其主要功能有哪些？

第 20 章　移动数据通信技术

移动通信快速发展,其用户数量已超过固话用户。在移动通信普及化的过程中,起到至关重要作用的并不是其主营的语音业务,而是短信息这一数据业务。GPRS 等 2.5G 技术的应用使移动通信网可以提供多媒体消息(MMS)、视频电话、视频点播、无线上网等移动数据业务。在 3G 移动通信系统中,多媒体数据业务更是占据首要地位,移动通信网已经发展为移动数据通信网或移动互联网。

通过本章的学习,了解移动数据通信网的基本概念与核心技术,了解从短消息到 GPRS 和 CDMA 直至 3G 等移动数据通信术的发展。建议课时:1～2 学时。

20.1　移动通信网与短信

20.1.1　移动通信网

图 20.1 是一个典型的移动通信网络的结构图。移动通信网络采用的是所谓蜂窝结构:将一个地区划分为多个小区,每个小区有一个基站 BS 负责与该小区内的移动台 MS(手机)通信。基站由基站控制器(BSC) 和基本传输站(BTS)组成。BSC 可以控制一个或多个BTS,并在 MS 从一个小区移到另一个时负责资源的正确分配。BSC 通过光纤或电缆连接到移动服务交换中心(MSC),由 MSC 负责系统的电话交换功能,建立与手机间的连接。如果手机与固定电话间通话,还要通过网关 MSC(Gateway MSC,GMSC)实现移动通信网与

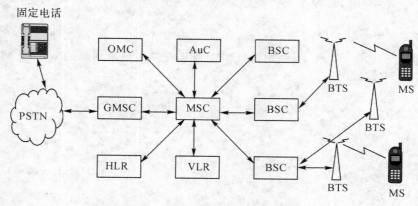

图 20.1　蜂窝移动通信网的功能结构图

PSTN 的连接。操作维护中心（Operation and Maintenance Centre，OMC）负责移动通信网络的集中操作和维护，鉴权中心（Authentication Centre，AuC）负责存储鉴权算法和加密密钥。每个手机的信息保存在所隶属地区的一个数据库中，该数据库叫归属位置寄存器（Home Location Register，HLR），包括其费用信息和目前位置（所在小区）的信息等。手机漫游到某个地区，则从 HLR 中拷贝该用户的信息到这个地区的访问位置寄存器（Visitor Location Register，VLR）数据库中，建立一个临时记录，并在 HLR 中记录其漫游地区。与漫游手机通话时则先 HLR 找到其目前所在地区，通过该地区的 VLR 和 MSC 与该手机建立连接。

20.1.2　短信息服务

无线短信服务（SMS）于 1991 年出现于欧洲。全球移动通信系统（GSM）一开始就包括了短信服务。目前 SMS 已经在全球基于 GSM、码分多路访问（CDMA）和时分多路访问（TDMA）标准的移动通信网络中得到广泛应用。

目前使用比较多的三种短消息业务有：SMS（普通短消息业务）、EMS（增强型短消息业务）和 MMS（多媒体短消息业务）。

SMS 是最早使用的、目前普及率最高的一种短消息业务。SMS 在手机内输入一段文字（在 140 字节之内）后发送，由网络 SMS 中心储存转发给其他手机。由于使用简便，受到用户的欢迎，但在内容和应用方面受到限制较多。

EMS 是 SMS 的增强版本，除了可以像 SMS 那样发送文本短信息之外，还可发简单的图像、声音和动画等信息，也可集成几种信息在 EMS 手机上显示。一条 EMS 短消息的容量可能是 SMS 的好几倍，因此对 SMS 和 EMS 采用不同的计费方式。

MMS 最大的特色就是支持多媒体，对于信息内容的大小或复杂性几乎没有任何限制。MMS 既可收发多媒体短消息，包括文本、声音、图像、视频等；还可以收发包含附件的邮件等。MMS 支持手机贺卡、手机图片、手机屏保、手机地图、商业卡片、卡通、交互式视频等多媒体业务。因此，MMS 使运营商可为用户提供多元化的移动数据服务，对用户很有吸引力。

20.1.3　SMS 的技术实现

图 20.2 中给出 SMS 基本网络结构图。SME 是发送或接收短消息的实体，可以是一个 MS（手机），也可以是固定网（因特网）中的实体（计算机）。短消息中心（SMS Centre，SMSC）是 SMS 网络的中心实体，负责消息的存储和转发。SMS-GMSC/SMS-IWMSC 是两种特殊的 MSC：前者从 SMSC 接收短消息，向 HLR 查询接收短消息的 MS 的当前位置，并通过相关的 MSC 发送给该 MS；后者接收 MS 发来的短消息，根据其中的 SMSC 地址发送给相应的 SMSC。

20.2　GPRS 数据传输技术

GPRS（General Packet Radio Service）是通用分组无线业务的简称，它是叠加在 GSM 网络上的分组数据网络。GPRS 采用与 GSM 相同的频段、频带宽度、突发结构、无线调制标准、跳频规则以及相同的 TDMA 帧结构。因此，在 GSM 系统的基础上构建 GPRS 系统时，

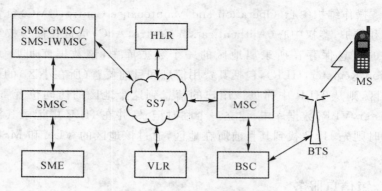

图 20.2　SMS 基本网络结构图

GSM 系统中的绝大部分部件都不需要作硬件改动,只需作软件升级。GPRS 被认为是 2G 向 3G 演进的重要一步,也被称为 2.5G 技术,不仅被 GSM 支持,同时也被北美的 IS-136 支持。

20.2.1　GPRS 网络的基本体系结构

图 20.3 中给出了 GPRS 网络的基本体系结构。GPRS 网络在 GSM 系统的基础上引入 3 个主要组件:服务支持节点(SGSN,Serving GPRS Supporting Node)、网关支持节点 (GGSN,Gateway GPRS Support Node)和计费网关功能(Charging Gateway Function, CGF),并在 BSC 中增加了分组控制单元(Packet Control Unit,PCU)。普通的 GSM 移动 终端 MS(手机)不能直接在 GPRS 中使用,需要按 GPRS 标准进行改造。

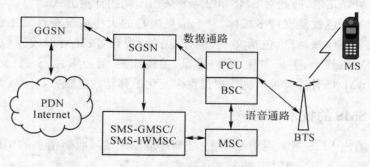

图 20.3　GPRS 网络结构图

与 SMS 采用信令信道传输信息不同,GPRS 中 MS 与 BTS 间的数据传输采用与话音 传输相同的信道资源,但只在存在数据传输时才占有信道资源。在 BSC 中话音和数据分 离,数据通过 PCU 进入数据通道,由 SGSN 实现路由寻址和转发功能。通过 GGSN 与外部 的分组交换网络 PDN 连接。SGSN 还提供移动性管理、安全性、接入控制等。它与 SMS-GMSC/SMS-IWMSC 连接,向用户提供通过 GPRS 网络发送和接收短信的服务。

用户数据在 MS 和外部数据网络之间透明地传输,它使用的方法是封装和隧道技术:数 据包用特定的 GPRS 协议信息打包并在 MS 和 GGSN 之间传输。这种透明的传输方法缩 减了 GPRS PLMN 对外部数据协议解释的需求,而且易于在将来引入新的互通协议。用户 数据能够压缩,并有重传协议保护,因此数据传输高效且可靠。

20.2.2　GPRS 的主要特点

GPRS 的主要特点是：

(1)核心网络层采用 IP 分组交换技术,底层可使用多种传输技术,高效传输高速或低速数据和信令,优化了对网络资源和无线资源的利用,并可很方便地实现与高速发展的 IP 网无缝连接。

(2)定义了新的 GPRS 无线信道,且分配方式十分灵活:每个 TDMA 帧可分配 1 到 8 个无线接口时隙。时隙能为活动用户所共享,且向上链路和向下链路的分配是独立的。

(3)支持中、高速率数据传输,可提供 9.05～171.2kbit/s 的数据传输速率(每用户)。网络接入速度快,提供了与现有数据网的无缝连接。

(4)支持基于标准数据通信协议的应用,可以和 IP 网、X.25 网互联互通。支持点到点和点到多点服务,以实现一些特殊应用如远程信息处理。GPRS 也允许短消息业务(SMS)经 GPRS 无线信道传输。

(5)既能支持间歇的爆发式数据传输,又能支持偶尔的大量数据的传输。它支持四种不同的 QoS 级别。GPRS 能在 0.5～1s 之内恢复数据的重新传输。

(6)GPRS 具有同现有的 GSM 一样的安全功能。

(7)可以实现基于数据流量、业务类型及服务质量等级(QoS)的计费功能,GPRS 的计费一般以数据传输量为依据,计费方式更加合理,用户使用更加方便。

20.2.3　GPRS 的具体应用

GPRS 系统使用现有的 GSM 无线网络。GPRS 和 GSM 共用相同的基站和频谱资源,只是在现有的 GSM 网络基础上增加了一些硬件设备和软件升级。因此,实现 GSM 升级至GPRS 非常容易,且中国移动借助原 GSM 网络,所以 GPRS 覆盖非常广。目前中国移动GPRS 网络已覆盖全国所有省、直辖市、自治区,网络遍及 240 多个城市。GPRS 的具体应用包括:

(1)信息业务:传送给移动电话用户的信息内容广泛,如股票价格、体育新闻、天气预报、航班信息、新闻标题、娱乐、交通信息等等。

(2)交谈:人们更加喜欢直接进行交谈,而不是通过枯燥的数据进行交流。目前因特网聊天组是因特网上非常流行的应用。有共同兴趣和爱好的人们已经开始使用非话音移动业务进行交谈和讨论。由于 GPRS 与因特网的协同作用,GPRS 将允许移动用户完全参与到现有的因特网聊天组中,而不需要建立属于移动用户自己的讨论组。

(3)网页浏览:移动用户使用电路交换数据进行网页浏览无法获得持久的应用。由于电路交换传输速率比较低,因此数据从因特网服务器到浏览器需要很长的一段时间。相比之下,GPRS 更适合于因特网浏览。

(4)文件共享及协同性工作:移动数据使文件共享和远程协同性工作变得更加便利。这就可以使在不同地方工作的人们可以同时使用相同的文件工作。

(5)分派工作:非话音移动业务能够用来给外出的员工分派新的任务并与他们保持联系。同时业务工程师或销售人员还可以利用它使总部及时了解用户需求的完成情况。

(6)企业 E-mail:在一些企业中,往往由于工作的缘故需要大量员工离开自己的办公桌,因此通过扩展员工办公室里的 PC 上的企业 E-mail 系统使员工与办公室保持联系就非常重要。GPRS 能力的扩展，可使移动终端接转 PC 机上的 E-mail，扩大企业 E-mail 应用范围。

（7）因特网 E-mail：因特网 E-mail 可以转变成为一种信息不能存储的网关业务，或能够存储信息的信箱业务。在网关业务的情况下，无线 mail 平台将信息从 SMTP 转化成 SMS，然后发送到 SMS 中心。

（8）交通工具定位：该应用综合了无线定位系统，该系统告诉人们所处的位置，并且利用短消息业务转告其他人其所处的位置。任何一个具有 GPS 接收器的人都可以接收他们的卫星定位信息以确定他们的位置。且对被盗车辆进行跟踪等功能。

（9）静态图像传输：例如照片、图片、明信片、贺卡和演讲稿等静态图像能在移动网络上发送和接收。使用 GPRS 可以将图像从与一个 GPRS 无线设备相连接的数字相机直接传送到因特网站点或其他接收设备，并且可以实时打印。

（10）远程局域网接入：当员工离开办公桌外出工作时，他们需要与自己办公室的局域网保持连接。远程局域网包括所有应用的接入。

（11）文件传送：文件传送业务包括从移动网络下载量比较大的数据的所有形式。

20.2.4　GPRS 存在的问题

目前 GPRS 存在的主要问题有：

1. GPRS 会发生包丢失现象

由于分组交换连接比电路交换连接要差一些，因此，使用 GPRS 会发生一些包丢失现象。而且，由于话音和 GPRS 业务无法同时使用相同的网络资源，因此，用于专门提供 GPRS 使用的时隙数量越多，能够提供给话音通信的网络资源就越少。对用户来说其容量有限 GPRS 确实对网络现有的小区容量产生影响，对于不同的用途而言只有有限的无线资源可供使用。例如，话音和 GPRS 呼叫都使用相同的网络资源，这势必会相互产生一些干扰。其对业务影响的程度主要取决于时隙的数量。当然，GPRS 可以对信道采取动态管理，并且能够通过在 GPRS 信道上发送短信息来减少高峰时的信令信道数。

2. 实际速率比理论值低

GPRS 数据传输速率要达到理论上的最大值 172.2kbps，就必须只有一个用户占用所有的 8 个时隙，并且没有任何防错保护。运营商将所有的 8 个时隙都给一个用户使用显然是不太可能的。

3. 终端不支持无线终止功能

目前还没有任何一家主要手机制造厂家宣称其 GPRS 终端支持无线终止接收来电的功能，这将是对 GPRS 市场是否可以成功地从其他非语音服务市场抢夺用户的核心问题。启用 GPRS 服务时，用户将根据服务内容的流量支付费用，GPRS 终端会装载 WAP 浏览器。但是，未经授权的内容也会发送给终端用户，更糟糕的是用户要为这些垃圾内容付费。

4. 调制方式不是最优

GPRS 采用基于 GMSK（Gaussian Minimum-Shift Keying）的调制技术，相比之下，EDGE 基于一种新的调制方法 8PSK（eight-phase-shift keying），它允许无线接口支持更高的速率。8PSK 也用于 UMTS。网络营运商如果想过渡到第三代，必须在某一阶段改用新的调制方式。

5. 存在转接时延

GPRS 分组通过不同的方向发送数据,最终达到相同的目的地,那么数据在通过无线链路传输的过程中就可能发生一个或几个分组丢失或出错的情况。

20.3 CDMA 1x 数据传输技术

CDMA 与 GSM 一样,也是属于移动通信系统的一种,它的英文全称是 Code Division Multiple Access,中文含义是码分多址。它是根据美国标准(IS-95)而设计的频率在 900~1800MHz 范围的数字移动电话系统。这是一种采用 Spread-Spectrum 的数字蜂窝技术。与使用 Time-Division Multiplexing(TDM)的竞争对手(如 GSM)不同,CDMA 并不给每一个通话者分配一个确定的频率,而是让每一个频道使用所能提供的全部频谱。CDMA 对每一组通话用伪随机数字序列进行编码。

CDMA 使用的新技术拥有很大的优势,它的扩展频谱提供的容量比其他数字技术所提供的至少高三倍以上。CDMA 的语言编码器使用最新的数字语言编码技术,保证了在消除背景噪音的同时提供高质量、高清晰度的语言通话服务。这种语言编码算法,还提供更高的安全性和保密性。CDMA 网络使每个蜂窝覆盖面积增大,因此与其他的系统相比,CDMA 系统需要的蜂窝站点和基站的数目更少,载波安装、启动和维护的费用明显减少,从而使每个用户得到更大的利益。CDMA 还能使用户更容易享受各种增值业务,如传真、数据、国际互联网、先进的留言功能、呼叫识别和呼叫等待等。

CDMA 技术的标准化经历了几个阶段。IS95 是 CDMAONE 系列标准中最先发布的标准,真正在全球得到广泛应用的第一个 CDMA 标准是 IS95A,这一标准支持 8K 编码话音服务。后来,在 ITU 的要求下,提出了 3G 标准 CDMA2000,即 CDMA2000 1x 和 3x(1x 代表其载波一倍于 IS95A 的带宽,3x 代表其载波三倍于 IS95A 的带宽)。

CDMA2000 1x 是指 CDMA 2000 的第一阶段(速率高于 IS95,低于 2Mbit/s),它通过反向导频、前向快速功控、Turbo 码和传输分集发射等新技术,可支持 308kbit/s 的数据传输。其网络部份引入分组交换,支持移动 IP 业务,是在现有 CDMA IS95 系统上发展出来的一种新的承载业务,目的是为 CDMA 用户提供分组 IP 形式的数据业务。

CDMA2000 1x 与 GPRS 一样,也被认为是 2.5G 技术。目前,中国联通通过二期工程建设,对 CDMA 网络进行了网络优化和提升,网络已从 IS-95 升级为 CDMA2000 1x 网络;同时建成覆盖全国的移动数据通信网。

20.4 第三代移动通信技术

3G 是英文 3rd Generation 的缩写,指第三代移动通信技术。相对第一代模拟制式手机(1G)和第二代 GSM、TDMA 等数字手机(2G),第三代手机是将无线通信与国际互联网和多媒体通信结合的新一代移动通信系统。它能够处理图像、音乐、视频流等多种媒体形式,提供包括网页浏览、电话会议、电子商务等多种信息服务。

第三代移动通信系统是国际电信联盟(ITU)在 1985 年首先提出的,1996 年 ITU 正式将其更名为全球移动通信系统 IMT-2000,意即工作在 2000MHz 频段,预期在 2000 年左右商用的系统。2000 年 ITU 确定 WCDMA、CDMA2000、TD-SCDMA 三大主流无线接口标准,2007 年,WiMAX 亦被接受为 3G 标准之一。2009 年工业和信息化部为中国移动、中国电信和中国联通发放 3 张 3G 牌照,我国正式进入 3G 时代。中国移动采用 TD-SCDMA 技术,中国电信采用 CDMA2000 技术,中国联通采用 WCDMA 技术。

20.4.1　3G 的框架结构和标准

目前,3G 的标准化工作实际上由 3GPP(3rd Generation Partner Project,第三代伙伴关系计划)和 3GPP2 两个标准化组织来推动和实施。3G 的框架结构包括无线接口标准和核心网标准。

核心网基于现有的两大 2G 网络类型 GSM 和 IS-95 的核心网演进,包括电路交换网络和分组交换网络,最终过渡到全 IP 化的核心网络。

无线接口有 CDMA 和 TDMA 两大类共五种技术,其中主流技术为以下三种 CDMA 技术:

1. 直接扩频 CDMA(CDMA Direct Spread,CDMA-DS)技术

该技术用于 W-CDMA(宽带 CDMA,Wideband CDMA)和 UTRA (通用陆地无线接入,Universal Terrestrial Radio Access)。

WCDMA 的发起者主要是欧洲和日本标准化组织和厂商,它是 UMTS(Universal Mobile Telecommunication System,通用移动通信系统)的主要空中接口技术,分为 TDD(Time Division Duplexing,时分双工)方式与 FDD(Frequency Division Duplexing,频分双工)方式两种。

WCDMA 核心网基于 GSM/GPRS 网络而演进,因此可以保持与 GSM/GPRS 网络的兼容性。核心网可以基于 TDM ATM 和 IP 技术,并向全 IP 的网络结构演进。其核心网逻辑上分为电路域和分组域两部分,分别完成电路型业务和分组型业务。

2. 多载波 CDMA(CDMA-MC)技术

该技术用于美国的 CDMA2000。CDMA2000 由美国高通北美公司为主导提出,摩托罗拉、Lucent 和韩国三星参与,韩国现在成为该标准的主导者。这套系统是从窄频 CDMA One 数字标准衍生出来的,可以从原有的 CDMA One 结构直接升级到 3G,建设成本低廉。但目前使用 CDMA 的地区只有日、韩和北美,所以 CDMA2000 的支持者不如 W-CDMA 多。不过 CDMA2000 的研发却是目前各标准中进度最快的,许多 3G 手机已经率先面世。

CDMA2000 体制标准化工作由 3GPP2 来完成。其电路域继承了 2G 的 IS-95 CDMA 网络,引入了以 WIN 为基本架构的业务平台。分组域是基于 Mobile IP 技术的分组网络。无线接入网以 ATM 交换机为平台提供丰富的适配层接口。

3. 时分双工 CDMA(TDD)技术

该技术用于我国提出的 TD-SCDMA(时分同步 CDMA,Time Division Synchronization CDMA)和欧洲 UTRA 时分双工(Time Division Duplex,TDD)。

TD-SCDMA 的中文含义为时分同步码分多址接入,该项通信技术也属于一种无线通信的技术标准,该标准也由 3GPP 组织制订,目前采用的是中国无线通信标准组织(Wireless Telecommunication Standard,CWTS)制订的 TSM(TD-SCDMA over GSM)标准,基于 TSM 标准的系统其实就是在 GSM 网络支持下的 TD-SCDMA 系统。TSM 系统的核心思想就是在 GSM 的核心网上使用 TD-SCDMA 的基站设备,其 A 接口和 Gb 接口与 GSM 完全相同,只需对 GSM 的基站控制器进行升级。

TD-SCDMA 是由中国首先提出,并在此无线传输技术(RTT)的基础上与国际合作,完成了 TD－SCDMA 标准,成为 CDMA TDD 标准的一员的,这是中国移动通信界的一次创举,也是中国对第三代移动通信发展的贡献。在与欧洲、美国各自提出的 3G 标准的竞争中,中国提出的 TD-SCDMA 已正式成为全球 3G 标准之一,这标志着中国在移动通信领域已经进入世界领先之列。

上述 3 种主流的技术标准,在技术上各有千秋,从目前的情况来看,不会出现哪种标准"一统江湖"的局面。

20.4.2　3G 特色业务

与第一代模拟移动通信和第二代数字移动通信系统相比,3G 业务的最主要特征是可提供多媒体业务,其设计目标是为了提供比第二代系统更大的系统容量、更好的通信质量,并能在全球范围内更好地实现无缝漫游及为用户提供包括话音、数据及多媒体等在内的多种业务。3G 在 R5 阶段采用 IMS 做为核心网络子系统。IMS 是以 IP 网络为承载的多媒体应用网络架构,是 NGN 的未来实现方案。通过 IMS 可以解决全 IP 实时多媒体业务,并实现与 NGN 的融合。IMS 架构上可以提供的业务有 PTT(Push-To-Talk)、IM 和 Presence 业务、Rich Voice、Click to Dial 等。

3G 提供的主要特色业务有:

(1)移动 Internet 接入(PS 域 64kbit/s～384kbit/s)

用户可以使用 PDA 或者 PC 加手机来访问万维网,享受 3G 的高带宽。

(2)移动可视电话

可视电话实现方式可以分为两大类:基于电路域承载的 H.324M 可视电话和基于 SIP 的可视电话。在 3G 初期,由于端到端 QoS 以及终端的支持情况,基于电路域 H.324M 的可视电话将是可行的一个方案。随着 3G 的进一步发展,基于 SIP 的可视电话将会有很好的发展。该业务是 3G 有别于 2G/2.5G 的重要业务。

(3)流媒体业务

移动流媒体业务的功能是给移动用户提供在线的不间断的声音、影像或动画等多媒体播放,而无需用户事先下载到本地,流媒体业务支持多种媒体格式如 MOV、MEPG-4、MP3、WAV、AVI、AU、Flash 等,可以播放音频、视频以及混合媒体格式。流媒体可以提供视频点播/视频直播、音频点播/音频直播,内容可以是电视节目、录像、娱乐信息、体育频道、音乐欣赏、新闻、动画等,是体现 3G 特色的业务。

(4)位置服务(LBS/LCS)

位置服务是通过移动终端和移动网络的配合确定移动用户的地理位置,从而提供与位置相关的增值服务,例如城市导航、资产跟踪、基于位置的游戏、合法跟踪、高精度的紧急呼救等。通过 3G 移动终端和网络配合,并利用卫星辅助定位 A-GPS 技术,定位精度可以达到 5～50m。

(5)移动企业应用

这项应用包括移动多媒体会议电话、会议电视和高速移动企业接入。会议电话实现方式可以分为两大类:基于电路域承载的 H.324M 会议电话和基于 SIP 的会议电话。会议电视是一种实时的视频通信,至今已有 30 多年的历史,当前已经从原来的专网专用的会议电视业务模式转换成运营商向公众提供普遍视频服务。移动企业接入业务是利用 3G 网络采用 IP SEC 和 L2TP 等安全技术为企业移动办公、分支机构、出差人员提供安全的无线接入企业内部网络的解决方案。

(6)移动行业应用

移动行业应用可以面向大众用户,也可以面向企业内部。面向大众的应用有:3G 手机或移动 PDA 应用于车辆巡查、交通状况查询;为大型会议制定服务;为大型运动会,如奥运会,制定业务与服务,甚至定制终端;电台、电视台、报纸等公众媒体的移动数据增值方案。面向企业内部的应用如保险行业的移动保险经纪人解决方案、交通部门的车辆跟踪和设备远程监控等。

(7)即按即说业务(PTT)和 PoC

PTT(Push To Talk)的概念起源于集群通信,人们最熟悉 PTT 应用是对讲机。用户预先设定通话群组,通话时不用拨号,只需按下手机上的一个按钮,即可将话音发给同群组所有成员。收话者无需任何响应即可自动听到送话者的声音。基于蜂窝移动通信网的 PTT 叫 PoC。与 PTT 相比,PoC 网络覆盖面大(整个移动通信网覆盖范围),用户数多(使用支持 PoC 业务手机的用户),支持漫游和多运营商的互通。

(8)Rich Voice

Rich Voice 业务支持会话建立或通信过程中的文本消息通信,支持通话过程中传送图片、铃声或视频片断。有以下 4 种应用:

多媒体主叫 ID 显示:在呼叫发起过程中,被叫方终端在振铃的同时,显示主叫方发送的一段文字、图片、音频/视频/动画等信息做为主叫 ID。

多媒体留言(主被叫双向):在呼叫过程或呼叫结束时,被叫方或主叫方显示对方发送的一段文字、图片、音频/视频/动画等信息,如问候语、联系地址等。

多媒体信息提示:在呼叫发起过程中或通话过程中,网络向被叫终端发送主被叫双方的历史通话纪录、对方背景资料、联系信息等。

智能呼叫应答:在呼叫发起过程中,被叫方向主叫方发送文字、图片等信息提示合理的联系方式。

(9)Click to Dial

Click to Dial 结合了 IP 数据业务和电路语音业务的优点。用户在浏览网页时,通过点击被叫的标识,建立语音会话与被叫进行交流。

(10)即时信息业务(IM)和呈现业务(Presence)

IM 是一种实时通信的方式,可以快速地在用户间传递文本或多媒体信息,例如 QQ 和 MSN 的 Messenger。3G 移动网提供 IM,可以使人们随时随地相互连接,并可以结合 VoIP 提供语音和数据融合的业务。IM 往往与 Presence 业务引擎结合。Presence 可以将用户的某些实时信息(如当前是否在线、终端是否可用等)按照一定的接入规则向其他用户提供。

(11)自动会议业务(Auto-conference)

自动会议业务是系统根据会议参与者的 Presence 状态自动召开会议。当所有的会议参与者的 Presence 状态都显示为空闲时,自动召集会议。

思考题

20-1　查看中国移动、中国电信和中国联通的网站,了解其提供的主要移动通信业务。

20-2　查找 3G 方面的文献,谈谈中国三大运营商的 3G 技术特点,及其所提供的 3G 服务。